非线性自回归模型的非参数方法及应用

陈耀辉　著

教育部人文社会科学研究一般项目（08JA790063）
江苏高校优势学科建设工程资助项目（PAPD）
南京财经大学学术著作出版基金
联合资助

科学出版社
北　京

内 容 简 介

非线性自回归模型是时间序列分析中一类重要的模型，而且和实际应用有密切关系。本书用非参数方法系统深入地研究非线性自回归模型的基本理论、方法及应用，其中包括核估计的中心极限定理、自助估计法在非线性自回归模型中的应用、线性和非线性自回归模型阶的确定、欧式期权的非参数方法以及美式期权的非线性分析等内容。

本书可作为高等院校统计学专业硕士研究生、博士研究生教材，也可供相关专业研究生、教师、科研人员和统计工作者参考。

图书在版编目(CIP)数据

非线性自回归模型的非参数方法及应用/陈耀辉著. —北京：科学出版社，2012

ISBN 978-7-03-035952-0

Ⅰ.①非… Ⅱ.①陈… Ⅲ.①非线性回归-自回归模型-非参数法-研究 Ⅳ.①O212.1

中国版本图书馆 CIP 数据核字(2012)第 260977 号

责任编辑：刘燕春 罗 吉 / 责任校对：朱光兰
责任印制：徐晓晨 / 封面设计：许 瑞

科学出版社出版
北京东黄城根北街 16 号
邮政编码：100717
http://www.sciencep.com

北京厚诚则铭印刷科技有限公司 印刷
科学出版社发行 各地新华书店经销

*

2013 年 1 月第 一 版 开本：B5(720×1000)
2020 年 4 月第二次印刷 印张：9
字数：180 000

定价：79.00 元

(如有印装质量问题，我社负责调换)

前　言

近年来，非线性时间序列研究正处在突飞猛进的发展时刻。过去，时间序列模型主要是参数化的，但是现在，非参数化、半参数化的模型正在发挥着无与伦比的威力，把整个时间序列领域提升到一个前所未有的新境界。作者从线性到非线性，从参数模型到非参数、半参数模型，不断地汲取营养，但又感叹于非线性时间序列模型内容的浩瀚，自知以己之力，绝不可能用非参数方法对非线性时间序列模型的全部内容进行全面系统的研究，只能从中选择一个具体的时间序列模型——非线性自回归模型作为本书的研究对象，采用非参数核估计的方法进行细致的分析，得到几个重要的结论。

本书第 1 章简要介绍非线性自回归模型的非参数方法的研究背景，论述本书的理论和实践意义，给出本书的研究框架。

在第 2 章里，导出一般 k 阶非线性自回归模型在最优窗宽选择下，非参数核估计量一个新的中心极限定理。得到非线性自回归模型的核估计量的渐近正态性及估计量的逐点 MSE 和 MISE 的计算公式；由此构建在回归函数未知的情况下自回归曲线的逐点置信区域；通过一阶和二阶非线性自回归模型的数值研究和模拟计算进一步验证这一理论。

第 3 章将平稳自助法和无序自助法应用到非参数核自回归估计量。得到在非线性自回归的情形下，对于核自回归估计，平稳自助法是有效的。利用平稳自助法和无序自助法，在一阶和二阶非线性自回归过程的情况下，获得非线性自回归曲线的自助置信区域并与利用正态近似得到的逐点置信区域进行比较。

第 4 章讨论在非线性和线性自回归模型中阶的误设效应问题。一般情况下，时间序列模型的真实阶是未知的，所以非常容易产生阶的误设。首先，讨论在非线性自回归模型中，考虑在拟合阶大于和小于真实阶的两种情况对非参数核估计和平稳自助估计的影响；其次，讨论在线性自回归模型中，最小二乘估计和自助估计的拟合阶以一个更慢的速度趋于无穷时的效应。特别地，如果拟合阶趋于无穷的速度明确给定，则正态近似法和自助近似法在非线性和线性两种情况下仍然成立。

第 5 章介绍欧式期权定价的非参数方法，用非参数方法研究股票价格在不服从几何布朗运动下欧式期权价值的评估。首先从理论上论证基于非参数的欧式看涨期权评价方法，然后从上海证券市场收集数据，实证研究用该方法评价欧式看涨期权与经典的 Black-Scholes 定价的结果有所不同，但非参数定价方法更贴近市场。

第 6 章介绍美式期权定价的非线性分析。首先在最优停时理论中，利用动态规划原则，得到关于美式(看涨或看跌)期权定价的一个非线性 Black-Scholes 型偏微分方程，利用黏性解的概念证明该偏微分方程的解的存在性和唯一性，然后给出一种基于最小二乘法的美式期权定价的最优停时的数值算法，由此得到美式期权定价的一个非线性方法。

本书适用对象为统计专业的高年级硕士研究生、博士研究生、教师以及相关专业的科研工作者。

本书研究的课题得到教育部人文社会科学研究一般项目的鼎力支持，在写作的过程中得到了华中科技大学李楚霖教授和胡适耕教授的大力支持，还得到了东南大学韦博成教授和林金官教授许多有益的建议。此外，本书的出版得到了南京财经大学学术著作出版基金的资助，得到了科学出版社的大力支持和帮助，在此一并表示衷心的感谢。

由于非线性自回归模型的非参数方法及其应用是理论性和实践性都很强的研究领域，尚有许多问题有待深入分析和研究，加上本人水平所限，书中不妥之处在所难免，恳请读者批评指正。

陈耀辉

2012 年 4 月于南京财经大学

目　　录

第1章　引　　论

1.1　绪言

现实世界的运动规律往往是非线性的。事实上，在一个线性的世界里，量变永远都不能产生质变。换言之，物理学的相变、生物学的细胞突变、经济学的收益递减等都会消失于线性的世界里。可想而知，线性的世界显得过于简单而单调。

非参数方法的研究是当前计量经济学研究中的一个重要方向，是继协整理论之后，计量经济学的又一个热点研究方向。线性和非线性回归模型都假定经济变量的关系已知，现实中，经济变量之间的关系未必是线性或可线性化的非线性关系，而变量之间的参数非线性关系又很难确定。所以传统线性或非线性计量经济模型在实际应用中往往存在模型的设定误差，不能满足经济和管理应用研究的需要。非参数方法假定经济变量的关系未知，要对整个回归函数进行估计，因而非参数回归模型是较线性和非线性回归更符合现实的模型。本书采用非参数核估计方法对非线性自回归模型进行研究。

线性范围之外，尚有无穷多的非线性形式有待挖掘。一方面，非线性时间序列分析的早期发展重点是各种非线性参数模型(Tong，1990；Tjstheim et al.，1994a，1994b)。成功的例子包括金融数据的波动波幅性的 ARCH 模型(Engle，1982；Bollerslev，1986)和生态及经济数据的门限模型(Tong，1990；Tiao et al.，1994)。另一方面，非参数回归方法的最新进展为建立非线性时间序列模型提供了另一种手段(Tjstheim et al.，1994a，1994b)。这种方法的一个明显优点是对模型结构的先验信息要求很少，而且为进一步的参数拟合提供有用的感性认识。此外，近几年来随着计算能力的增强，存取和试图分析海量的和复杂的时间序列数据已变成平凡之事，随之而来的是对那些能够识别内在结构和按照新的精度标准预报将来的非参数和半参数分析工具的需求日益增大，这无疑为本书增加了几分理论价值，也体现了本书的应用价值。

1.2　国内外研究现状

在 20 世纪八九十年代以来取得过重要进展的统计学诸多领域中，非线性时间序列和非参数技术几乎是沿着两个不同的轨迹发展起来的，尽管在时间序列分析中运用非参数的技术可追溯到20世纪40年代，但将非参数核估计方法运用到非线性自回归模型中至今还没有得到一般性的结论（更详细的综述见每章内容的论述）。

本书考虑一个非线性 $k(k\geqslant 1)$ 阶自回归过程 $\{X_n|n\geqslant 0\}$：

$$X_{n+1}=H(X_{n+1-k},\cdots,X_n)+\eta_{n+1}\quad (n\geqslant k-1)$$

其中，H 是 $\mathbf{R}^k$ 上的一个实值 Borel 可测函数，$\{\eta_n|n\geqslant 1\}$ 是具有零均值和有限方差的独立同分布实值随机变量序列，$\{X_0,X_1,\cdots,X_{k-1}\}$ 是独立于 $\{\eta_n|n\geqslant 1\}$ 的任意实值随机变量。

利用 $\mathbf{Y}_n=(X_n,X_{n+1},\cdots,X_{n+k-1})$ 定义一个 Markov 过程 $\{\mathbf{Y}_n|n\geqslant 0\}$。设 $P^{(n)}(\boldsymbol{x},\mathrm{d}\boldsymbol{y})$[或 $P^{(n)}(\boldsymbol{x},A)$，$A\in\mathbf{B}^k$ 是 $\mathbf{R}^k$ 上的 Borel σ-域]表示 $\mathbf{Y}_n(n\geqslant 1)$ 的 n 步转移概率，即

$$P^{(n)}(\boldsymbol{x},\mathrm{d}\boldsymbol{y})=P(Y_n\in\mathrm{d}\boldsymbol{y}\mid\mathbf{Y}_0=\boldsymbol{x})$$

对 $P^{(1)}(\boldsymbol{x},\mathrm{d}\boldsymbol{y})$，如果 $\int_{\mathbf{R}^k}P^{(1)}(\boldsymbol{x},A)\pi(\mathrm{d}\boldsymbol{x})=\pi(A)$，则关于 $\{\mathbf{Y}_n\mid n\geqslant 0\}$ 在 $(\mathbf{R}^k,\mathbf{B}^k)$ 上的一个概率测度 π 是不变的。

文献(Bhattacharya et al.，1995a)中定理1给出 Markov 过程 $\{\mathbf{Y}_n|n\geqslant 0\}$ 是几何哈里斯遍历的，即在下列假设下存在唯一一个不变概率 π 和一个常数 $\rho(0<\rho<1)$，使得当 $n\to+\infty$ 时，有

$$\rho^{-n}\parallel P^{(n)}(\boldsymbol{x},\mathrm{d}\boldsymbol{y})-\pi(\mathrm{d}\boldsymbol{y})\parallel\to 0,\quad x\in\mathbf{R}^k$$

(1) H 是有限的；

(2) η_n 的分布函数关于 Lebesgue 测度 λ_1 是绝对连续的，同时几乎处处有一个正的密度；

(3) $E\eta_n=0$ 且 $E|\eta_n|^3<+\infty$；

(4) 存在常数 $c\geqslant 0,R>0,a_i>0(i=1,\cdots,k)$ 使得 $\sum\limits_{i=1}^{k}a_i<1$，且对于 $\boldsymbol{y}=(y_1,y_2,\cdots,y_k)\in\mathbf{R}^k$，下列不等式成立

$$|H(\boldsymbol{y})|\leqslant\sum_{i=1}^{k}a_i|y_i|+c,\quad |\boldsymbol{y}|\geqslant R$$

其中，$\parallel\cdot\parallel$ 表示 $(\mathbf{R}^k,\mathbf{B}^k)$ 上有限广义测度的 Banach 空间上的变范数。

如果 $\mathbf{Y}_n$ 有一个初始分布 π，则 $\{\mathbf{Y}_n|n\geqslant 0\}$ 是一个平稳的遍历 Markov 过程，认为 X_n 与 $\mathbf{Y}_n$ 是同等的，即 $\{X_n|n\geqslant 0\}$ 与 $\{(\mathbf{Y}_n,X_{n+k})|n\geqslant 0\}$ 一样都是平稳过程。假设在 $\mathbf{R}^1$ 上 η_n 具有密度函数 g，则

(1) $\mathbf{Y}_n$ 的 k 步转移概率 $P^{(k)}(\boldsymbol{x},\mathrm{d}\boldsymbol{y})$ 有一个关于 Lebesgue 测度 λ_k 的密度函数

$$p^{(k)}(\boldsymbol{x},\boldsymbol{y}) = g(y_1 - H(\boldsymbol{x}))\prod_{j=2}^{k} g(y_j - H(x_j,\cdots,x_k,y_1,\cdots,y_{j-1}))$$

其中，$\boldsymbol{x}=(x_1,\cdots,x_k)$，$\boldsymbol{y}=(y_1,\cdots,y_k)\in \mathbf{R}^k$。由文献(Bhansali，1981)中引理1以及：

(2) 如果 H 和 g 是连续的，则 $p^{(k)}(\boldsymbol{x},\boldsymbol{y})$ 在 $\mathbf{R}^k\times\mathbf{R}^k$ 上是连续的。如果 g 是有界的，则 $p^{(k)}(\boldsymbol{x},\boldsymbol{y})$ 也是有界的，所以 π 关于 λ_k 是绝对连续的且 $\boldsymbol{Y}_0$ 的密度 $f(\boldsymbol{x})$ 存在。

假设有观测值 $\{X_0,X_1,\cdots,X_{n+k}\}$，即

$$\{(\boldsymbol{Y}_1,X_{k+1}),(\boldsymbol{Y}_2,X_{k+2}),\cdots,(\boldsymbol{Y}_n,X_{n+k})\}$$

其中，$\boldsymbol{Y}_i=(X_i,X_{i+1},\cdots,X_{i+k-1})$，$i=1,2,\cdots,n$，希望估计自回归函数

$$H(\boldsymbol{u}) = E(X_{n+k}\mid \boldsymbol{Y}_n=\boldsymbol{u}) = \frac{\int x\gamma(\boldsymbol{u},\boldsymbol{x})\mathrm{d}\boldsymbol{x}}{f(\boldsymbol{u})} = \frac{\int x\gamma(\boldsymbol{u},\boldsymbol{x})\mathrm{d}\boldsymbol{x}}{\int \gamma(\boldsymbol{u},\boldsymbol{x})\mathrm{d}\boldsymbol{x}}$$

其中，$\gamma(\boldsymbol{u},\boldsymbol{x})$ 是 $(\boldsymbol{Y}_n,X_{n+k})$ 的连接函数，本书将用核方法讨论 H 的非参数估计。

对于 $\mathbf{R}^{k+1}$ 上具有独立观测值 $\{(\boldsymbol{Y}_i,X_i)\mid i=1,2,\cdots,n\}$ 的非参数回归模型

$$X_i = m(\boldsymbol{Y}_i)+\varepsilon_i,\quad i=1,2,\cdots,n$$

其中，$m(\cdot)$ 是未知的回归函数，ε_i 是随机误差项，1964年Nadaraya和Watson提出的非参数回归估计量为

$$\hat{m}_h(\boldsymbol{u}) = \frac{\sum_{i=1}^{n} X_i K\left(\frac{\boldsymbol{u}-\boldsymbol{Y}_i}{h}\right)}{\sum_{i=1}^{n} K\left(\frac{\boldsymbol{u}-\boldsymbol{Y}_i}{h}\right)},\quad \boldsymbol{u}\in\mathbf{R}^k$$

如果分母不为零，则 K 是一个核函数。设 K 是一个定义在 $\mathbf{R}^k$ 上的概率密度函数(核函数)，满足下列条件：

($K1$) $K(\boldsymbol{x})\leqslant M<+\infty$，$|\boldsymbol{x}|K(\boldsymbol{x})\to 0(|\boldsymbol{x}|\to+\infty)$，$\boldsymbol{x}\in\mathbf{R}^k$；

($K2$) $K(-\boldsymbol{x})=K(\boldsymbol{x})$，$\int|\boldsymbol{x}|^2K(\boldsymbol{x})\mathrm{d}\boldsymbol{x}<+\infty$。

设 $h=h_n>0$ 是依赖于 n 的一个正常数，为以后表述方便，特将下标省略，当 $n\to+\infty$ 时，$h\to 0$ 且 $nh^k\to+\infty$。h 是决定估计曲线光滑性的量，称为窗宽。

1989年Härdle和Nadaraya已经导出 $m(\boldsymbol{u})=E(X_i\mid\boldsymbol{Y}_i=\boldsymbol{u})$ 的N-W核估计 $\hat{m}_h(\boldsymbol{u})$ 的有用结果。例如，$k=1$，$\boldsymbol{u}\in\mathbf{R}^1$ 时，$\hat{m}_h(\boldsymbol{u})$ 是 $m(\boldsymbol{u})$ 的一致估计，且对于 $\delta\in\left(\frac{1}{2},1\right]$，若 $E|X_i|^{2+\delta}<+\infty$，则

$$\sqrt{nh}(\hat{m}_h(\boldsymbol{u})-m(\boldsymbol{u}))\xrightarrow{L}N(0,\sigma^2(\boldsymbol{u}))$$

其中，$\sigma^2(u)=\frac{1}{f(u)}\mathrm{Var}(X_i \mid Y_i=u)\int K^2(z)\mathrm{d}z$。在假设($K1$)和假设($K2$)的前提下，若 $n^\delta h^{2+\delta}\to+\infty$，则 $h=o(n^{-\frac{1}{3}})$；同时文献(Härdle et al.，1991)中的定理 1 与引理 1 给出 $k\geqslant 1,\boldsymbol{u}\in\mathbf{R}^k$ 时，有 $\sqrt{nh^k}(\hat{m}_h(\boldsymbol{u})-m(\boldsymbol{u}))\xrightarrow{L}N(b(\boldsymbol{u}),v(\boldsymbol{u}))$。其中，

$$b(\boldsymbol{u})=\left(\nabla^2 m(\boldsymbol{u})+2\nabla m(\boldsymbol{u})\cdot\frac{\nabla f(\boldsymbol{u})}{f(\boldsymbol{u})}\right)\int |\boldsymbol{z}|^2 K(\boldsymbol{z})\mathrm{d}\boldsymbol{z}$$

$$v(\boldsymbol{u})=\frac{1}{f(\boldsymbol{u})}\mathrm{Var}(X_i \mid \boldsymbol{Y}_i=\boldsymbol{u})\int K^2(\boldsymbol{z})\mathrm{d}\boldsymbol{z}$$

如果 $h=O(n^{-\frac{1}{4+k}})$ 及在条件($K2$)和假设 $\sup\limits_{\boldsymbol{u}}E[\varepsilon_i^2 \mid \boldsymbol{Y}_i=\boldsymbol{u}]<+\infty$ 的情况下，$m(\boldsymbol{u}),f(\boldsymbol{u})$ 和 $\mathrm{Var}(X_i \mid \boldsymbol{Y}_i=\boldsymbol{u})$ 都是连续可微的。

对于自回归函数 H，如果分母不为 0，则 N-W 非参数核估计可表示为

$$\hat{H}_n(\boldsymbol{u})=\frac{\sum\limits_{i=1}^{n}X_{k+i}K\left(\frac{\boldsymbol{u}-\boldsymbol{Y}_i}{h}\right)}{\sum\limits_{i=1}^{n}K\left(\frac{\boldsymbol{u}-\boldsymbol{Y}_i}{h}\right)},\quad \boldsymbol{u}\in\mathbf{R}^k$$

本书讨论自回归函数 $H(\boldsymbol{u})$ 的核估计 $\hat{H}_n(\boldsymbol{u})$ 的渐近性质，文献(Györfi et al.，1989)已经给出在一些混合条件下核估计一致收敛的结果，假设 H 和 f 是 s 阶可微的(对某一 $s\in\mathbf{N}$)，该文献中定理 3.4.1 指出

$$\sum_{n=1}^{+\infty}P(\sup_{u\in D}|\hat{H}_n(\boldsymbol{u})-H(\boldsymbol{u})|>\varepsilon)<+\infty$$

对某些 $\varepsilon>0$ 和一个 $\mathbf{R}^k$ 上的紧子集 D 是成立的。根据 Borel-Cantelli 引理，意味着 $\hat{H}_n(\boldsymbol{u})$ 依概率收敛到 $H(\boldsymbol{u})$ 以及对于 $\boldsymbol{u}\in D$，几乎必然是一致的。

作为近似抽样分布的强有力的非参数工具，自助过程已在文献(Efron，1979)中用过，用来进行参数回归的曲线估计，Bose(1988)，Freedman(1981，1984)，Hall(1992a)和 Härdle(1991)分别研究了非参数回归、密度估计和线性自回归。自助法在某种意义上比正态近似要好，例如，在观测值来自一个连续分布的前提下，自助法的覆盖误差要比使用中心极限定理得到的经典正态近似的误差小，同样，与经典过程相比较它还有其他的一些优点。

对于具有独立观测值的非参数回归模型 $X_i=m(\boldsymbol{Y}_i)+\varepsilon_i,i=1,\cdots,n$，Härdle 等(1991)综述了 N-W 核估计量 $\hat{m}_h(\boldsymbol{u})$，Härdle 等(1993)已经建议使用无序自助法的思想。在无序自助法中，每一个自助残差产生于两点分布，该分布具有均值为零，方差等于残差的平方，三阶矩等于残差的立方的特性。对于残差 $\hat{\varepsilon}_i=X_i-\hat{m}_h(\boldsymbol{Y}_i)$，它们定义一个具有两点分布 $\hat{G}_i$ 的新的随机变量 $\hat{\varepsilon}_i^*$，其中 $\hat{G}_i=\gamma\delta_a+(1-\gamma)\delta_b$，且算

出 $a=\frac{\hat{\varepsilon}_i(1-\sqrt{5})}{2}$，$b=\frac{\hat{\varepsilon}_i(1+\sqrt{5})}{2}$，$\gamma=\frac{5+\sqrt{5}}{10}$，使得 $E\varepsilon_i^*=0$，$E\varepsilon_i^{*2}=\hat{\varepsilon}_i^2$，$E\varepsilon_i^{*3}=\hat{\varepsilon}_i^3$。然后抽样，定义一个新的样本观测值

$$X_i^* = \hat{m}_g(\mathbf{Y}_i)+\varepsilon_i^*$$

其中，$\hat{m}_g(\boldsymbol{u})$是一个具有窗宽为 g（g 比 h 趋于 0 的速度要慢）的 N-W 核估计量。令

$$\hat{m}_g(\boldsymbol{u})=\frac{\sum_{i=1}^{n}X_i^*K\left(\frac{\boldsymbol{u}-\mathbf{Y}_i}{h}\right)}{\sum_{i=1}^{n}K\left(\frac{\boldsymbol{u}-\mathbf{Y}_i}{h}\right)}$$

其主要结果是对于 $\boldsymbol{u}\in\mathbf{R}^k$，$x\in\mathbf{R}^1$ 以及 $h=O(h^{-\frac{1}{4+k}})$和 g 一致地有

$$\sup_x\left|P^*(\sqrt{nh^k}[\hat{m}_h^*(\boldsymbol{u})-\hat{m}_g(\boldsymbol{u})]<x)-P(\sqrt{nh^k}[\hat{m}_h(\boldsymbol{u})-m(\boldsymbol{u})]<x)\right|\to 0$$

其中，g 趋于 0 的速度比 h 慢，如取 g 满足 $n^{-\frac{1}{4+k}+\delta}\leqslant g\leqslant n^{-\delta}$，$\delta>0$。

近年来我国学者对于时间序列的研究取得了极其丰硕的成果，主要体现在基础理论研究的不断加强，应用领域的不断拓展，在应用中求创新求发展，在部分应用领域中已经跟上了国际步伐。

理论上的进展主要表现在两个方面：一是单位根理论；二是非线性模型理论。非线性模型理论的进展集中在几何遍历性问题和非线性过程的平稳性这两方面。我国学者在非线性时间序列分析方面取得了一系列高水平的成果。

汤家豪教授将有关非线性时间序列分析的研究与动力系统科学的模型相连接而备受赞赏。现在他着眼于非参数时间序列模型的发展，并与生态学家进行大量的合作研究。

姚琦伟教授基于信息量，首次提出了描述一般随机系统对初始条件敏感性的度量及估计方法。在高维模型领域，姚琦伟教授提出用复系数线性模型近似高维非线性回归函数的新方法，以此克服高维非参数回归中样本量短缺的困难问题。此方法在生物、经济、金融等应用中获得了成功。在时间序列模型的最大似然估计方法的研究中，他完整地建立了在金融风险管理中有直接应用的 ARCH 模型和 GARCH 模型为最大似然估计的极限理论。对于重尾部(heavy-tailed)分布模型，提出了基于 bootstrap 的新的估计方法以及稳健统计方法。他还首次建立了在空间域上空间 ARMA 过程的最大似然估计理论，这一工作同时也对 Hannan 在 1973 年给出的关于时间序列的最大似然估计理论首次给出了一个完整的时域上的证明。

安鸿志、朱力行、陈敏关于非线性自回归模型的平稳性、遍历性和高阶矩的成

果，获得了有这些性质的最弱条件。关于回归或自回归的非线性检验问题，具有重要的实际意义。他们首次给出了完全对立的假设检验方法，无论从原理和应用都表明此方法有明显优点。他们研究了条件方差为非常数的回归和自回归模型的平稳性、遍历性和检验方法。

时间序列分析研究的一个重要原动力源自于金融市场、信息网络以及电子商务等领域超容量数据的获得，在全球化竞争日益激烈的环境中，这些数据的可利用价值越来越大。对这些数据进行综合分析的迫切性促进了我国时间序列分析应用研究的发展。

尽管我国在时间序列研究领域取得了长足的进步，但是基础领域的研究状况仍不乐观，主要体现在整体研究水平不高，国际领先成果往往集中于个别院校甚至个别人，与国际研究趋势不符。特别是用非参数核估计方法对非线性自回归模型的理论研究鲜见于文献，本书试图在非线性自回归模型的研究中用非参数核估计方法对非线性自回归模型进行系统的研究，得出几个主要结论。

1.3 主要研究内容

本书主要讨论非线性自回归模型的非参数估计，主要研究内容包括以下四点。

(1) 讨论核估计量的中心极限定理，建立非线性自回归模型的核估计量的渐近正态性，给出估计量的逐点 MSE 和 MISE 的计算公式，根据这些内容可以得到核估计量的最优条件以及构造非线性自回归曲线的非参数置信区间。最后对一阶和二阶非线性自回归模型进行数值研究和模拟仿真计算，验证先前得到的基本结论。

(2) 利用文献(Härdle et al.，1989；Politis et al.，1994)中介绍的平稳自助法和无序自助法的基本思想，讨论利用非参数自助过程如何构造非线性自回归曲线的置信区域的问题。证明利用平稳自助法构造的非线性自回归模型的核估计量是有效的，同时将无序自助法应用到非线性自回归核估计量，也得出相应的结果。最后给出由平稳自助法和无序自助法导出的自助置信区间的算法设计，并在一阶和二阶非线性自回归模型的情况下进行数值仿真计算，将计算结果与利用正态近似求出的逐点置信区间进行比较。得出在相同的置信水平下，自助置信区间的精度要高于正态近似置信区间的精度。

(3)研究在非线性和线性自回归模型中阶的误设效应。讨论在非线性自回归模型中，非参数核估计和平稳自助估计在拟合阶大于和小于真实阶的情况下的效应以及拟合阶以比 $n\to+\infty$ 更慢的速度趋于无穷时的效应，也讨论在线性自回归模型中，最小二乘估计和自助估计在拟合阶比 $n\to+\infty$ 更慢的速度趋于无穷时的效应。特别得到，如果拟合阶趋于无穷的速度明确给定，则正态近似法和自助近似法在非线性和线性两种情况下仍然成立。

（4）研究欧式期权定价和美式期权定价的非参数和非线性方法。首先在非参数方法框架下研究股票价格不服从几何布朗运动下欧式期权价值的评估方法，并以上海证券市场数据进行实证分析，得出比经典 Black-Scholes 定价更接近真实情况的结果；其次利用最优停时理论和动态规划原则，得到美式期权价值的一个非线性偏微分方程，并证明该偏微分方程解的存在性和唯一性；最后给出一种基于最小二乘法的美式期权定价的最优停时的数值算法，并讨论该算法的收敛速度。

第 2 章　核估计的中心极限定理

对于具有独立观测值的非参数回归模型，Nadaraya(1989)和 Härdle 等(1991)导出了非线性回归曲线的核估计的渐近正态性。本章考虑在非独立的情况下，讨论非线性自回归函数 $H(\boldsymbol{u})$的核估计 $\hat{H}_n(\boldsymbol{u})$的渐近性质，证明模型(2.1.1)的核自回归估计量的渐近正态性，构造估计量的逐点 MSE 和 MISE，根据这些结果，得到核估计量和构造自回归曲线的非参数置信区域的最优条件，且将结果推广到 ARCH 模型，最后利用 SAS 软件和 Matlab 程序对非线性自回归函数在 $k=1$ 和 $k=2$ 的情况下的非参数核估计量进行数值模拟，导出利用正态近似法的逐点置信区间。

2.1　问题的提出及基本假设

设$\{X_n \mid n\geqslant 0\}$是由式(2.1.1)定义的一个非线性 k 阶($k\geqslant 1$)自回归过程：

$$X_{n+1} = H(X_{n+1-k},\cdots,X_n) + \eta_{n+1} \quad (n \geqslant k-1) \tag{2.1.1}$$

其中，H 是 $\mathbf{R}^k$ 上的一个实值 Borel 可测函数，$\{\eta_n \mid n\geqslant 1\}$是一列具有零均值和有限方差的独立同分布的实值随机变量，$\{X_0, X_1, \cdots, X_{k-1}\}$是任意一组独立于$\{\eta_n \mid n\geqslant 1\}$的实值随机变量。本章主要讨论非线性自回归函数 $H(\boldsymbol{u})=E\{X_{n+1} \mid (X_{n+1-k},\cdots, X_n)=\boldsymbol{u}\}$，$\boldsymbol{u}\in\mathbf{R}^k$ 的非参数估计及其性质。对于 $\mathbf{Y}_i=\{X_i, X_{i+1},\cdots,X_{i+k-1}\}$，如果式(2.1.2)分母不为零，则自回归函数 $H(\boldsymbol{u})$的核估计为

$$\hat{H}_h(\boldsymbol{u}) = \frac{\sum_{i=1}^{n} X_{k+i} K\left(\frac{\boldsymbol{u}-\mathbf{Y}_i}{h}\right)}{\sum_{i=1}^{n} K\left(\frac{\boldsymbol{u}-\mathbf{Y}_i}{h}\right)}, \quad \boldsymbol{u}\in\mathbf{R}^k \tag{2.1.2}$$

其中，$h=h_n$ 是一个依赖于 n 的正数，满足当 $h\to 0$，$n\to+\infty$时，$nh^k\to+\infty$成立，同时 K 是一个核函数，h 是决定估计曲线光滑性的窗宽。在独立观测值的情形下，非线性回归模型的核估计的原始定义可参阅文献(Nadaraya，1964；Watson，1964)，对于具有独立观测值的非参数回归模型，文献(Härdle et al.，1991；Nadaraya，1989)导出了非线性回归曲线的核估计的渐近正态性。正如密度函数的核估计一样，核方法已经被用来估计非参数回归曲线，核回归可参阅文献(Härdle，

1990;Härdle et al. ,1991;Roussas,1990),核密度估计可参阅文献(Hall et al. ,1995;Prakasa Rao,1983;Rosenblatt,1970;Roussas,1990;Silerman,1986)。

本章考虑在非独立的情况下,自回归函数 $H(\boldsymbol{u})$ 的核估计 $\hat{H}_n(\boldsymbol{u})$ 的渐近性质。在适当的假设下,Györfi 等(1989)[41] 中定理 3. 4. 1 已经证明对 $\varepsilon>0$ 及 $\mathbf{R}^k$ 上的一个紧子集 D,有

$$\sum_{n=1}^{\infty} P(\sup_{\boldsymbol{u}\in D} | \hat{H}_n(\boldsymbol{u}) - H(\boldsymbol{u}) | > \varepsilon) < +\infty \tag{2.1.3}$$

根据博雷尔-坎特利引理(Borel-Cantelli Lemma),它表示任意 $\boldsymbol{u}\in D$,核估计 $\hat{H}_n(\boldsymbol{u})$ 几乎必然一致地收敛到 $H(\boldsymbol{u})$;在 2. 2 节,证明模型(2. 1. 1)的核自回归估计量的渐近正态性,构造估计量的逐点 MSE 和 MISE,根据这些结果,得到核估计量和构造自回归曲线的非参数置信区域的最优条件;2. 3 节将主要定理扩展到 ARCH 模型;2. 4 节利用 SAS 和 Matlab 程序对自回归函数在 $k=1$ 和 $k=2$ 的情况下的非参数核估计量进行数值模拟,导出利用正态近似法的逐点置信区间。

为讨论方便起见,作以下假设:

(H) 函数 H 是具有一阶和二阶导数、有界的、二阶连续可微的,且存在常数 $c\geqslant 0, R>0, a_i>0(i=1,\cdots,k)$,使得当 $|\boldsymbol{y}|\geqslant R, \boldsymbol{y}=(y_1,y_2,\cdots,y_k)\in\mathbf{R}^k$ 时,有 $\sum_{i=1}^{k} a_i < 1$ 及 $|H(\boldsymbol{y})| \leqslant \sum_{i=1}^{k} a_i |y_i| + c$。

(g) η_n 均值为零,$E|\eta_n|^3<+\infty$ 且 η_n 在 $\mathbf{R}^1$ 上具有一个正的二阶连续可微的密度函数 g,且 g, g', g'' 均有界。

这些条件保证了 Markov 过程$\{\boldsymbol{Y}_n | n\geqslant 0, \boldsymbol{Y}_n=(X_n, X_{n+1},\cdots,X_{n+k+1})\}$是几何哈里斯遍历(geometrically Harris ergodic)(Bhattachya et al. ,1995a),即存在一个唯一不变概率 π 和一个常数 $\rho(0<\rho<1)$,使得当 $n\to+\infty$ 时,有

$$\rho^{-n} \| P^{(n)}(\boldsymbol{x},\mathrm{d}\boldsymbol{y}) - \pi(\mathrm{d}\boldsymbol{y}) \| \to 0, \quad \boldsymbol{x}\in\mathbf{R}^k \tag{2.1.4}$$

其中,$P^{(n)}(\boldsymbol{x},\mathrm{d}\boldsymbol{y})$ 是 $\boldsymbol{Y}_n$ 的 n 步转移概率,$\|\cdot\|$ 表示$(\mathbf{R}^k,\mathbf{B}^k)$上有限带号测度的 Banach 空间上的全变差。如果 $\boldsymbol{Y}_n$ 有初始分布 π,则$\{\boldsymbol{Y}_n | n\geqslant 0\}$是一个平稳遍历的 Markov 过程。把 X_n 看成是 $\boldsymbol{Y}_n$ 的第一个坐标,则$\{X_n | n\geqslant 0\}$与$\{(\boldsymbol{Y}_n, X_{n+k}) | n\geqslant 0\}$一样也是平稳过程。$\boldsymbol{Y}_n$ 的 k 步转移概率 $P^{(k)}(\boldsymbol{x},\mathrm{d}\boldsymbol{y})$ 具有关于 Lebesgue 测度 λ_k 的密度

$$p^{(k)}(\boldsymbol{x},\boldsymbol{y}) = g(y_1 - H(\boldsymbol{x}))\prod_{j=2}^{k} g(y_j - H(x_j,\cdots,x_k,y_1,\cdots,y_{j-1}))$$

其中,$\boldsymbol{x}=(x_1,\cdots,x_k), \boldsymbol{y}=(y_1,\cdots,y_k)\in\mathbf{R}^k$[(Bhattacharya et al. ,1995a)中的引理 1],且 $p^{(k)}(\boldsymbol{x},\boldsymbol{y})$ 是 $\mathbf{R}^k\times\mathbf{R}^k$ 上连续有界的。所以关于 λ_k,π 是绝对连续的,且 $\boldsymbol{Y}_0$ 的

密度函数 $f(\boldsymbol{x})$存在，如果 $\tilde{f}$ 是 π 的密度的逆，则 $f(\boldsymbol{x})=\int\tilde{f}(\boldsymbol{x})p^{(k)}(\boldsymbol{x},\boldsymbol{y})\mathrm{d}\boldsymbol{y}=\tilde{f}(\boldsymbol{x})a.e.$，在假设$(H)$和假设$(g)$的前提下，$f$ 是 $\mathbf{R}^k$ 上正的二阶连续可微的。

对于核密度函数 K，作如下假设

(K)：$(K1)$ $K(\boldsymbol{x})\leqslant M<+\infty$；

$(K2)$ $K(-\boldsymbol{x})=K(\boldsymbol{x})$；

$(K3)$ K 有一个紧支撑。

2.2 渐近正态性

本节讨论样本观测值在非独立的情况下，非线性自回归函数的核估计量 $\hat{H}_n(\boldsymbol{u})$的渐近正态性及其误差的计算公式。

2.2.1 本章重要结论

定理 2.2.1 若上述假设(H)、假设(g)和假设(K)都成立，则

(1) 对某常数 c，如果 $c>0$，$h=cn^{-\frac{1}{4+k}}$，则当 $n\to+\infty$时，有

$$\sqrt{nh^k}[\hat{H}_n(\boldsymbol{u})-H(\boldsymbol{u})]\xrightarrow{L}N(b(\boldsymbol{u}),\sigma^2(\boldsymbol{u}))$$

其中，

$$b(\boldsymbol{u})=\frac{c_1}{f(\boldsymbol{u})}\sum_{i,j=1}^{k}\left[D_iH(\boldsymbol{u})D_jf(\boldsymbol{u})+\frac{1}{2}f(\boldsymbol{u})D_{ij}H(\boldsymbol{u})\right]\int z_iz_jK(\boldsymbol{z})\mathrm{d}\boldsymbol{z} \tag{2.2.1}$$

$$\sigma^2(\boldsymbol{u})=\frac{1}{f(\boldsymbol{u})}E\eta_1^2\int K^2(\boldsymbol{z})\mathrm{d}\boldsymbol{z} \tag{2.2.2}$$

常数 $c_1=c^{\frac{4+k}{2}}>0$，其中，$D_i=\dfrac{\partial}{\partial u_i}$和 $D_{ij}=\dfrac{\partial^2}{\partial u_i\partial u_j}$，$i,j\in\{1,2,\cdots,k\}$

(2) 核估计量 $\hat{H}_n$ 的逐点 MSE(mean squared error)由下式给出

$$\mathrm{MSE}(\hat{H}_n(\boldsymbol{u}))=\frac{1}{nh^k}(\sigma^2(\boldsymbol{u})+b^2(\boldsymbol{u}))+o\left(\frac{1}{nh^k}\right)$$

(3) 核估计量 $\hat{H}_n$ 的 MISE(mean integrated squared error)为

$$\mathrm{MISE}(\hat{H}_n(\boldsymbol{u}))=\frac{1}{nh^k}(s_1+b_1)+o\left(\frac{1}{nh^k}\right)$$

其中，$s_1=\int\sigma^2(\boldsymbol{u})\mathrm{d}\boldsymbol{u}$，$b_1=\int b^2(\boldsymbol{u})\mathrm{d}\boldsymbol{u}$。

2.2.2　证明定理 2.2.1 的几个引理

引理 2.2.1　在假设(H)和假设(g)成立的前提下，令 $V(\boldsymbol{y})=\max\{|y_j|\,|\,1\leqslant j\leqslant k\}+1$，则对所有的 n 有

$$\sup_{|\varphi|\leqslant V}\left|\int\varphi(\boldsymbol{y})[P^{(n)}(\boldsymbol{x},\mathrm{d}\boldsymbol{y})-\pi(\mathrm{d}\boldsymbol{y})]\right|\leqslant c\rho^n V(\boldsymbol{x})$$

其中，c 和 ρ 为常数，且 $c>0,0<\rho<1$。

证明　文献(Bhattacharya et al. ,1995a)的定理 1 的证明过程中，已经证明对随机李雅普诺夫函数 $V(\boldsymbol{y})=\max\{|y_j|\,|\,1\leqslant j\leqslant k\}+1$，存在常数 $\theta>0$ 和 $r>0$，使得

$$\sup\int V(\boldsymbol{y})P(\boldsymbol{x},\mathrm{d}\boldsymbol{y})<+\infty$$

且 $r\int V(\boldsymbol{y})P(\boldsymbol{x},\mathrm{d}\boldsymbol{y})\leqslant V(\boldsymbol{x}),\forall\,\boldsymbol{x}\in B^{\mathrm{c}}$。其中，$B=\{\boldsymbol{x}\in\mathbf{R}^{\mathrm{k}}\,|\,|\boldsymbol{x}|\leqslant\theta R\}$。令 $b=\sup\limits_{\mathrm{x}\in\mathrm{B}}\int V(\boldsymbol{y})P(\boldsymbol{x},\mathrm{d}\boldsymbol{y})$，则

如果 $\boldsymbol{x}\in B$，有 $\int V(\boldsymbol{y})P(\boldsymbol{x},\mathrm{d}\boldsymbol{y})-V(\boldsymbol{x})\leqslant b-V(\boldsymbol{x})$，

如果 $\boldsymbol{x}\in B^{\mathrm{c}}$，有 $\int V(\boldsymbol{y})P(\boldsymbol{x},\mathrm{d}\boldsymbol{y})-V(\boldsymbol{x})\leqslant\left(\frac{1}{r}-1\right)V(\boldsymbol{x})$

即 $\int V(\boldsymbol{y})P(\boldsymbol{x},\mathrm{d}\boldsymbol{y})-V(\boldsymbol{x})\leqslant b\cdot I_B(\boldsymbol{x})-\beta_0V(\boldsymbol{x})$，其中 $\beta_0=1-\frac{1}{r}$。定义下列漂移算子 $\Delta V(\boldsymbol{x})=\int V(\boldsymbol{y})P(\boldsymbol{x},\mathrm{d}\boldsymbol{y})-V(\boldsymbol{x})$，则有 $\Delta V(\boldsymbol{x})\leqslant b\cdot I_B-\beta_0V(\boldsymbol{x})$ 及对于函数 V 文献(Meyn et al. ,1993)[367] 中的漂移条件 V_4 成立。

利用文献(Meyn et al. ,1993)[383] 中定理 16. 0. 1 的(i)，(ii)，(iv)，得到 Markov 过程$\{\boldsymbol{Y}_n|n\geqslant 0\}$是 V 一致遍历的，即对所有的 n，有

$$\|P^{(n)}-\pi\|_V=\sup_x\left[\sup_{|\varphi|\geqslant V}\frac{\left|\int\varphi(\boldsymbol{y})[P^{(n)}(\boldsymbol{x},\mathrm{d}\boldsymbol{y})-\pi(\mathrm{d}\boldsymbol{y})]\right|}{V(\boldsymbol{x})}\right]\leqslant c\rho^n$$

其中，c 和 ρ 为常数，且 $c>0,0<\rho<1$，所以有

$$\sup_{|\varphi|<V}\left|\int\varphi(\boldsymbol{y})[P^{(n)}(\boldsymbol{x},\mathrm{d}\boldsymbol{y})-\pi(\mathrm{d}\boldsymbol{y})]\right|\leqslant c\rho^n V(\boldsymbol{x})$$

□

引理 2.2.2　在假设(H)和假设(g)的前提下，所有随机变量 $Z(\boldsymbol{\omega})$的一致扩

类，关于$\delta\{\boldsymbol{Y}_{n+1},\boldsymbol{Y}_{n+2},\cdots\}$是可测的，使得 $\sup\{|Z(\boldsymbol{\omega})|\,|\boldsymbol{\omega}\in\Omega\}\leqslant c<+\infty$，则对所有 $\boldsymbol{x}$ 有

$|E(Z|\boldsymbol{Y}_1=\boldsymbol{x})-E(Z)|=o(\rho^n)$一致成立。

证明 由引理 2.2.1 知

$$\begin{aligned}&|E(Z\mid \boldsymbol{Y}_1=\boldsymbol{x})-E(Z)|\\ =&|E[E(Z\mid \boldsymbol{Y}_1=\boldsymbol{x},\boldsymbol{Y}_{n+1})]-E[E(Z\mid \boldsymbol{Y}_{n+1})]|\\ =&\left|\int E(Z\mid \boldsymbol{Y}_{n+1}=\boldsymbol{y})P^{(n)}(\boldsymbol{x},\mathrm{d}\boldsymbol{y})-E(Z\mid \boldsymbol{Y}_{n+1}=\boldsymbol{y})\pi(\mathrm{d}\boldsymbol{y})\right|\\ =&\left|\int E(Z\mid \boldsymbol{Y}_{n+1}=\boldsymbol{y})[P^{(n)}(\boldsymbol{x},\mathrm{d}\boldsymbol{y})-\pi(\mathrm{d}\boldsymbol{y})]\right|\\ =&o(\rho^n)\end{aligned}$$

□

将式(2.1.2)中的核估计量写成 $\hat{H}_n(\boldsymbol{u})=\dfrac{\hat{G}_n(\boldsymbol{u})}{\hat{f}_n(\boldsymbol{u})}$，其中，$\hat{G}_n(\boldsymbol{u})=\dfrac{1}{n}\sum_{i=1}^{n}U_i$，$U_i=X_{k+i}K\left(\dfrac{\boldsymbol{u}-\boldsymbol{Y}_i}{h}\right)\dfrac{1}{h^k}$，$\hat{f}_n(\boldsymbol{u})=\dfrac{1}{n}\sum_{i=1}^{n}V_i$，$V_i=K\left(\dfrac{\boldsymbol{u}-\boldsymbol{Y}_i}{h}\right)\dfrac{1}{h^k}$。

在假设(H)，假设(g)和假设(K)的前提下，在附录 2.2.1 中将证明

$$E\hat{G}_n(\boldsymbol{u})=EU_i=H(\boldsymbol{u})f(\boldsymbol{u})+h^2b_1(\boldsymbol{u})+o(h^2)\tag{2.2.3}$$

$$E\hat{f}_n(\boldsymbol{u})=EV_i=f(\boldsymbol{u})+h^2b_2(\boldsymbol{u})+o(h^2)\tag{2.2.4}$$

其中，$b_1(\boldsymbol{u})=\sum_{i,j=1}^{k}\left[D_iH(\boldsymbol{u})D_jf(\boldsymbol{u})+\dfrac{1}{2}f(\boldsymbol{u})D_{ij}H(\boldsymbol{u})+\dfrac{1}{2}H(\boldsymbol{u})D_{ij}f(\boldsymbol{u})\right]\int z_iz_jK(\boldsymbol{z})\mathrm{d}\boldsymbol{z}$

$$b_2(\boldsymbol{u})=\frac{1}{2}\sum_{i,j=1}^{k}D_{ij}f(\boldsymbol{u})\int z_iz_jK(\boldsymbol{z})\mathrm{d}\boldsymbol{z}$$

引理 2.2.3 对某些常数 $c>0$，如果 $h=cn^{-\frac{1}{4+k}}$，则当 $n\to+\infty$时，有

$$\sqrt{nh^k}[\hat{G}_n(\boldsymbol{u})-H(\boldsymbol{u})f(\boldsymbol{u})-h^2b_1(\boldsymbol{u}),\hat{f}_n(\boldsymbol{u})-f(\boldsymbol{u})-h^2b_2(\boldsymbol{u})]\xrightarrow{L}N\left(\begin{pmatrix}0\\0\end{pmatrix},\sum(\boldsymbol{u})\right)\tag{2.2.5}$$

其中，$\sum(\boldsymbol{u})$ 是一个正定矩阵，即

$$\begin{aligned}\sum(\boldsymbol{u})&=\begin{pmatrix}\sigma_{11}(\boldsymbol{u}) & \sigma_{12}(\boldsymbol{u})\\ \sigma_{21}(\boldsymbol{u}) & \sigma_{22}(\boldsymbol{u})\end{pmatrix}\\ &=\begin{pmatrix}f(\boldsymbol{u})(E\eta_1^2+H^2(\boldsymbol{u}))\int K^2(\boldsymbol{z})\mathrm{d}\boldsymbol{z} & f(\boldsymbol{u})H(\boldsymbol{u})\int K^2(\boldsymbol{z})\mathrm{d}\boldsymbol{z}\\ f(\boldsymbol{u})H(\boldsymbol{u})\int K^2(\boldsymbol{z})\mathrm{d}\boldsymbol{z} & f(\boldsymbol{u})\int K^2(\boldsymbol{z})\mathrm{d}\boldsymbol{z}\end{pmatrix}\end{aligned}$$

证明 如果 $h=cn^{-\frac{1}{4+k}}$，利用式(2.2.3)和式(2.2.4)便有 $o(\sqrt{nh^k}\cdot h^2)\to 0$。

首先证明当 $n\to+\infty$时，$\sqrt{nh^k}[\hat{G}_n(\boldsymbol{u})-E\hat{G}_n(\boldsymbol{u})]\xrightarrow{L}N(0,\sigma_{11}(\boldsymbol{u}))$，记

$$\sqrt{nh^k}[\hat{G}_n(\boldsymbol{u})-E\hat{G}_n(\boldsymbol{u})]=\frac{1}{\sqrt{nh^k}}\sum_{i=1}^{n}Q_{ni}$$

其中，$Q_{ni}=X_{k+i}K\left(\frac{\boldsymbol{u}-\boldsymbol{Y}_i}{h}\right)-E\left[X_{k+i}K\left(\frac{\boldsymbol{u}-\boldsymbol{Y}_i}{h}\right)\right]$。

下面仿照文献(Doob,1953)[228]中定理 7.5 的证明方法，将$\sum_{i=1}^{n}Q_{ni}$分解成几乎独立的大区组和，而这些大区组可分解成可略的小区组，假设当 $n\to+\infty$时，存在趋于无穷的正的序列 α,β 和 μ，且满足当 $n\to+\infty$时，有

$$\frac{\mu\beta}{n}\to 0,\quad \frac{\mu\beta^2h^k}{n}\to 0,\quad \frac{\mu^2\beta^2\rho^\alpha}{nh^k}\to 0 \tag{2.2.6}$$

$$\frac{\alpha\mu}{n}\to 1 \tag{2.2.7}$$

$$\alpha h^k\to 1 \tag{2.2.8}$$

$$\mu\rho^{\beta+1}\to 0 \tag{2.2.9}$$

$$\mu(\alpha+\beta)\leqslant n\leqslant\mu(\alpha+\beta)+r \tag{2.2.10}$$

其中，ρ 为式(2.1.4)所述，$r=o(\sqrt{n})$，在附录 2.2.2 中将证明 α、β、μ 的存在性。

现定义$y_m(n)=\sum_{i=(m-1)(\alpha+\beta)+1}^{(m-1)(\alpha+\beta)+\alpha}Q_{ni},\quad m=1,2,\cdots,\mu$

$$y'_m(n)=\sum_{i=(m-1)(\alpha+\beta)+\alpha+1}^{m(\alpha+\beta)}Q_{ni},\quad m=1,2,\cdots,\mu$$

$$y'_{\mu+1}(n)=\sum_{i=\mu(\alpha+\beta)+1}^{n}Q_{ni}$$

则有$\sum_{i=1}^{n}Q_{ni}=\sum_{m=1}^{n}y_m(n)+\sum_{m=1}^{\mu+1}y'_m(n)$

下面证明

(1) 当 $n\to+\infty(\mu\to+\infty)$ 时，$\frac{1}{\sqrt{nh^k}}\sum_{m=1}^{\mu+1}y'_m(n)\xrightarrow{P}0$;

(2) $\frac{1}{\sqrt{nh^k}}\sum_{m=1}^{\mu}y_m(n)$ 的渐近正态性。

第一步，证明当 $n\to+\infty(\mu\to+\infty)$ 时，$\frac{1}{\sqrt{nh^k}}\sum_{m=1}^{\mu+1}y'_m(n)\xrightarrow{P}0$。

由切比雪夫不等式 $P\left(\frac{1}{\sqrt{nh^k}}\sum_{m=1}^{\mu+1}y'_m(n)>\varepsilon\right)\leqslant\frac{1}{\varepsilon^2}E\left[\frac{1}{nh^k}(\sum_{m=1}^{\mu+1}y'_m(n))^2\right]$,

就足够表明，当 $n\to+\infty(\mu\to+\infty)$ 时，$\frac{1}{nh^k}E\left[\left(\sum_{m=1}^{\mu+1}y'_m(n)\right)^2\right]\to 0$，因为

$$\frac{1}{nh^k}E\left[\left(\sum_{m=1}^{\mu+1}y'_m(n)\right)^2\right]=\frac{1}{nh^k}E\left[\sum_{m=1}^{\mu}(y'_m(n))^2+2\sum_{m<l}y'_m(n)y'_l(n)\right.$$

$$\left.+2\sum_{m=1}^{\mu}y'_m(n)y'_{\mu+1}(n)+(y'_{\mu+1}(n))^2\right]$$

$$=\frac{\mu}{nh^k}E(y'_1(u))^2+\frac{\mu(\mu-1)}{nh^k}E(y'_1(n)y'_2(n))$$

$$+\frac{2\mu}{nh^k}E(y'_1(u)y'_{\mu+1}(n))+\frac{1}{nh^k}E(y'_{\mu+1}(u))^2 \quad (2.2.11)$$

对于式(2.2.11)的第一项

$$\frac{\mu}{nh_k}E(y'_1(n))^2=\frac{\mu}{nh^k}E\left(\sum_{i=\alpha+1}^{\alpha+\beta}Q_{ni}\right)^2=\frac{\mu}{nh^k}E\left(\sum_{i=\alpha+1}^{\alpha+\beta}Q_{ni}^2+2\sum_{i<j}Q_{ni}Q_{nj}\right)$$

$$\leqslant\frac{\mu}{nh^k}\left[\beta EQ_{ni}^2+2\sum_{A_1}E\mid Q_{ni}Q_{nj}\mid+2\sum_{A_2}\mid EQ_{ni}Q_{nj}\mid\right]$$

$$(2.2.12)$$

其中，$A_1=\{(i,j)\mid i<j<i+k\},\quad i,j\in\{\alpha+1,\cdots,\alpha+\beta\}$

$A_2=\{(i,j)\mid i<I+k\leqslant j\},\quad i,j\in\{\alpha+1,\cdots,\alpha+\beta\}$

在附录 2.2.3 中将证明 $E|Q_{n1}|^2=o(h^k)$，$E|Q_{ni}Q_{nj}|=o(h^{k+j-i})$，$i<j<i+k$，以及 $E|Q_{ni}Q_{nj}|=o(h^{2k})$，$i<i+k\leqslant j$，则在式(2.2.12)中，有

$$\sum_{A_1}E\mid Q_{ni}Q_{nj}\mid=\sum_{j-i=1}E\mid Q_{ni}Q_{nj}\mid+\cdots+\sum_{j-i=k-1}E\mid Q_{ni}Q_{nj}\mid$$

$$=(\beta-1)o(h^{k+1})+\cdots+(\beta-k+1)o(h^{2k-1})$$

$$\leqslant\beta(k-1)o(h^{k+1})$$

同时有 $\sum_{A_2}E\mid Q_{ni}Q_{nj}\mid=\frac{(\beta-k)(\beta-k+1)}{2}O(h^{2k})\leqslant\frac{\beta(\beta-1)}{2}O(h^{2k})$

于是式(2.2.12)就小于

$$\frac{\mu\beta}{nh^k}O(h^k)+\frac{2\mu}{nh^k}\beta(k-1)O(h^{k+1})+\frac{\mu}{nh^k}\beta(\beta-1)O(h^{2k})\leqslant O\left(\frac{\mu\beta}{n}\right)+O\left(\frac{\mu\beta^2}{n}h^k\right)$$

它趋于 0，因此式(2.2.11)的第一项也趋于 0。

对于式(2.2.11)中的第二项 $\frac{\mu(\mu-1)}{nh^k}E(y'_1(n)y'_2(n))$，有

$$E(y'_1(n)y'_2(n))=E[y'_1(n)E\{y'_2(n)\mid \mathbf{Y}_1,\mathbf{Y}_2,\cdots,\mathbf{Y}_{\alpha+\beta+1}\}]$$

$$= E\left[y_1'(n)E\left\{\sum_{2\alpha+\beta+1}^{2\alpha+2\beta} Q_{ni} \mid \boldsymbol{Y}_1, \boldsymbol{Y}_2, \cdots, \boldsymbol{Y}_{\alpha+\beta+1}\right\}\right]$$

现对于 $i=2\alpha+\beta+1,\cdots,2\alpha+2\beta$ 和某些常数 $c_1>0$，由引理 2.2.1 可得

$$\begin{aligned}
&\mid E[Q_{ni} \mid \boldsymbol{Y}_1, \boldsymbol{Y}_2, \cdots, \boldsymbol{Y}_{\alpha+\beta+1}] \mid \\
&= \left| E\left[X_{k+i}K\left(\frac{\boldsymbol{u}-\boldsymbol{Y}_i}{h}\right) - E\left\{X_{k+i}K\left(\frac{\boldsymbol{u}-\boldsymbol{Y}_i}{h}\right)\right\} \middle| \boldsymbol{Y}_1, \boldsymbol{Y}_2, \cdots, \boldsymbol{Y}_{\alpha+\beta+1}\right]\right| \\
&= \left| E\left[H(\boldsymbol{Y}_i)K\left(\frac{\boldsymbol{u}-\boldsymbol{Y}_i}{h}\right) - E\left\{H(\boldsymbol{Y}_i)K\left(\frac{\boldsymbol{u}-\boldsymbol{Y}_i}{h}\right)\right\} \middle| \boldsymbol{Y}_1, \boldsymbol{Y}_2, \cdots, \boldsymbol{Y}_{\alpha+\beta+1}\right]\right| \\
&\leqslant c_1\rho^\alpha V(\boldsymbol{Y}_{\alpha+\beta+1})
\end{aligned}$$

所以 $E[y_2'(n) \mid \boldsymbol{Y}_1, \boldsymbol{Y}_2, \cdots, \boldsymbol{Y}_{\alpha+\beta+1}] \leqslant \beta c_1\rho^\alpha V(\boldsymbol{Y}_{\alpha+\beta+1})$ 以及对某些常数 $c_2>0$，根据 Cauchy-Schwartz 不等式有

$$\begin{aligned}
E[y_1'(n)y_2'(n)] &\leqslant c_1\beta\rho^\alpha E[\mid y_1'(n) \mid (\max_{1\leqslant j\leqslant k}\{\mid X_{\alpha+\beta+j} \mid\} + 1)] \\
&\leqslant c_1\beta\rho^\alpha E\left[\left|\sum_{i=\alpha+1}^{\alpha+\beta} Q_{ni}\right| \left(\sum_{1\leqslant i\leqslant k} \mid X_{\alpha+\beta+j} \mid + 1\right)\right] \\
&\leqslant c_2\beta^2\rho^\alpha E \mid X_1 \mid^2
\end{aligned}$$

因此由式(2.2.6)知式(2.2.11)的第二项 $\frac{\mu(\mu-1)}{nh^k}E[y_1'(n)y_2'(n)] = O\left(\frac{\mu^2\beta^2\rho^\alpha}{nh^k}\right)$ 趋于 0。

对于式(2.2.11)中的第三项

$$\begin{aligned}
\frac{2\mu}{nh^k}E(y_1'(n)y_{\mu+1}'(n)) &= \frac{2\mu}{nh^k}E\left(\sum_{i=\alpha+1}^{\alpha+\beta} Q_{ni}\right)\left(\sum_{j=\mu(\alpha+\beta)+1}^{n} Q_{nj}\right) \\
&\leqslant \frac{2\mu}{nh^k}\beta^2 O(h^{2k}) = O\left(\frac{\mu\beta^2}{n}h^k\right)
\end{aligned}$$

由式(2.2.6)知它也趋于 0。

对于式(2.2.11)中的第四项

$$\begin{aligned}
&\frac{1}{nh^k}E(y_{\mu+1}'(n))^2 = \frac{1}{nh^k}E\left(\sum_{i=\mu(\alpha+\beta)+1}^{n} Q_{nj}\right)^2 \\
&= \frac{1}{nh^k}\left[\sum_{i=\mu(\alpha+\beta)+1}^{n} EQ_{ni}^2 + 2\sum_{i<j}E(Q_{ni}Q_{nj})\right] \\
&\leqslant \frac{(n-\mu(\alpha+\beta))}{nh^k}EQ_{n1}^2 + \frac{(n-\mu(\alpha+\beta))(n-\mu(\alpha+\beta)-1)}{nh^k}\max_{i>1}E \mid Q_{ni}Q_{n1} \mid \\
&\leqslant O\left(\frac{r}{h}\right) + O\left(\frac{r^2h}{n}\right)
\end{aligned}$$

趋于 0，由于 $r=o(\sqrt{n})$，所以第一步证毕。

第二步，证明当 $n \to +\infty$ 时，$\frac{1}{\sqrt{nh^k}} \sum_{m=1}^{\mu} y_m(n) \xrightarrow{L} N(0, \sigma_{11}(\boldsymbol{u}))$，其中，$\sigma_{11}(\boldsymbol{u}) = f(\boldsymbol{u})(E\eta_1^2 + H^2(\boldsymbol{u}))\int k^2(\boldsymbol{z})\mathrm{d}\boldsymbol{z}$。

为证明第二步，利用文献(Doob,1953)[229]的证明中使用的方法，令

$$\Phi_l(t \mid n) = E\left\{\exp\left[it\sum_{j=1}^{l} Q_{nj}\right]\right\}, \quad l \in \mathbf{N}$$

则有 $E\left\{\exp\left[it\sum_{m=1}^{\mu} y_m(n)\right]\right\}$

$$\begin{aligned}
&= E\left[E\left\{\exp\left(it\sum_{m=1}^{\mu-1} y_m(n) + ity_\mu(n) \mid \boldsymbol{Y}_1, \boldsymbol{Y}_2, \cdots, \boldsymbol{Y}_{(\mu-2)(\alpha+\beta)+\alpha}\right)\right\}\right] \\
&= E\left[\exp\left(it\sum_{m=1}^{\mu-1} y_m(n)\right)E\{\exp ity_\mu(n) \mid \boldsymbol{Y}_1, \boldsymbol{Y}_2, \cdots, \boldsymbol{Y}_{(\mu-2)(\alpha+\beta)+\alpha}\}\right] \\
&= E\left[\exp\left(it\sum_{m=1}^{\mu-1} y_m(n)\right)E\left\{\exp \sum_{i=(\mu-1)(\alpha+\beta)+1}^{\mu\alpha+(\mu-1)\beta} Q_{ni} \mid \boldsymbol{Y}_1, \boldsymbol{Y}_2, \cdots, \boldsymbol{Y}_{(\mu-2)(\alpha+\beta)+\alpha}\right\}\right] \\
&= E\left[\exp\left(it\sum_{m=1}^{\mu-1} y_m(n)\right)\{\Phi_\alpha(t \mid n) + \theta_1'\}\right] \\
&= E\left[\exp\left(it\sum_{m=1}^{\mu-1} y_m(n)\right)\Phi_\alpha(t \mid n) + \theta_1\right]
\end{aligned}$$

其中，$|\theta_1| = O(\rho^{\beta+1})$，根据引理 2.2.2，对所有的 $t \in \mathbf{R}^1$ 都一致成立。反复运算，上式可表示为

$$\begin{aligned}
&\Phi_\alpha(t(n))^\mu + \theta_1 + \theta_2 + \cdots + \theta_\mu \\
&= B_\alpha(t \mid n)^\mu + \xi_\mu
\end{aligned}$$

其中，$|\theta_j| = O(\rho^{\beta+1}), j = 1, 2, \cdots, n$，$|\xi_\mu| = O(\mu\rho^{\beta+1})$。根据式(2.2.9)得到 $\frac{1}{\sqrt{nh^k}} \sum_{m=1}^{\mu} y_m(n)$ 的特征函数本质上等于 $\Phi_\alpha\left(\frac{t}{\sqrt{nh^k}}\middle| n\right)^\mu$。这是 $\sum_{m=1}^{\mu} Z_m$ 的特征函数，其中 $Z_m(m = 1, 2, \cdots, \mu)$ 是一组独立的随机变量，它的公共分布是 $\frac{1}{\sqrt{nh^k}} y_1(n) = \frac{1}{\sqrt{nh^k}} \sum_{i=1}^{\alpha} Q_{ni}$。

对 $\sum_{m=1}^{\mu} Z_m$ 利用李雅普诺夫定理。令 $s_\mu = \sum_{m=1}^{\mu} \mathrm{Var}(Z_m)$，则有

$$\begin{aligned}
s_\mu &= \mu \mathrm{Var}\left(\frac{1}{\sqrt{nh^k}} y_1(n)\right) = \frac{\mu}{nh^k} E\left(\sum_{i=1}^{\alpha} Q_{ni}\right)^2 \\
&= \frac{\mu\alpha}{nh^k} EQ_{n1}^2 + \frac{2\mu}{nh^k} \sum_{i<j} E(Q_{ni}Q_{nj})
\end{aligned} \tag{2.2.13}$$

在附录 2.2.3 的(4)中将证明

$$\frac{1}{h^k}EQ_{n1}^2 \to f(\boldsymbol{u})(E\eta_1^2 + H^2(\boldsymbol{u}))\int K^2(\boldsymbol{z})\mathrm{d}\boldsymbol{z} \equiv \sigma_{11}(\boldsymbol{u})$$

由式(2.2.7)$\frac{\alpha\mu}{n}\to 1$,得到式(2.2.13)中的第一项收敛到 $\sigma_{11}(\boldsymbol{u})$。

令$A_1=\{(i,j)\mid i<j<i+k\}$,　$i,j\in\{1,2,\cdots,\alpha\}$

$A_2=\{(i,j)\mid i<i+k\leqslant j\}$,　$i,j\in\{1,2,\cdots,\alpha\}$

则式(2.2.13) 中第二项的$\sum\limits_{i<j}E(Q_{ni}Q_{nj}) = \sum\limits_{A_1}E(Q_{ni}Q_{nj}) + \sum\limits_{A_2}E(Q_{ni}Q_{nj})$,那么

$$\begin{aligned}\sum_{A_1}E(Q_{ni}Q_{nj}) &\leqslant \sum_{j-i=1}E\mid Q_{ni}Q_{nj}\mid + \cdots + \sum_{j-i=k-1}E\mid Q_{ni}Q_{nj}\mid \\ &= (\alpha-1)O(h^{k+1}) + \cdots + (\alpha-k+1)O(h^{2k-1}) \leqslant \alpha(k-1)O(h^{k+1})\end{aligned}$$

所以$\frac{2\mu}{nh^k}\sum\limits_{A_1}E(Q_{ni}Q_{nj}) \leqslant \frac{2\mu}{nh^k}\cdot\alpha(k-1)O(h^{k+1}) \to 0$,根据式(2.2.7) $\frac{\alpha\mu}{n}\to 1$ 及 $h\to 0$,同样有$\sum\limits_{A_2}E(Q_{ni}Q_{nj}) = \frac{(\alpha-k)(\alpha-k+1)}{2}O(h^{2k}) \leqslant \frac{\alpha(\alpha-1)}{2}O(h^{2k})$

$$\frac{2\mu}{nh^k}\sum_{A_2}E(Q_{ni}Q_{nj}) \leqslant \frac{2\mu}{nh^k}\cdot\frac{\alpha(\alpha-1)}{2}O(h^{2k}) \to 0$$

再根据式(2.2.7)$\frac{\alpha\mu}{n}\to 1$ 和式(2.2.8)$\alpha h^k\to 0$,所以式(2.2.13)中的第二项趋于 0。

则当 $n\to+\infty(\mu\to+\infty)$时,$s_\mu\to\sigma_{11}(\boldsymbol{u})=f(\boldsymbol{u})(E\eta_1^2+H^2(\boldsymbol{u}))\int k^2(\boldsymbol{z})\mathrm{d}\boldsymbol{z}$。

下面将证明当 $\mu\to+\infty$ 时,$\sum\limits_{m=1}^{\mu}E\mid Z_m\mid^3 \to 0$。

$$\begin{aligned}\sum_{m=1}^{\mu}E\mid Z_m\mid^3 &= \mu E\mid Z_1\mid^3 = \mu E\left|\frac{1}{\sqrt{nh^k}}y_1(n)\right|^3 = \frac{\mu}{nh^k\sqrt{nh^k}}E\left|\sum_{i=1}^{\alpha}Q_{ni}\right| \\ &\leqslant \frac{\mu}{nh^k\sqrt{nh^k}}\left[\sum_{i=1}^{\alpha}E\mid Q_{ni}\mid^3 + 3\sum_{i\neq j}E\mid Q_{ni}^2Q_{nj}\mid + 6\sum_{i<j<l}E\mid Q_{ni}Q_{nj}Q_{nl}\mid\right] \\ &\leqslant \frac{\mu\alpha}{nh^k\sqrt{nh^k}}E\mid Q_{n1}\mid^3 + \frac{3\mu}{nh^k\sqrt{nh^k}}\sum_{i\neq j}E\mid Q_{ni}^2Q_{nj}\mid + \frac{6\mu}{nh^k\sqrt{nh^k}}\sum_{i<j<l}E\mid Q_{ni}Q_{nj}Q_{nl}\mid\end{aligned} \tag{2.2.14}$$

在附录 2.2.3 的(3)中将证明 $E|Q_{n1}|^3=O(h^k)$,

$$E\mid Q_{ni}^2Q_{nj}\mid = \begin{cases}O(h^{k+|j-i|}), & \mid j-i<k\mid \\ O(h^{2k}), & \mid j-i\geqslant k\mid\end{cases}$$

以及对 $i<j<l$,有

$$E\mid Q_{ni}Q_{nj}Q_{nl}\mid=\begin{cases}O(h^{k+l-i}), & l-i<2k,\\ O(h^{3k}), & l-i\geqslant 2k\end{cases}$$

所以由式(2.2.7)知,式(2.2.14)中的第一项趋于0,同样令

$$A_1=\{(i,j)\mid i<j<i+k\},\quad i,j\in\{1,2,\cdots,\alpha\}$$
$$A_2=\{(i,j)\mid i<i+k\leqslant j\},\quad i,j\in\{1,2,\cdots,\alpha\}$$

则式(2.2.14)中的第二项可写成

$$\begin{aligned}\sum_{i\neq j}E\mid Q_{ni}^2Q_{nj}\mid&=\sum_{i<j}\mid EQ_{ni}^2Q_{nj}\mid+\sum_{i<j}E\mid Q_{ni}Q_{nj}^2\mid\\&=\sum_{A_1}(E\mid Q_{ni}^2Q_{nj}\mid+E\mid Q_{ni}Q_{nj}^2\mid)+\sum_{A_2}(E\mid Q_{ni}^2Q_{nj}\mid+E\mid Q_{ni}Q_{nj}^2\mid)\end{aligned}$$

而$\sum_{A_1}(E\mid Q_{ni}^2Q_{nj}\mid+E\mid Q_{ni}Q_{nj}^2\mid)=\sum_{j-i=1}(E\mid Q_{ni}^2Q_{nj}\mid+E\mid Q_{ni}Q_{nj}^2\mid)+\cdots$

$$\begin{aligned}&+\sum_{j-i=k-1}(E\mid Q_{ni}^2Q_{nj}\mid+E\mid Q_{ni}Q_{nj}^2\mid)\\&=2(\alpha-1)O(h^{k+1})+\cdots+2(\alpha-k+1)O(h^{2k-1})\\&\leqslant 2\alpha(k-1)O(h^{k+1})\end{aligned}$$

和$\sum_{A_2}(E\mid Q_{ni}^2Q_{nj}\mid+E\mid Q_{ni}Q_{nj}^2\mid)\leqslant\frac{\alpha(\alpha-1)}{2}O(h^{2k})$。

所以式(2.2.14)中的第二项小于

$$\frac{3\mu}{nh^k\sqrt{nh^k}}\alpha(k-1)O(h^{k+1})+\frac{3\mu}{nh^k\sqrt{nh^k}}\frac{\alpha(\alpha-1)}{2}O(h^{2k})$$

由式(2.2.7)和式(2.2.8)知上式趋于0,令

$$B_1=\{(i,j,l)\mid i<j<i+2k,i<j<l\},\quad i,j,l\in\{1,2,\cdots,\alpha\}$$
$$B_2=\{(i,j,l)\mid i<j+2k\leqslant l,i<j<l\},\quad i,j,l\in\{1,2,\cdots,\alpha\}$$

则式(2.2.14)中的第三项可写成

$$\sum_{i<j<l}E\mid Q_{ni}Q_{nj}Q_{nl}\mid=\sum_{B_1}E\mid Q_{ni}Q_{nj}Q_{nl}\mid+\sum_{B_2}E\mid Q_{ni}Q_{ni}Q_{nl}\mid$$

而$\sum_{B_1}E\mid Q_{ni}Q_{nj}Q_{nl}\mid=\sum_{l-i=2}E\mid Q_{ni}Q_{nj}Q_{nl}\mid+\sum_{l-i=3}E\mid Q_{ni}Q_{nj}Q_{nl}\mid+\cdots$

$$\begin{aligned}&+\sum_{l-i=2k-1}E\mid Q_{ni}Q_{nj}Q_{nl}\mid\\&=(\alpha-2)O(h^{k+2})+2(\alpha-3)O(h^{k+3})+\cdots\\&+(2k-2)(\alpha-2k+1)O(h^{3k-1})\end{aligned}$$

因此$\frac{6\mu}{nh^k\sqrt{nh^k}}\sum_{B_1}E\mid Q_{ni}Q_{nj}Q_{nl}\mid\to 0$。

根据式(2.2.7)同理可得$\sum_{B_2} E \mid Q_{ni}Q_{nj}Q_{nl} \mid \leqslant \frac{\alpha(\alpha-1)(\alpha-2)}{6} O(h^{3k})$

因此$\frac{6\mu}{nh^k \sqrt{nh^k}} \sum_{B_2} E \mid Q_{ni}Q_{nj}Q_{nl} \mid \leqslant \frac{\mu\alpha(\alpha-1)(\alpha-2)}{nh^k \sqrt{nh^k}} O(h^{3k}) \to 0$，即式(2.2.14)的第三项趋于0，所以当$\mu \to +\infty$时，$\sum_{m=1}^{\mu} E \mid Z_m \mid^3 \to 0$，根据李雅普诺夫定理，当$n \to +\infty(\mu \to 0)$时，$\sum_{m=1}^{\mu} Z_m \xrightarrow{L} N(0, \sigma_{11}(\boldsymbol{u}))$，即

$$\frac{1}{\sqrt{nh^k}} \sum_{m=1}^{\mu} y_m(n) \xrightarrow{L} N(o, \sigma_{11}(\boldsymbol{u}))$$

所以，根据第一步与第二步便有

$$\sqrt{nh^k}[\hat{G}_n(\boldsymbol{u}) - \hat{G}_n(\boldsymbol{u})]\left(\equiv \frac{1}{\sqrt{nh^k}} \sum_{i=1}^{n} Q_{ni}\right) \xrightarrow{L} N(0, \sigma_{11}(\boldsymbol{u}))$$

相似的方法甚至更简单地可以证明

$$\sqrt{nh^k}[\hat{f}_n(\boldsymbol{u}) - E\hat{f}_n(\boldsymbol{u})] \xrightarrow{L} N(0, \sigma_{22}(\boldsymbol{u}))$$

其中，$\sigma_{22}(\boldsymbol{u}) = f(\boldsymbol{u}) \int k^2(\boldsymbol{z}) \mathrm{d}\boldsymbol{z}$。

现计算$\sigma_{12}(\boldsymbol{u})$：

$$\begin{aligned}
&\mathrm{Cov}(\sqrt{nh^k}[\hat{G}_n(\boldsymbol{u}) - E\hat{G}_n(\boldsymbol{u})], \sqrt{nh^k}[\hat{f}_n(\boldsymbol{u}) - E\hat{f}_n(\boldsymbol{u})]) \\
&= \frac{1}{nh^k} E\left[\left(\sum_{i=1}^{n} Q_{ni}\right)\left(\sum_{j=1}^{n} Q'_{nj}\right)\right] \quad \left(Q'_{nj} = K\left(\frac{\boldsymbol{u} - \boldsymbol{Y}_j}{h}\right) - EK\left(\frac{\boldsymbol{u} - \boldsymbol{Y}_i}{h}\right)\right) \\
&= \frac{1}{nh^k} \sum_{i=1}^{n} E(Q_{ni}Q'_{nj}) + \frac{1}{nh^k} \sum_{i \neq j} E(Q_{ni}Q'_{nj})
\end{aligned} \tag{2.2.15}$$

在附录2.2.3的(5)和(6)中，将会证明

$$\frac{1}{nh^k} \sum_{i=1}^{n} E(Q_{ni}Q'_{nj}) \to H(\boldsymbol{u}) f(\boldsymbol{u}) \int k^2(\boldsymbol{z}) \mathrm{d}\boldsymbol{z} \equiv \sigma_{12}(\boldsymbol{u})$$

$$\frac{1}{nh^k} \sum_{i \neq j} E(Q_{ni}Q'_{nj}) \to 0$$

所以式(2.2.15)收敛到$\sigma_{12}(\boldsymbol{u}) = H(\boldsymbol{u}) f(\boldsymbol{u}) \int k^2(\boldsymbol{z}) \mathrm{d}\boldsymbol{z}$。

对于固定的$(s, t) \in \mathbf{R}^2$，令$T_{ni} = SQ_{ni} + tQ'_{ni}$，下面证明

$$\frac{1}{\sqrt{nh^k}} \sum_{i=1}^{n} T_{ni} \xrightarrow{L} N(0, s^2\sigma_{11}(\boldsymbol{u}) + 2st\sigma_{12}(\boldsymbol{u}) + t^2\sigma_{22}(\boldsymbol{u}))$$

为了寻求 $\frac{1}{\sqrt{nh^k}}\sum_{i=1}^{n}T_{ni}$ 的极限分布，下面采用上述第一步和第二步中利用式(2.2.6) ~ 式(2.2.10) 对 $\frac{1}{\sqrt{nh^k}}\sum_{i=1}^{n}Q_{ni}$ 进行分解的相同方法。在附录 2.2.3 的(1) ~ (3) 中，由于用 T_{ni} 替代 Q_{ni} 后的结果仍然成立，所以足够说明

$$E\frac{T_{n1}^2}{h^k}\to s^2\sigma_{11}(\boldsymbol{u})+2st\sigma_{12}(\boldsymbol{u})+t^2\sigma_{22}(\boldsymbol{u})$$

有

$$\begin{aligned}\frac{1}{h^k}ET_{n1}^2&=\frac{1}{h^k}E(sQ_{n1}+tQ'_{n1})^2\\&=s^2\frac{1}{h^k}EQ_{n1}^2+2st\frac{1}{h^k}E(Q_{n1}Q'_{n1})+t^2\frac{1}{h^k}E(Q'_{n1})^2\\&\to s^2\sigma_{11}(\boldsymbol{u})+2st\sigma_{12}(\boldsymbol{u})+t^2\sigma_{22}(\boldsymbol{u})\end{aligned}$$

利用附录 2.2.3 中的(4)和(5)，有

$$\frac{1}{\sqrt{nh^k}}\sum_{i=1}^{n}T_{ni}=s\frac{\sum_{i=1}^{n}Q_{ni}}{\sqrt{nh^k}}+t\frac{\sum_{i=1}^{n}Q'_{ni}}{\sqrt{nh^k}}\xrightarrow{L}N(0,s^2\sigma_{11}(\boldsymbol{u})+2st\sigma_{12}(\boldsymbol{u})+t^2\sigma_{22}(\boldsymbol{u}))$$

因此利用文献(Billingsley,1999)中 Gramer-Wold 结果，有

$$\begin{aligned}&(\sqrt{nh^k}[\hat{G}_n(\boldsymbol{u})-E\hat{G}_n(\boldsymbol{u})],\sqrt{nh^k}[\hat{f}_n(\boldsymbol{u})-E\hat{f}_n(\boldsymbol{u})])\\&\equiv\left(\frac{1}{\sqrt{nh^k}}\sum_{i=1}^{n}Q_{ni},\frac{1}{\sqrt{nh^k}}\sum_{i=1}^{n}Q'_{ni}\right)\xrightarrow{L}N\left[\begin{pmatrix}0\\0\end{pmatrix},\begin{pmatrix}\sigma_{11}(\boldsymbol{u})&\sigma_{12}(\boldsymbol{u})\\\sigma_{21}(\boldsymbol{u})&\sigma_{22}(\boldsymbol{u})\end{pmatrix}\right]\end{aligned}$$

□

引理 2.2.4 对某些常数 $c>0$，如果 $h=cn^{-\frac{1}{4+k}}$，则

$$\sqrt{nh^k}\left[\frac{\hat{G}_n(\boldsymbol{u})}{\hat{f}_n(\boldsymbol{u})}-\frac{H(\boldsymbol{u})f(\boldsymbol{u})+h^2b_1(\boldsymbol{u})}{f(\boldsymbol{u})+h^2b_2(\boldsymbol{u})}\right]\xrightarrow{L}N(0,\sigma^2(\boldsymbol{u}))$$

其中，$\sigma^2(\boldsymbol{u})=\frac{1}{f(\boldsymbol{u})}E\eta_1^2\int k^2(\boldsymbol{z})\mathrm{d}\boldsymbol{z}$。

证明 利用二元函数的 Taylor 展开式$\left(\text{二元函数 } g(x,y)=\frac{x}{y},g:\mathbf{R}^2\to\mathbf{R}\right)$

$$\begin{aligned}&\sqrt{nh^k}\left[\frac{\hat{G}_n(\boldsymbol{u})}{\hat{f}_n(\boldsymbol{u})}-\frac{H(\boldsymbol{u})f(\boldsymbol{u})+h^2b_1(\boldsymbol{u})}{f(\boldsymbol{u})+h^2b_2(\boldsymbol{u})}\right]\\&=\sqrt{nh^k}\left[\frac{\hat{G}_n(\boldsymbol{u})-(H(\boldsymbol{u})f(\boldsymbol{u})+h^2b_1(\boldsymbol{u}))}{f(\boldsymbol{u})+h^2b_2(\boldsymbol{u})}\right.\end{aligned}$$

$$+\{\hat{f}_n(\boldsymbol{u})-(f(\boldsymbol{u})+h^2b_2(\boldsymbol{u}))\}\left\{\frac{-(H(\boldsymbol{u})f(\boldsymbol{u})+h^2b_1(\boldsymbol{u}))}{(f(\boldsymbol{u})+h^2b_2(\boldsymbol{u}))^2}\right\}\Bigg]$$

$$+\sqrt{nh^k}\left[O_p(\hat{G}_n(\boldsymbol{u})-H(\boldsymbol{u})f(\boldsymbol{u})-h^2b_1(\boldsymbol{u}))^2+O_p(\hat{f}_n(\boldsymbol{u})-f(\boldsymbol{u})-h^2b_2(\boldsymbol{u}))^2\right] \tag{2.2.16}$$

根据引理 2.2.3,有

$$\sqrt{nh^k}\left[O_p(\hat{G}_n(\boldsymbol{u})-H(\boldsymbol{u})f(\boldsymbol{u})-h^2b_1(\boldsymbol{u}))^2+O_p(\hat{f}_n(\boldsymbol{u})-f(\boldsymbol{u})-h^2b_2(\boldsymbol{u}))^2\right]\to 0$$

同样,式(2.2.16)渐近地有

$$\sqrt{nh^k}\Bigg[\frac{\hat{G}_n(\boldsymbol{u})-(H(\boldsymbol{u})f(\boldsymbol{u})+h^2b_1(\boldsymbol{u}))}{f(\boldsymbol{u})+h^2b_2(\boldsymbol{u})}$$

$$+\{\hat{f}_n(\boldsymbol{u})-(f(\boldsymbol{u})+h^2b_2(\boldsymbol{u}))\}\left\{\frac{-(H(\boldsymbol{u})f(\boldsymbol{u})+h^2b_1(\boldsymbol{u}))}{(f(\boldsymbol{u})+h^2b_2(\boldsymbol{u}))^2}\right\}\Bigg]$$

$$\equiv\frac{Z_1}{f(\boldsymbol{u})+h^2b_2(\boldsymbol{u})}-\frac{Z_2(H(\boldsymbol{u})f(\boldsymbol{u})+h^2b_1(\boldsymbol{u}))}{(f(\boldsymbol{u})+h^2b_2(\boldsymbol{u}))^2} \tag{2.2.17}$$

其中$\begin{pmatrix}Z_1\\Z_2\end{pmatrix}\stackrel{L}{=}N\left(\begin{pmatrix}0\\0\end{pmatrix},\sum(\boldsymbol{u})\right)$,而式(2.2.17) 有相同的渐近分布

$$\frac{Z_1}{f(\boldsymbol{u})}-\frac{Z_2H(\boldsymbol{u})}{f(\boldsymbol{u})}\stackrel{L}{=}N(0,\sigma^2(\boldsymbol{u}))$$

其中,

$$\sigma^2(\boldsymbol{u})=\frac{1}{f^2(\boldsymbol{u})}[\sigma_{11}(\boldsymbol{u})+H^2(\boldsymbol{u})\sigma_{22}(\boldsymbol{u})-2H(\boldsymbol{u})\sigma_{12}(\boldsymbol{u})]=\frac{1}{f(\boldsymbol{u})}E\eta_1^2\int K^2(z)\mathrm{d}z$$

□

2.2.3　定理 2.2.1 的证明

(1) 由于$\sqrt{nh^k}\left[\frac{\hat{G}_n(\boldsymbol{u})}{\hat{f}_n(\boldsymbol{u})}-\frac{H(\boldsymbol{u})f(\boldsymbol{u})+h^2b_1(\boldsymbol{u})}{f(\boldsymbol{u})+h^2b_2(\boldsymbol{u})}\right]$

$$=\sqrt{nh^k}\left[\frac{\hat{G}_n(\boldsymbol{u})}{\hat{f}_n(\boldsymbol{u})}-\frac{H(\boldsymbol{u})+h^2b_1(\boldsymbol{u})/f(\boldsymbol{u})}{1+h^2b_2(\boldsymbol{u})/f(\boldsymbol{u})}\right]$$

$$=\sqrt{nh^k}\left[\frac{\hat{G}_n(\boldsymbol{u})}{\hat{f}_n(\boldsymbol{u})}-\left\{H(\boldsymbol{u})+h^2\frac{b_1(\boldsymbol{u})}{f(\boldsymbol{u})}-h^2H(\boldsymbol{u})\frac{b_2(\boldsymbol{u})}{f(\boldsymbol{u})}+O(h^4)\right\}\right]$$

$$=\sqrt{nh^k}\left[\frac{\hat{G}_n(\boldsymbol{u})}{\hat{f}_n(\boldsymbol{u})}-H(\boldsymbol{u})-\frac{h^2}{f(\boldsymbol{u})}(b_1(\boldsymbol{u})-H(\boldsymbol{u})b_2(\boldsymbol{u}))\right]+o(1)$$

$$=\sqrt{nh^k}\left[\frac{\hat{G}_n(\boldsymbol{u})}{\hat{f}_n(\boldsymbol{u})}-H(\boldsymbol{u})\right]-\sqrt{nh^k}h^2\left[\frac{b_1(\boldsymbol{u})-H(\boldsymbol{u})b_2(\boldsymbol{u})}{f(\boldsymbol{u})}\right]+o(1)$$

所以$\sqrt{nh^k}[\hat{H}_n(\boldsymbol{u})-H(\boldsymbol{u})]$

$$=\sqrt{nh^k}\left[\frac{\hat{G}_n(\boldsymbol{u})}{\hat{f}_n(\boldsymbol{u})}-\frac{H(\boldsymbol{u})f(\boldsymbol{u})+h^2b_1(\boldsymbol{u})}{f(\boldsymbol{u})+h^2b_2(\boldsymbol{u})}\right]+\sqrt{nh^k}h^2\left[\frac{b_1(\boldsymbol{u})-H(\boldsymbol{u})b_2(\boldsymbol{u})}{f(\boldsymbol{u})}\right]+o(1)$$

$$\to N(0,\sigma^2(\boldsymbol{u}))+c^{\frac{4+k}{2}}\frac{b_1(\boldsymbol{u})-H(\boldsymbol{u})b_2(\boldsymbol{u})}{f(\boldsymbol{u})}\quad (h=cn^{-\frac{1}{4+k}})$$

$$=N(b(\boldsymbol{u}),\sigma^2(\boldsymbol{u}))\tag{2.2.18}$$

其中，$b(\boldsymbol{u})=c^{\frac{4+k}{2}}\dfrac{b_1(\boldsymbol{u})-H(\boldsymbol{u})b_2(\boldsymbol{u})}{f(\boldsymbol{u})}$

$$=\frac{c_1}{f(\boldsymbol{u})}\sum_{i,j=1}^{k}\left\{D_iH(\boldsymbol{u})D_jf(\boldsymbol{u})+\frac{1}{2}f(\boldsymbol{u})D_{ij}H(\boldsymbol{u})\right\}\int z_iz_jk(\boldsymbol{z})\mathrm{d}\boldsymbol{z}$$

(2) $\mathrm{MSE}(\hat{H}_n(\boldsymbol{u}))=E(\hat{H}_n(\boldsymbol{u})-H(\boldsymbol{u}))^2=\mathrm{Var}(\hat{H}_n(\boldsymbol{u}))+\mathrm{bias}^2(\hat{H}_n(\boldsymbol{u}))$

已经证明 $\mathrm{Var}(\sqrt{nh^k}[\hat{H}_n(\boldsymbol{u})-H(\boldsymbol{u})])=\sigma^2(\boldsymbol{u})+o(1)$，且当 $h=cn^{-\frac{1}{4+k}}$ 时，$\mathrm{bias}(\hat{H}_n(\boldsymbol{u}))=E\hat{H}_n(\boldsymbol{u})-H(\boldsymbol{u})=\dfrac{b(\boldsymbol{u})}{\sqrt{nh^k}}+o\left(\dfrac{1}{\sqrt{nh^k}}\right)$。所以

$$\mathrm{Var}(\hat{H}_n(\boldsymbol{u}))=\frac{1}{nh^k}\sigma^2(\boldsymbol{u})+o\left(\frac{1}{nh^k}\right),\quad \mathrm{bias}^2(\hat{H}_n(\boldsymbol{u}))=\frac{1}{nh^k}b^2(\boldsymbol{u})+o\left(\frac{1}{nh^k}\right)。$$

实际上，对于某些可积函数 $c_1(\boldsymbol{u})$ 和 $c_2(\boldsymbol{u})$，有

$$\mathrm{Var}(\hat{H}_n(\boldsymbol{u}))=\frac{1}{nh^k}\sigma^2(\boldsymbol{u})+\frac{h}{nh^k}c_1(\boldsymbol{u}),\quad \mathrm{bias}^2(\hat{H}_n(\boldsymbol{u}))=\frac{1}{nh^k}b^2(\boldsymbol{u})+\frac{h}{nh^k}c_2(\boldsymbol{u})$$

所以 $\mathrm{MSE}(\hat{H}_n(\boldsymbol{u}))=\dfrac{1}{nh^k}(\sigma^2(\boldsymbol{u})+b^2(\boldsymbol{u}))+o\left(\dfrac{1}{nh^k}\right)$

(3)
$$\begin{aligned}\mathrm{MISE}(\hat{H}_n(\boldsymbol{u}))&=E\int(\hat{H}_n(\boldsymbol{u})-H(\boldsymbol{u})^2)\mathrm{d}\boldsymbol{u}=\int E(\hat{H}_n(\boldsymbol{u})-H(\boldsymbol{u}))^2\mathrm{d}\boldsymbol{u}\\&=\int(\mathrm{Var}(\hat{H}_n(\boldsymbol{u}))+\mathrm{bias}^2(\hat{H}_n(\boldsymbol{u})))\mathrm{d}\boldsymbol{u}\\&=\frac{1}{nh^k}\int(\sigma^2(\boldsymbol{u})+b^2(\boldsymbol{u}))\mathrm{d}\boldsymbol{u}+\frac{h}{nh^k}\int(c_1(\boldsymbol{u})+c_2(\boldsymbol{u}))\mathrm{d}\boldsymbol{u}\\&=\frac{1}{nh^k}(s_1+b_1)+o\left(\frac{1}{nh^k}\right)\end{aligned}$$

□

注 1 定理 2.2.1 的(3)中，如果 $h=cn^{-\frac{1}{4+k}}$，有

$$\mathrm{MISE}(\hat{H}_n(\boldsymbol{u}))=(s_1+c^{4+k}\beta_1)c^{-k}n^{-\frac{4}{4+k}}$$

这里 $\beta_1=\int\beta^2(\boldsymbol{u})\mathrm{d}\boldsymbol{u}$ 而 $\beta(\boldsymbol{u})$ 使得定理(2.2.1)中的 $b(\boldsymbol{u})=c_1\beta(\boldsymbol{u})=c^{\frac{4+k}{2}}\beta(\boldsymbol{u})$。最小化 MISE 便得 $c=\left(\dfrac{ks_1}{4\beta_1}\right)^{\frac{1}{4+k}}$，即最小化 MISE 便可得最优窗宽 $\hat{h}=\left(\dfrac{ks_1}{4\beta_1}\right)^{\frac{1}{4+k}}\cdot n^{-\frac{1}{4+k}}$

注 2　如果 $h=o(n^{-\frac{1}{4+k}})$，如 $h=n^{-\frac{1}{4+k}}(\ln n)^{-1}$，则

$$\sqrt{nh^k}h^2 = (\ln n)^{-\frac{k+4}{2}} \to 0$$

所以式(2.2.18)中的偏差项收敛到 0 且在正态近似的情况下，$b(\boldsymbol{u})$的偏差可忽略不计。

注 3　定理 2.2.1 中的正态近似可用来构造核估计量的逐点置信区间。式(2.2.1)中的偏差是 H 和 f 的一个复杂函数，偏差的估计可以通过对 H 和 f 导数的估计来构建，但这将会是很复杂的。如果 h 选为与 $n^{-\frac{1}{4+k}}$ 成比例且缓慢趋于 0 的序列，则偏差渐近变为 0。假设与式(2.2.2)中的方差相比较偏差可忽略不计的，则可构造方差 $\sigma^2(\boldsymbol{u})$的一个估计

$$\hat{\sigma}_n^2(\boldsymbol{u}) = \frac{1}{\hat{f}_h(\boldsymbol{u})}\hat{J}_n(\boldsymbol{u})\int K^2(\boldsymbol{z})\mathrm{d}\boldsymbol{z}$$

其中，$\hat{J}_h(\boldsymbol{u}) = \frac{1}{n}\sum_{i=1}^{n}(X_{k+i} - \hat{H}_h(\boldsymbol{Y}_i))^2$ 是 $E\eta_1^2$ 的一个估计，则 $H(\boldsymbol{u})$ 的一个 $100(1-\alpha)\%$ 的置信区间可表示为

$$\left(\hat{H}_h(\boldsymbol{u}) - z_{\frac{\alpha}{2}} \cdot \frac{\hat{\sigma}_h(\boldsymbol{u})}{\sqrt{nh^k}}, \hat{H}_h(\boldsymbol{u}) + z_{\frac{\alpha}{2}} \cdot \frac{\hat{\sigma}_h(\boldsymbol{u})}{\sqrt{nh^k}}\right) \tag{2.2.19}$$

临界值 $z_{\frac{\alpha}{2}}$ 满足 $\Phi(z_{\frac{\alpha}{2}})=1-\frac{\alpha}{2}$，其中，$\Phi$ 是标准正态分布函数。

2.2.4　附录

附录 2.2.1　计算式(2.2.3)和式(2.2.4)中的 $E\hat{G}(\boldsymbol{u})$和 $E\hat{f}_n(\boldsymbol{u})$

$$E\hat{G}_h(\boldsymbol{u}) = EU_i = E\left[X_{k+i}K\left(\frac{\boldsymbol{u}-\boldsymbol{Y}_i}{h}\right)\frac{1}{h^k}\right]$$

$$=E\left[E\left(X_{k+i}K\left(\frac{\boldsymbol{u}-\boldsymbol{Y}_i}{h}\right)\frac{1}{h^k}\right)\middle|\boldsymbol{Y}_i\right]$$

$$=\int H(\boldsymbol{y})K\left(\frac{\boldsymbol{u}-\boldsymbol{y}}{h}\right)f(\boldsymbol{y})\frac{1}{h^k}\mathrm{d}\boldsymbol{y}\quad(\text{因为 } E(X_{k+i}\mid\boldsymbol{Y}_i) = H(\boldsymbol{Y}_i))$$

$$=\int H(\boldsymbol{u}+h\boldsymbol{z})f(\boldsymbol{u}+h\boldsymbol{z})K(\boldsymbol{z})\mathrm{d}\boldsymbol{z}$$

$$=\int\left\{H(\boldsymbol{u}) + h\boldsymbol{z}\cdot\nabla H(\boldsymbol{u}) + \frac{h^2}{2}\sum_{i,j=1}^{k}D_{ij}H(\boldsymbol{u})z_iz_j\right\}$$

$$\cdot\left\{f(\boldsymbol{u}) + h\boldsymbol{z}\cdot\nabla f(\boldsymbol{u}) + \frac{h^2}{2}\sum_{i,j=1}^{k}D_{ij}f(\boldsymbol{u})z_iz_j\right\}K(\boldsymbol{z})\mathrm{d}\boldsymbol{z} + o(h^2)$$

$$=H(\boldsymbol{u})f(\boldsymbol{u})+h^2\int\sum_{i,j=1}^{k}z_iz_jD_iH(\boldsymbol{u})D_jf(\boldsymbol{u})K(\boldsymbol{z})\mathrm{d}\boldsymbol{z}$$

$$+\frac{h^2}{2}f(\boldsymbol{u})\sum_{i,j=1}^{k}z_iz_jD_{ij}H(\boldsymbol{u})K(\boldsymbol{z})\mathrm{d}\boldsymbol{z}+\frac{h^2}{2}H(\boldsymbol{u})\sum_{i,j=1}^{k}z_iz_jD_{ij}f(\boldsymbol{u})K(\boldsymbol{z})\mathrm{d}\boldsymbol{z}+o(h^2)$$

$$=H(\boldsymbol{u})f(\boldsymbol{u})+h^2\Big[\sum_{i,j=1}^{k}\Big\{D_iH(\boldsymbol{u})D_jf(\boldsymbol{u})+\frac{1}{2}f(\boldsymbol{u})D_{ij}H(\boldsymbol{u})$$

$$+\frac{1}{2}H(\boldsymbol{u})D_{ij}f(\boldsymbol{u})\Big\}\int z_iz_jK(\boldsymbol{z})\mathrm{d}\boldsymbol{z}\Big]+o(h^2)$$

$$=H(\boldsymbol{u})f(\boldsymbol{u})+h^2b_1(\boldsymbol{u})+o(h^2)$$

注意 $o(h^2)$提示项是由 H 和 f 的二阶连续可微性以及 K 的支撑紧性引起的。

同理 $E\hat{f}_h(\boldsymbol{u})=EV_i=EK\left(\frac{\boldsymbol{u}-\boldsymbol{Y}_i}{h}\right)\frac{1}{h^k}$

$$=\int K\left(\frac{\boldsymbol{u}-\boldsymbol{y}}{h}\right)f(\boldsymbol{y})\frac{1}{h^k}\mathrm{d}\boldsymbol{y}=\int f(\boldsymbol{u}+h\boldsymbol{z})K(\boldsymbol{z})\mathrm{d}\boldsymbol{z}$$

$$=f(\boldsymbol{u})+\frac{h^2}{2}\int\sum_{i,j=1}^{k}D_{ij}f(\boldsymbol{u})z_iz_jK(\boldsymbol{z})\mathrm{d}\boldsymbol{z}+o(h^2)$$

$$=f(\boldsymbol{u})+h^2b_2(\boldsymbol{u})+o(h^2)$$

附录 2.2.2 证明：如果 $h=o(n^{-\frac{1}{4+k}})$，则存在 α,β 和 μ 满足式(2.2.6)～式(2.2.10)成立。

$$\frac{\mu\beta}{n}\to 0,\quad \frac{\mu\beta^2h^k}{n}\to 0,\quad \frac{\mu^2\beta^2\rho^2}{nh^k}\to 0 \tag{2.2.6}$$

$$\frac{\alpha\mu}{n}\to 1 \tag{2.2.7}$$

$$\alpha h^k\to 0 \tag{2.2.8}$$

$$\mu\rho^{\beta+1}\to 0 \tag{2.2.9}$$

$$\mu(\alpha+\beta)\leqslant n\leqslant\mu(\alpha+\beta)+\gamma \tag{2.2.10}$$

其中，ρ 如式(2.1.4)中所述，$\gamma=o(\sqrt{n})$。

证明 对后面被选中的某些常数 c_1 和 c_2，令 $\alpha=c_1n^{\frac{k}{5+k}}$，$\beta=c_2\ln n$，$\mu=\frac{n-n^{\frac{1}{4}}}{\alpha+\beta}=\frac{n-n^{\frac{1}{4}}}{c_1n^{\frac{k}{5+k}}+c_2\ln n}=o(n^{\frac{5}{5+k}})$。实际上，$\alpha,\beta$ 和 μ 是这些序列的整数部分。

对于式(2.2.6)，

$$\frac{\mu\beta}{n}=O(n^{\frac{5}{5+k}})\frac{c_2\ln n}{n}=O(n^{-\frac{k}{5+k}})\to 0$$

$$\frac{\mu\beta^2 h^k}{n} = \frac{\mu\beta}{n}\beta h^k = O(n^{-\frac{k}{5+k}})(c_2 \ln n)O(n^{-\frac{k}{4+k}}) \to 0$$

$$\frac{\mu^2\beta^2\rho^\alpha}{nh^k} = \frac{O(n^{\frac{10}{5+k}})}{O(n^{\frac{4}{4+k}})}(c_2\ln n)^2\rho^2 = O(n^{\frac{10}{5+k}-\frac{4}{4+k}})\rho^\alpha \to 0$$

对某些 $s>\frac{10}{5+k}-\frac{4}{4+k}=\frac{20+6k}{(5+k)(4+k)}$，如果 $\rho^\alpha<\frac{1}{n^s}$，则对于式(2.2.7)，

$$\frac{\alpha\mu}{n} = \frac{c_1 n^{\frac{k}{5+k}}}{n} \cdot \frac{n-n^{\frac{1}{4}}}{c_1 n^{\frac{k}{5+k}}+c_2\ln n} \to 1$$

对于式(2.2.8)，$\alpha h^k = c_1 n^{\frac{k}{5+k}} O(n^{-\frac{k}{4+k}}) \to 0$。

对于式(2.2.9)，$\rho=\mathrm{e}^{-\delta}\ (\delta>0)$，$\rho^{\beta+1}=\mathrm{e}^{-\delta(\beta+1)}=\mathrm{e}^{-\delta}\cdot \mathrm{e}^{-\delta c_2 \ln n}=O(n^{-\delta c_2})$，$\mu\rho^{\beta+1}=O(n^{\frac{5}{5+k}})O(n^{-\delta c_2})\to 0$。

如果 $\delta c_2>\frac{5}{5+k}$，则选择 $c_2>\frac{5}{\delta(5+k)}$，对于式(2.2.10)，由于 $\mu=\frac{(n-n^{\frac{1}{4}})}{\alpha+\beta}$，所以 $\mu(\alpha+\beta)=n-n^{\frac{1}{4}}<n=\mu(\alpha+\beta)+n^{\frac{1}{4}}\leqslant\mu(\alpha+\beta)+\gamma$，其中，$\gamma=o(n^{\frac{1}{2}})$。

□

附录 2.2.3　本附录证明在定理 2.2.1 的证明过程中所用到的几个结论。

令 $L_{n_i}=X_{k+i}K\left(\frac{\boldsymbol{u}-\boldsymbol{Y}_i}{h}\right)$，$Q_{ni}=L_{ni}-EL_{ni}$，$Q'_{ni}=K\left(\frac{\boldsymbol{u}-\boldsymbol{Y}_i}{h}\right)-EK\left(\frac{\boldsymbol{u}-\boldsymbol{Y}_i}{h}\right)$ $i=1,2,\cdots,n$。

(1) $EQ_{n1}^2=O(h^k)$；

(2) $\forall i<j, E|Q_{ni}Q_{nj}|=\begin{cases}O(h^{k+l-i}), & i<j<i+k,\\ O(h^{2k}), & i<i+k\leqslant j;\end{cases}$

(3) $E|Q_{n1}|^3=O(h^k)$，

$$\forall i\neq j, E|Q_{ni}^2Q_{nj}|=\begin{cases}O(h^{k+|j-i|}), & |j-i|<k,\\ O(h^{2k}), & |j-i|\geqslant k,\end{cases}$$

$$\forall i<j<l, E|Q_{ni}Q_{nj}Q_{nl}|=\begin{cases}O(h^{k+l-i}), & l-i<2k,\\ O(h^{3k}), & l-i\geqslant 2k;\end{cases}$$

(4) $\frac{1}{h^k}EQ_{n1}^2\to\sigma_{11}(\boldsymbol{u})$，$\frac{1}{h^k}E(Q'_{n1})^2\to\sigma_{22}(\boldsymbol{u})$，

其中，$\sigma_{11}(\boldsymbol{u})=f(\boldsymbol{u})(E\eta_1^2+H^2(\boldsymbol{u}))\int K^2(\boldsymbol{z})\mathrm{d}\boldsymbol{z}$，$\sigma_{22}(\boldsymbol{u})=f(\boldsymbol{u})\int K^2(\boldsymbol{z})\mathrm{d}\boldsymbol{z}$；

(5) $\frac{1}{nh^k}\sum_{i=1}^{n}E(Q_{ni}Q'_{ni})=\frac{1}{h^k}E(Q_{n1}Q'_{n1})\to\sigma_{12}(\boldsymbol{u})$，

其中，$\sigma_{12}(\boldsymbol{u})=f(\boldsymbol{u})H(\boldsymbol{u})\int K^2(\boldsymbol{z})\mathrm{d}\boldsymbol{z}$；

(6) $\frac{1}{nh^k}\sum_{i\neq j}^{n}E(Q_{ni}Q'_{nj})\to 0$。

证明 简单起见，对所有的 n，假设 $h\leqslant 1$ 且对某些 a，当 $|z|\geqslant a$ 时，$K(z)=0$。

(1) 首先考虑 $E|L_{n1}|$

$$\begin{aligned}E\mid L_{n1}\mid &= E\left[E\left(\mid x_{k+1}\mid K\left(\frac{\boldsymbol{u}-\boldsymbol{Y}_1}{h}\right)\mid \boldsymbol{Y}_i\right)\right]\\&=\int K\left(\frac{\boldsymbol{u}-\boldsymbol{y}}{h}\right)E(\mid X_{K+1}\mid\mid \boldsymbol{Y}_1=\boldsymbol{y})f(\boldsymbol{y})\mathrm{d}\boldsymbol{y}\\&\leqslant\int K\left(\frac{\boldsymbol{u}-\boldsymbol{y}}{h}\right)E(\mid H(\boldsymbol{Y}_1)\mid+\mid\eta_{k+1}\mid\mid \boldsymbol{Y}_1=\boldsymbol{y})f(\boldsymbol{y})\mathrm{d}\boldsymbol{y}\\&=\int K\left(\frac{\boldsymbol{u}-\boldsymbol{y}}{h}\right)(\mid H(\boldsymbol{y})\mid+E\mid\eta_{k+1}\mid)f(\boldsymbol{y})\mathrm{d}\boldsymbol{y}\\&\leqslant\gamma_1(\boldsymbol{u})\int K(\boldsymbol{z})f(\boldsymbol{u}+h\boldsymbol{z})h^k\mathrm{d}\boldsymbol{z}\leqslant h^k\gamma_1(\boldsymbol{u})\gamma_2(\boldsymbol{u})\end{aligned}$$

其中，$\gamma_1(\boldsymbol{u})=\max\limits_{|y|\leqslant|u|+a}\{H(\boldsymbol{y})+E|\eta_{k+1}|\}$，$\gamma_2(\boldsymbol{u})=\max\limits_{|z|\leqslant a}f(\boldsymbol{u}+\boldsymbol{z})$，则

$$E\mid L_{n1}\mid=O(h^k)\tag{2.2.20}$$

注意 $E(X_{k+1}^2|\boldsymbol{Y}_1=\boldsymbol{y})$

$=\mathrm{Var}(X_{k+1}|\boldsymbol{Y}_1=\boldsymbol{y})+[E(X_{k+1}|\boldsymbol{Y}_1=\boldsymbol{y})]^2$

$=\mathrm{Var}(H(\boldsymbol{Y}_1)+\eta_{k+1}|\boldsymbol{Y}_1=\boldsymbol{y})+H^2(\boldsymbol{y})=E\eta_1^2+H^2(\boldsymbol{y})$

而

$$\begin{aligned}EL_{n1}^2&=E\left[X_{k+1}^2K^2\left(\frac{\boldsymbol{u}-\boldsymbol{Y}_1}{h}\right)\right]\\&=\int K^2\left(\frac{\boldsymbol{u}-\boldsymbol{y}}{h}\right)E(X_{k+1}^2\mid \boldsymbol{Y}_1=\boldsymbol{y})f(\boldsymbol{y})\mathrm{d}\boldsymbol{y}\\&=\int K^2\left(\frac{\boldsymbol{u}-\boldsymbol{y}}{h}\right)(E\eta_1^2+H^2(\boldsymbol{y}))f(\boldsymbol{y})\mathrm{d}\boldsymbol{y}\\&=\int K^2(\boldsymbol{z})(E\eta_1^2+H^2(\boldsymbol{u}+h\boldsymbol{z}))f(\boldsymbol{u}+h\boldsymbol{z})h^k\mathrm{d}\boldsymbol{z}\\&\leqslant h^k\gamma_3(\boldsymbol{u})\gamma_2(\boldsymbol{u})\int K^2(\boldsymbol{z})\mathrm{d}\boldsymbol{z}\end{aligned}\tag{2.2.21}$$

其中，$\gamma_3(\boldsymbol{u})=\max\limits_{|z|\leqslant a}H^2(\boldsymbol{u}+\boldsymbol{z})+E\eta^2$，所以 $EL_{n1}^2=O(h^k)$，进而得到 $EQ_{n1}^2=O(h^k)$。

(2) $E\mid L_{n1}L_{n2}\mid=E\left|X_{k+1}K\left(\frac{\boldsymbol{u}-\boldsymbol{Y}_1}{h}\right)X_{k+2}K\left(\frac{\boldsymbol{u}-\boldsymbol{Y}_2}{h}\right)\right|$

$$=E\left\{E\left[\mid X_{k+1}\mid K\left(\frac{\boldsymbol{u}-\boldsymbol{Y}_1}{h}\right)\mid X_{k+2}\mid K\left(\frac{\boldsymbol{u}-\boldsymbol{Y}_2}{h}\right)\middle|(\boldsymbol{Y}_1,X_{k+1})\right]\right\}$$

$$=\int_{\mathbf{R}^{k+1}}E\left[\mid X_{k+1}\mid K\left(\frac{\boldsymbol{u}-\boldsymbol{Y}_1}{h}\right)\mid X_{k+2}\mid K\left(\frac{\boldsymbol{u}-\boldsymbol{Y}_2}{h}\right)\middle|(\boldsymbol{Y}_1,X_{k+1})=(\boldsymbol{y},y_{k+1})\right]$$

$\cdot f(\boldsymbol{y})g(y_{k+1}-H(\boldsymbol{y}))\mathrm{d}\boldsymbol{y}\mathrm{d}y_{k+1}$

$$=\int_{\mathbf{R}^{k+1}}|y_{k+1}|K\left(\frac{\boldsymbol{u}-\boldsymbol{y}}{h}\right)K\left(\frac{\boldsymbol{u}-(y_2,\cdots,y_{k+1})}{h}\right)E[|X_{k+2}||(\boldsymbol{Y},X_{k+1})$$

$$=(\boldsymbol{y},y_{k+1})]f(\boldsymbol{y})g(y_{k+1}-H(\boldsymbol{y}))\mathrm{d}\boldsymbol{y}\mathrm{d}y_{k+1}$$

$$\leqslant\gamma_1(\boldsymbol{u})\int_{\mathbf{R}^{k+1}}|y_{k+1}|K\left(\frac{\boldsymbol{u}-\boldsymbol{y}}{h}\right)K\left(\frac{\boldsymbol{u}-(y_2,\cdots,y_{k+1})}{h}\right)f(\boldsymbol{y})g(y_{k+1}-H(\boldsymbol{y}))\mathrm{d}\boldsymbol{y}\mathrm{d}y_{k+1}$$

由于 $E[|x_{k+2}||(\boldsymbol{Y}_1,X_{k+1})=(\boldsymbol{y},y_{k+1})]$

$\leqslant E[|H(\boldsymbol{Y}_2)|+|\eta_{k+2}||(\boldsymbol{Y},X_{k+1})=(\boldsymbol{y},y_{k+1})]$

$=|H(y_2,\cdots,y_{k+1})|+E|\eta_{k+2}|\leqslant\gamma_1(\boldsymbol{u})$，其中，$\boldsymbol{y}=(y_1,\cdots,y_k)$。

对于 $\boldsymbol{u}=(u_1,\cdots,u_k)$，令 $z_i=\frac{u_i-y_i}{h}$，$i=1,2,\cdots,k$，$z_{k+1}=\frac{u_k-y_{k+1}}{h}$，通过变量替换，$\mathrm{d}\boldsymbol{y}\mathrm{d}y_{k+1}=h^{k+1}\mathrm{d}\boldsymbol{z},\cdots,\mathrm{d}z_{k+1}$ 以及假设（K）和假设（g），便得到 $E|L_{n1}L_{n2}|=O(h^{k+1})$，

$$E|L_{n1}L_{n3}|=E\left|X_{k+1}K\left(\frac{\boldsymbol{u}-\boldsymbol{Y}_1}{h}\right)X_{k+3}K\left(\frac{\boldsymbol{u}-\boldsymbol{Y}_3}{h}\right)\right|$$

$$=E\left\{E\left[|X_{k+1}|K\left(\frac{\boldsymbol{u}-\boldsymbol{Y}_1}{h}\right)|X_{k+3}|K\left(\frac{\boldsymbol{u}-\boldsymbol{Y}_3}{h}\right)\middle|(\boldsymbol{Y}_1,\boldsymbol{Y}_{k+1},\boldsymbol{Y}_{k+3})\right]\right\}$$

$$\leqslant E|X_{k+1}|K\left(\frac{\boldsymbol{u}-\boldsymbol{Y}_1}{h}\right)[|H(\boldsymbol{Y}_3)|+E|\eta_{k+3}|]K\left(\frac{\boldsymbol{u}-\boldsymbol{Y}_3}{h}\right)$$

$$\leqslant\gamma_1(\boldsymbol{u})\int_{\mathbf{R}^{k+2}}|y_{k+1}|K\left(\frac{\boldsymbol{u}-\boldsymbol{y}}{h}\right)K\left(\frac{\boldsymbol{u}-(y_3,\cdots,y_{k+2})}{h}\right)$$

$$\cdot f(\boldsymbol{y})g(y_{k+1}-H(\boldsymbol{y}))g(y_{k+2}-H(y_2,\cdots,y_{k+1}))\mathrm{d}\boldsymbol{y}\mathrm{d}y_{k+1}\mathrm{d}y_{k+2}$$

由于 $E[|X_{k+3}||(\boldsymbol{Y}_1,X_{k+1},X_{k+2})=(y,y_{k+1},y_{k+2})]\leqslant|H(y_3,\cdots,y_{k+1})|+E|\eta_{k+3}|\leqslant\gamma_1(\boldsymbol{u})$，对于 $\boldsymbol{u}=(u_1,\cdots,u_k)$，令 $z_i=\frac{u_i-y_i}{h}$，$i=1,2,\cdots,k$，且 $z_{k+1}=\frac{u_{k-1}-y_{k+1}}{h}$，$z_{k+2}=\frac{u_k-y_{k+2}}{h}$，利用变量替换 $\mathrm{d}\boldsymbol{y}\mathrm{d}y_{k+1}\mathrm{d}y_{k+2}=h^{k+2}\mathrm{d}z_1\cdots\mathrm{d}z_{k+2}$，得到 $E|L_{n1}L_{n3}|=O(h^{k+2})$。

同理，对于 $1<j<1+k$，可以证明 $E|L_{n1}L_{nj}|=o(h^{k+j-1})$。

如果 $j\geqslant k+1$，则

$$E|L_{n1}L_{nj}|=E\left|X_{k+1}K\left(\frac{\boldsymbol{u}-\boldsymbol{Y}_1}{h}\right)X_{k+j}K\left(\frac{\boldsymbol{u}-\boldsymbol{Y}_j}{h}\right)\right|$$

$$=E\left\{E\left[|X_{k+1}|K\left(\frac{\boldsymbol{u}-\boldsymbol{Y}_1}{h}\right)|X_{k+j}|K\left(\frac{\boldsymbol{u}-\boldsymbol{Y}_j}{h}\right)\middle|\boldsymbol{Y}_1\right]\right\}$$

$$\leqslant\int_{\mathbf{R}^k}(|H(\boldsymbol{y})|+E|\eta_{k+1}|)K\left(\frac{\boldsymbol{u}-\boldsymbol{y}}{h}\right)E\left[|X_{k+j}|K\left(\frac{\boldsymbol{u}-\boldsymbol{Y}_j}{h}\right)\middle|\boldsymbol{Y}_1=\boldsymbol{y}\right]f(\boldsymbol{y})\mathrm{d}\boldsymbol{y}$$

$$\leqslant\gamma_1(\boldsymbol{u})\int_{\mathbf{R}^k}K\left(\frac{\boldsymbol{u}-\boldsymbol{y}}{h}\right)E\left[|X_{k+j}|K\left(\frac{\boldsymbol{u}-\boldsymbol{Y}_j}{h}\right)\middle|\boldsymbol{Y}_1=\boldsymbol{y}\right]f(\boldsymbol{y})\mathrm{d}\boldsymbol{y}\tag{2.2.22}$$

而 $E\left[|X_{k+j}|K\left(\frac{\boldsymbol{u}-\boldsymbol{Y}_j}{h}\right)\middle|\boldsymbol{Y}_1=\boldsymbol{y}\right]$

$\leqslant E\left[(|H(\boldsymbol{Y}_j)|+|\eta_{k+j}|)K\left(\frac{\boldsymbol{u}-\boldsymbol{Y}_j}{h}\right)\middle|\boldsymbol{Y}_1=\boldsymbol{y}\right]$

$=\int(|H(\boldsymbol{z})|+E|\eta_{k+j}|)K\left(\frac{\boldsymbol{u}-\boldsymbol{z}}{h}\right)P^{(j-1)}(\boldsymbol{y},\mathrm{d}\boldsymbol{z})$

$=\int(|H(\boldsymbol{z})|+E|\eta_{k+j}|)K\left(\frac{\boldsymbol{u}-\boldsymbol{z}}{h}\right)p^{(j-1)}(\boldsymbol{y},\boldsymbol{z})\mathrm{d}\boldsymbol{z}$ （因为当 $j-1\geqslant k$ 时，存在一个 $(j-1)$ 步转移概率的密度）

$\leqslant\gamma_1(\boldsymbol{u})\int K\left(\frac{\boldsymbol{u}-\boldsymbol{z}}{h}\right)p^{(j-1)}(\boldsymbol{y},\boldsymbol{z})\mathrm{d}\boldsymbol{z}$

所以对于 $\boldsymbol{v}=\frac{\boldsymbol{u}-\boldsymbol{y}}{h}$ 和 $\boldsymbol{v}=\frac{\boldsymbol{u}-\boldsymbol{z}}{h}$，式(2.2.22)小于

$$\begin{aligned}&\gamma_1^2(\boldsymbol{u})\iint_{\mathbf{R}^{2K}}K\left(\frac{\boldsymbol{u}-\boldsymbol{y}}{h}\right)K\left(\frac{\boldsymbol{u}-\boldsymbol{z}}{h}\right)f(\boldsymbol{y})p^{(j-1)}(\boldsymbol{y},\boldsymbol{z})\mathrm{d}\boldsymbol{z}\mathrm{d}\boldsymbol{y}\\&=\gamma_1^2(\boldsymbol{u})\iint_{\mathbf{R}^{2K}}K(\boldsymbol{v})K(\boldsymbol{w})f(\boldsymbol{u}+h\boldsymbol{v})p^{(j-1)}(\boldsymbol{u}+h\boldsymbol{v},\boldsymbol{u}+h\boldsymbol{w})h^k\mathrm{d}\boldsymbol{v}h^k\mathrm{d}\boldsymbol{w}\\&\leqslant\gamma_1^2(\boldsymbol{u})\gamma_2(\boldsymbol{u})\gamma_4(\boldsymbol{u})h^{2k}\end{aligned}$$

其中，$\gamma_4(\boldsymbol{u})=\max\limits_{|\boldsymbol{v}|=a,|\boldsymbol{w}|\leqslant a}p^{(j-1)}(\boldsymbol{u}+\boldsymbol{v},\boldsymbol{u}+\boldsymbol{w})$，因此 $E|L_{n1}L_{nj}|=O(h^{2k})$，$j\geqslant k+1$，通过同样的方法及式(2.2.20)，结论成立。

(3) $E|L_{n1}|^3=E\left|X_{k+1}^3K^3\left(\frac{\boldsymbol{u}-\boldsymbol{Y}_1}{h}\right)\right|$

$$\begin{aligned}&\leqslant\int K^3\left(\frac{\boldsymbol{u}-\boldsymbol{y}}{h}\right)E(|X_{k+1}|^3|\boldsymbol{Y}_1=\boldsymbol{y})f(\boldsymbol{y})\mathrm{d}\boldsymbol{y}\\&\leqslant\gamma_5(\boldsymbol{u})\int K^3\left(\frac{\boldsymbol{u}-\boldsymbol{y}}{h}\right)f(\boldsymbol{y})\mathrm{d}\boldsymbol{y}=\gamma_5(\boldsymbol{u})\gamma_2(\boldsymbol{u})h^k\int K^3(\boldsymbol{z})\mathrm{d}\boldsymbol{z}=o(h^k)\end{aligned}$$

其中，$\gamma_5(\boldsymbol{u})$ 定义如下：

$$\begin{aligned}&E(|H(Y_1)+\eta_{k+1}|^3|\boldsymbol{Y}_1=\boldsymbol{y})\\&=E(|h(\boldsymbol{y})+\eta_{K+1}|^3|\boldsymbol{Y}_1=\boldsymbol{y})\\&\leqslant4[|H(\boldsymbol{y})|^3+E|\eta_{k+1}|^3]\\&\leqslant4[(\max_{|y|\leqslant|\boldsymbol{u}|+a}|H(\boldsymbol{y})|)^3+E|\eta_{k+1}|^3]\triangleq\gamma_5(\boldsymbol{u})\end{aligned}$$

对于 $i\neq j$ 的情形，计算 $E|Q_{ni}^2Q_{nj}|$ 和 $E|Q_{ni}Q_{nj}^2|$ 的方法与(2)中计算 $E|Q_{ni}Q_{nj}|$ 的方法完全一样，在此省略。

同样，采取上面相同的方法可以证明

$$E\mid L_{n1}L_{n2}L_{n3}\mid=O(h^{k+2})$$

而对于 $i<j<1$，$E|L_{ni}L_{nj}L_{nl}|=O(h^{k+l-i})$，$l-i<2k$

$$E\mid L_{ni}L_{nj}L_{nl}\mid=O(h^{k+l-i})=O(h^{3k+(l-2k-i)})=O(h^{3k}),\quad l-i\geqslant 2k$$

（4）由式(2.2.21)得到

$$\frac{EL_{n1}^2}{h^k}=\int K^2(\boldsymbol{z})(E\eta_1^2+H^2(\boldsymbol{u}+h\boldsymbol{z}))f(\boldsymbol{u}+h\boldsymbol{z})\mathrm{d}\boldsymbol{z}$$

其中，$K^2(\boldsymbol{z})(E\eta_1^2+H^2(\boldsymbol{u}+h\boldsymbol{z}))f(\boldsymbol{u}+h\boldsymbol{z})$

$$=K^2(\boldsymbol{z})\left\{E\eta_1^2+H^2(\boldsymbol{u})+h\boldsymbol{z}\cdot\nabla H^2(\boldsymbol{u})+\frac{h^2}{2}\sum_{i,j}z_iz_jD_{ij}f(\boldsymbol{u})+o(h^2)\right\}$$

$$\cdot\left\{f(\boldsymbol{u})+h\boldsymbol{z}\cdot\nabla f(\boldsymbol{u})+\frac{h^2}{2}\sum_{i,j}z_iz_jD_{ij}f(\boldsymbol{u})+o(h^2)\right\}$$

$$=K^2(\boldsymbol{z})\Big[(E\eta_1^2+H^2(\boldsymbol{u}))f(\boldsymbol{u})+h\{(E\eta_1^2+H^2(\boldsymbol{u}))\boldsymbol{z}\cdot\nabla f(\boldsymbol{u})+f(\boldsymbol{u})\boldsymbol{z}\cdot\nabla H^2(\boldsymbol{u})\}$$

$$+\frac{h^2}{2}\Big\{(E\eta_1^2+H^2(\boldsymbol{u}))\sum_{i,j}z_iz_jD_{ij}f(\boldsymbol{u})+2(\boldsymbol{z}\cdot\nabla H^2(\boldsymbol{u}))(\boldsymbol{z}\cdot\nabla f(\boldsymbol{u}))$$

$$+f(\boldsymbol{u})\sum_{i,j}z_iz_jD_{ij}H^2(\boldsymbol{u})\Big\}+o(h^2)\Big]$$

所以$\frac{1}{h^k}EL_{n1}^2\to\int K^2(\boldsymbol{z})(E\eta_1^2+H^2(\boldsymbol{u}))f(\boldsymbol{u})\mathrm{d}\boldsymbol{z}$，类似地，$(EL_{n1})^2=O(h^{2k})$，当 $n\to+\infty(h\to 0)$时，有

$$\frac{1}{h^k}EQ_{n1}^2=\frac{1}{h^k}\mathrm{Var}L_{n1}\to\int K^2(\boldsymbol{z})(E\eta_1^2+H^2(\boldsymbol{u}))f(\boldsymbol{u})\mathrm{d}\boldsymbol{z}=\sigma_{11}(\boldsymbol{u})$$

同理，易证$\frac{1}{h^k}E(Q'_{n1})^2\to\sigma_{22}(\boldsymbol{u})$。

（5）由于 $E\left(X_{k+1}K\left(\frac{\boldsymbol{u}-\boldsymbol{Y}_1}{h}\right)\right)=O(h^k)$及 $EK\left(\frac{\boldsymbol{u}-\boldsymbol{Y}_1}{h}\right)=O(h^k)$，所以

$$\frac{1}{h^k}E\left[X_{k+1}K^2\left(\frac{\boldsymbol{u}-\boldsymbol{Y}_1}{h}\right)\right]$$

$$=\frac{1}{h^k}E\left[E\left(X_{k+1}K^2\left(\frac{\boldsymbol{u}-\boldsymbol{Y}_1}{h}\right)\middle|\boldsymbol{Y}_1\right)\right]$$

$$=\frac{1}{h^k}\int K^2\left(\frac{\boldsymbol{u}-\boldsymbol{y}}{h}\right)H(\boldsymbol{y})f(\boldsymbol{y})\mathrm{d}\boldsymbol{y}$$

$$=\int K^2(\boldsymbol{z})H(\boldsymbol{u}+h\boldsymbol{z})f(\boldsymbol{u}+h\boldsymbol{z})\mathrm{d}\boldsymbol{z}$$

$$=H(\boldsymbol{u})f(\boldsymbol{u})\int K^2(\boldsymbol{z})\mathrm{d}\boldsymbol{z}+O(h)\to\sigma_{12}(\boldsymbol{u})\text{（方法同上）}$$

(6) $\frac{1}{nh^k}\sum_{i\neq j}E(Q_{ni}Q'_{nj})$

$$=\frac{1}{nh^k}\sum_{i<j}[E(Q_{ni}Q'_{nj})+E(Q_{nj}Q'_{ni})]$$

$$=\frac{1}{nh^k}\sum_{A_1}[E(Q_{ni}Q'_{nj})+E(Q_{nj}Q'_{ni})]+\frac{1}{nh^k}\sum_{A_2}[E(Q_{ni}Q'_{nj})+E(Q_{nj}Q'_{ni})]$$

$$+\frac{1}{nh^k}\sum_{A_3}[E(Q_{ni}Q'_{nj})+E(Q_{nj}Q'_{ni})]$$

其中，$A_1=\{(i,j)\mid i<j<i+k\}$，$A_2=\{(i,j)\mid i<i+k\leqslant j<i+2k\}$，

$$A_3=\{(i,j)\mid i<i+2k\leqslant j\},\quad i,j\in\{1,2,\cdots,n\}$$

利用(2)中相似的结果易证，对 $i<j$，有

$$E\mid Q_{ni}Q'_{nj}\mid=\begin{cases}O(h^{k+j-i}), & i<j<i+k\\ O(h^{2k}), & i<i+k\leqslant j\end{cases}$$

所以，当 $n\to+\infty$ 时，有

$$\frac{1}{nh^k}\sum_{A_1}[E(Q_{ni}Q'_{nj})+E(Q_{nj}Q'_{ni})]$$

$$=\frac{1}{nh^k}\Big[\sum_{j-i=1}(E\mid Q_{ni}Q'_{nj}\mid+E\mid Q_{nj}Q'_{ni}\mid)+\cdots+\sum_{j-i=k-1}(E\mid Q_{ni}Q'_{nj}\mid+E\mid Q_{nj}Q'_{ni}\mid)\Big]$$

$$=\frac{1}{nh^k}[2(n-1)O(h^{k+1})+\cdots+2(n-k+1)O(h^{2k-1})]$$

$$=\frac{1}{nh^k}2n\cdot O(h^{k+1})\to 0$$

同样，当 $n\to+\infty$ 时，有

$$\frac{1}{nh^k}\sum_{A_2}[E(Q_{ni}Q'_{nj})+E(Q_{nj}Q'_{ni})]$$

$$=\frac{1}{nh^k}\Big[\sum_{j-i=k}(E\mid Q_{ni}Q'_{nj}\mid+E\mid Q_{nj}Q'_{ni}\mid)+\cdots+\sum_{j-i=2k-1}(E\mid Q_{ni}Q'_{nj}\mid+E\mid Q_{nj}Q'_{ni}\mid)\Big]$$

$$=\frac{1}{nh^k}[2(n-k)O(h^{2k})+\cdots+2(n-2k+1)O(h^{2k})]=\frac{1}{nh^k}2n\cdot O(h^{2k})\to 0$$

为寻求 $\frac{1}{nh^k}\sum_{A_3}[E(Q_{ni}Q'_{nj})+E(Q_{nj}Q'_{ni})]$，先计算 $\sum_{A_3}E(Q_{ni}Q'_{nj})$，然后再应用到其他项。为表达方便，令 $m=E\left(X_{k+i}K\left(\frac{\boldsymbol{u}-\boldsymbol{Y}_i}{h}\right)\right)EK\left(\frac{\boldsymbol{u}-\boldsymbol{Y}_j}{h}\right)$，则

$$\sum_{A_3}E(Q_{ni}Q'_{nj})=\sum_{2k\leqslant j-i\leqslant n}E\left[X_{k+i}K\left(\frac{\boldsymbol{u}-\boldsymbol{Y}_i}{h}\right)K\left(\frac{\boldsymbol{u}-\boldsymbol{Y}_j}{h}\right)-m\right]$$

$$= \sum_{2k\leqslant j-i\leqslant n} E\left[E\left(X_{k+i}\cdot K\left(\frac{\boldsymbol{u}-\boldsymbol{Y}_i}{h}\right)K\left(\frac{\boldsymbol{u}-\boldsymbol{Y}_j}{h}\right)-m \mid \boldsymbol{Y}_i\right)\right]$$

$$= \sum_{2k\leqslant j-i\leqslant n} E\left[H(\boldsymbol{Y}_i)K\left(\frac{\boldsymbol{u}-\boldsymbol{Y}_i}{h}\right)\int K\left(\frac{\boldsymbol{u}-\boldsymbol{y}}{h}\right)\{P^{(j-i)}(\boldsymbol{Y}_i,\mathrm{d}\boldsymbol{y})-\pi(\mathrm{d}\boldsymbol{y})\}\right]$$

$$= \sum_{2k\leqslant j-i\leqslant n} E\left[H(\boldsymbol{Y}_i)K\left(\frac{\boldsymbol{u}-\boldsymbol{Y}_i}{h}\right)\int K\left(\frac{\boldsymbol{u}-\boldsymbol{y}}{h}\right)\{p^{(j-i)}(\boldsymbol{Y}_i,\boldsymbol{y})\mathrm{d}\boldsymbol{y}-f(\boldsymbol{y})\mathrm{d}\boldsymbol{y}\}\right]$$

（因为 $j-i\geqslant 2k>k$，所以密度 $p^{(j-i)}(\boldsymbol{x},\boldsymbol{y})$ 存在）

$$= \sum_{2k\leqslant j-i\leqslant n} E\left[H(\boldsymbol{Y}_i)K\left(\frac{\boldsymbol{u}-\boldsymbol{Y}_i}{h}\right)\int K(\boldsymbol{z})\{p^{(j-i)}(\boldsymbol{Y}_i,\boldsymbol{u}+h\boldsymbol{z})h^k\mathrm{d}\boldsymbol{z}-f(\boldsymbol{u}+h\boldsymbol{z})h^k\mathrm{d}\boldsymbol{z}\}\right]$$

$$= h^k\sum_{2k\leqslant j-i\leqslant n}\int H(\boldsymbol{v})K\left(\frac{\boldsymbol{u}-\boldsymbol{v}}{h}\right)\int K(\boldsymbol{z})\{p^{(j-i)}(\boldsymbol{v},\boldsymbol{u}+h\boldsymbol{z})-f(\boldsymbol{u}+h\boldsymbol{z})\}\mathrm{d}\boldsymbol{z}f(\boldsymbol{v})\mathrm{d}\boldsymbol{v}$$

$$= h^{2k}\sum_{2k\leqslant j-i\leqslant n}\iint H(\boldsymbol{u}+h\boldsymbol{w})f(\boldsymbol{u}+h\boldsymbol{w})K(\boldsymbol{w})\{p^{(j-i)}(\boldsymbol{u}+h\boldsymbol{w},\boldsymbol{u}+h\boldsymbol{z})-f(\boldsymbol{u}+h\boldsymbol{z})\}\mathrm{d}\boldsymbol{z}\mathrm{d}\boldsymbol{w} \tag{2.2.23}$$

当 $j-i\geqslant 2k$ 时，对某些常数 $c>0$，利用引理 2.2.2 有

$$\begin{aligned}
&p^{(j-i)}(\boldsymbol{u}+h\boldsymbol{w}+\boldsymbol{u}+h\boldsymbol{z})-f(\boldsymbol{u}+h\boldsymbol{z})\\
&=\int p^{(j-i-k)}(\boldsymbol{u}+h\boldsymbol{w},\boldsymbol{v})p^{(k)}(\boldsymbol{v},\boldsymbol{u}+h\boldsymbol{z})\mathrm{d}\boldsymbol{v}-\int p^{(k)}(\boldsymbol{v},\boldsymbol{u}+h\boldsymbol{z})f(\boldsymbol{v})\mathrm{d}\boldsymbol{v}\\
&=\int p^{(k)}(\boldsymbol{v},\boldsymbol{u}+h\boldsymbol{z})[p^{(j-i-k)}(\boldsymbol{u}+h\boldsymbol{w},\boldsymbol{v})-f(\boldsymbol{v})]\mathrm{d}\boldsymbol{v}\\
&=\int p^{(k)}(\boldsymbol{v},\boldsymbol{u}+h\boldsymbol{z})[P^{(j-i-k)}(\boldsymbol{u}+h\boldsymbol{w},\mathrm{d}\boldsymbol{v})-\pi(\mathrm{d}\boldsymbol{v})]\\
&\leqslant c\rho^{j-i-k}
\end{aligned}$$

则式(2.2.23)小于

$$h^{2k}\sum_{2k\leqslant j-i\leqslant n}c\rho^{j-i-k}\iint H(\boldsymbol{u}+h\boldsymbol{w})f(\boldsymbol{u}+h\boldsymbol{w})K(\boldsymbol{w})K(\boldsymbol{z})\mathrm{d}\boldsymbol{z}\mathrm{d}\boldsymbol{w}=O(nh^{2k})$$

最后的联系从下式得到。

$$\begin{aligned}
\sum_{2k\leqslant j-i\leqslant n}\rho^{j-i-k}&=\sum_{i=1}^{n}\sum_{j=2k+i}^{n}\rho^{j-i-k}=\sum_{i=1}^{n}\frac{\rho^k(1-\rho^{n-2k-i+1})}{1-\rho}\\
&=\frac{\rho^k}{1-\rho}\left[n-\frac{\rho^{n-2k}(1-\rho^n)}{1-\rho}\right]=O(n)
\end{aligned}$$

对 $\sum_{A_3}E(Q_{nj}Q'_{ni})$ 应用相同的方法，但略有区别。

$$E\left[X_{k+j}K\left(\frac{\boldsymbol{u}-\boldsymbol{Y}_j}{h}\right)K\left(\frac{\boldsymbol{u}-\boldsymbol{Y}_i}{h}\right)\right]-m=E\left[H(\boldsymbol{Y}_j)K\left(\frac{\boldsymbol{u}-\boldsymbol{Y}_j}{h}\right)K\left(\frac{\boldsymbol{u}-\boldsymbol{Y}_i}{h}\right)\right]-m$$

$$=EK\left(\frac{\boldsymbol{u}-\boldsymbol{Y}_j}{h}\right)\left[\int H(\boldsymbol{y})K\left(\frac{\boldsymbol{u}-\boldsymbol{y}}{h}\right)\{P^{(j-i)}(\boldsymbol{Y}_i,\mathrm{d}\boldsymbol{y})-\pi(\mathrm{d}\boldsymbol{y})\}\right]$$

且利用引理 2.2.1 替代引理 2.2.2 来估计积分项，便得到

$$\frac{1}{nh^k}\sum_{A_3}[E(Q_{ni}Q'_{nj})+E(Q_{nj}Q'_{ni})]=O(h^k)\to 0$$

即得(6)的结果。

2.3 一个扩展

本节提出定理 2.2.1 的一个扩展代替模型(2.1.1)，考虑如下模型

$$X_{n+1}=H(X_{n+1-k},\cdots,X_n)+\sigma_1(X_{n+1-k},\cdots,X_n)\eta_{n+1} \tag{2.3.1}$$

其中，在 2.1 节中增加一个假设：$\mathbf{R}^k\to\mathbf{R}'$上的$\sigma_1$是可测有界的，则定理 2.3.1 的证明与定理 2.2.1 将完全一样。

定理 2.3.1 令$\{X_n|n\geqslant 0\}$有模型(2.3.1)的形式。假设$\boldsymbol{Y}_n=(X_n,X_{n+1},\cdots,X_{n+k-1})$是一个平稳遍历的 Markov 过程，具有唯一不变的正的且有二阶连续导数的概率密度 f，且$\{\boldsymbol{Y}_n|n\geqslant 0\}$满足下列收敛到平衡态的几何概率：对 $\mathbf{R}^k$ 上满足$|\varphi(\boldsymbol{y})|\leqslant 1+|\boldsymbol{y}|$的每个实值可测函数 φ，对某些不依赖于 φ 的常数 $c'>0$ 和 $0<\rho<1$，若

$$|E(\varphi(\boldsymbol{Y}_n)|\boldsymbol{Y}_0=\boldsymbol{y})-E\varphi(\boldsymbol{Y}_0)|\leqslant c'\rho^n(1+|\boldsymbol{y}|)$$

则当 $h=h_n=cn^{-\frac{1}{4+k}}$，$(c>0)$，$n\to+\infty$时，有

$$\sqrt{nh^k}[\hat{H}_n(\boldsymbol{u})-H(\boldsymbol{u})]\xrightarrow{L}N(b(\boldsymbol{u}),\sigma^2(\boldsymbol{u}))$$

其中，$b(\boldsymbol{u})=\dfrac{c_1}{f(\boldsymbol{u})}\sum\limits_{i,j>1}^{k}\left\{D_iH(\boldsymbol{u})D_jf(\boldsymbol{u})+\dfrac{1}{2}f(\boldsymbol{u})D_{ij}H(\boldsymbol{u})\right\}\int z_iz_jK(\boldsymbol{z})\mathrm{d}\boldsymbol{z}$

$$\sigma^2(\boldsymbol{u})=\frac{1}{f(\boldsymbol{u})}E\sigma_1^2(\boldsymbol{Y}_0)E\eta_1^2\int K^2(\boldsymbol{z})\mathrm{d}\boldsymbol{z}$$

常数 $c_1=c^{\frac{4+k}{2}}>0$

有时把形如模型(2.3.1)的模型归结为自回归条件异方差，即 ARCH 模型。$k=1$ 的情形，定理 2.3.1 所需要的几何遍历性的充分条件可在文献(Bhattacharya et al.，1995b)中查到。对于 $k>1$ 的情形，一个适当的充分条件可在文献(Lu et al.，2001)中找到，$k=1$ 时也可参看文献(Franke et al.，2002)。关于模型(2.1.1)的更早期的相关内容可参阅文献(Chan et al.，1985)。

2.4 数值模拟

本节给出两个数值例子，讨论 $k=1$ 和 $k=2$ 时，非线性自回归过程的非参数估

计，并利用正态近似得到逐点置信区间。

例 2.1　对于 $k=1$ 的情形，自回归函数选为 $H(u)=-0.9u+2u^2\mathrm{e}^{-u^2}$，它的图形如图 2.1 所示。

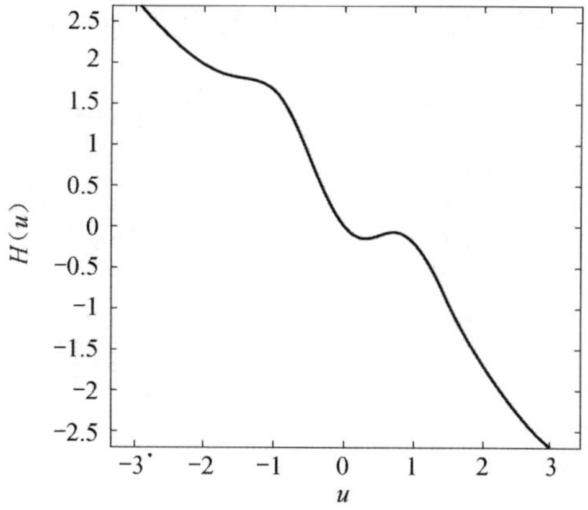

图 2.1　$H(u)$的曲线

设 η_n 是具有零均值和方差为 σ^2 的独立同正态分布，观测值$\{X_1,X_2,\cdots\}$由下式产生：$X_{n+1}=H(X_n)+\eta_{n+1}$，$n=0,1,2,\cdots$，其中，$X_0=0$，在给定 $\sigma^2=0.1$ 和 $\sigma^2=0.2$ 的前提下，X_n 关于 X_{n+1}的散点图如图 2.2(a)和图 2.2(b)所示。

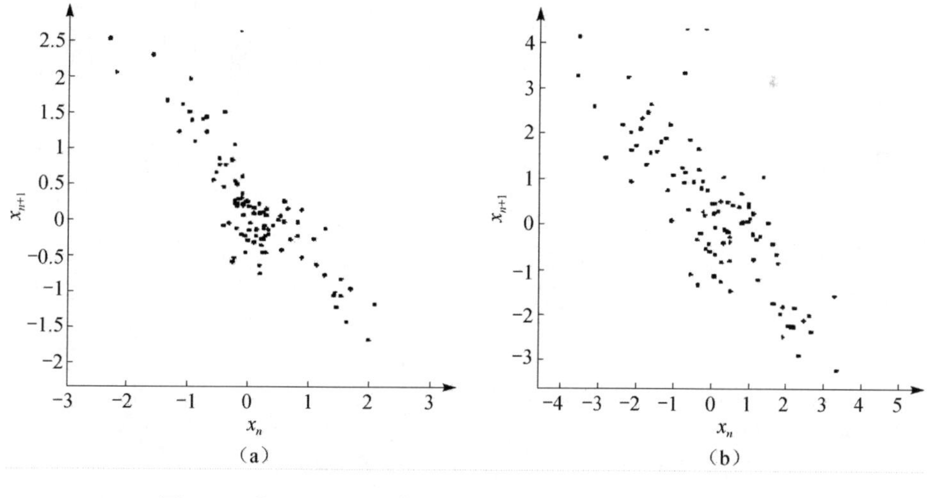

图 2.2　$\sigma^2=0.1$(a)和 $\sigma^2=0.2$(b)时，x_n 关于 x_{n+1}的散点图

具有 100 个观测值的核自回归估计可由下式给出。

$$\hat{H}_{100}(u)=\frac{\sum_{j=1}^{100}X_{j+1}K((u-X_j)/h)}{\sum_{j=1}^{100}K((u-X_j)/h)}$$

满足条件(K1)～条件(K3)的核函数可以从表 2.1 中选取。

表 2.1　几种常见的核函数

核函数名称	$K(u)$
均匀核函数(Uniform kernel)	$\frac{1}{2}I_{(\lvert u\rvert\leqslant 1)}$
高斯核函数(Gaussian kernel)	$(2\pi)^{-\frac{1}{2}}\exp(-u^2/2)$
三角核函数(Triangular kernel)	$(1-\lvert u\rvert)I_{(\lvert u\rvert\leqslant 1)}$
伊番科尼可夫核函数(Epanechnikov kernel)	$\frac{3}{4}(1-u^2)I_{(\lvert u\rvert\leqslant 1)}$
四次方核函数(Quartic kernel)	$\frac{15}{16}(1-u^2)^2I_{(\lvert u\rvert\leqslant 1)}$
三权核函数(Triweight kernel)	$\frac{35}{32}(1-u^2)^3I_{(\lvert u\rvert\leqslant 1)}$

图 2.3(a)和图 2.3(b)分别表示在 $\sigma^2=0.1$，窗宽 $h=0.4$ 和 $h=0.8$ 的情形下，基于三角核函数 $K(u)=(1-\lvert u\rvert)I_{(\lvert u\rvert\leqslant 1)}$ 的核自回归估计。

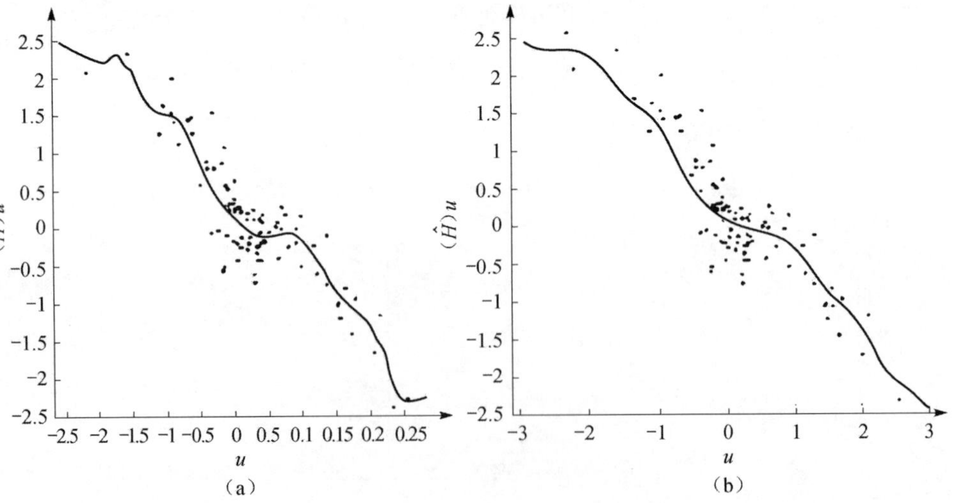

图 2.3　$\sigma^2=0.1,h=0.4$(a)和 $h=0.8$(b)的核估计

图 2.4(a)和图 2.4(b)分别表示在 $\sigma^2=0.1$ 和 $\sigma^2=0.5$ 的情形下，窗宽 $h=n^{-\frac{1}{4+k}}=100^{-\frac{1}{5}}\approx 0.4$ 时，基于三角核函数 $K(u)=(1-\lvert u\rvert)I_{(\lvert u\rvert\leqslant 1)}$ 的核自回归估计。

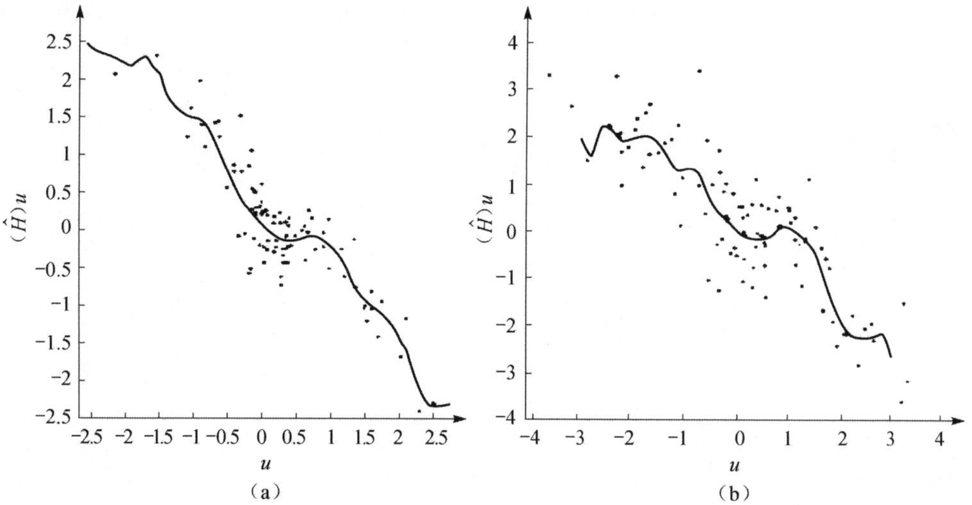

图 2.4　$\sigma^2=0.1$(a)和 $\sigma^2=0.5$(b)时 $h=0.4$ 的核估计

对窗宽 $h=0.4$，$\sigma^2=0.1$ 及三角核函数 $K(u)=(1-|u|)I_{(|u|\leqslant 1)}$，在点 $u=u_1,u_2,u_3,\cdots,u_{16},u_{17}$（$=-1.6,-1.4,-1.2,\cdots,1.4,1.6$），按照注记 2.3 中提及的构造逐点置信区间，利用式(2.2.19)求出所有的逐点置信区间，表 2.2 列出了 $H(u_i)$ 的 90%的渐近置信区间，图 2.5 给出了 $H(u_i)$ 的 90%的渐近置信区间以及真实函数 $H(u)$ 的曲线图。

表 2.2　$H(u_i)$ 的核估计及 90%的渐近置信区间

u_i	$H(u_i)$	$\hat{H}_{100}(u_i)$	(CLO_i, CUP_i)
−1.6	1.8358	2.1129	(1.7505, 2.4753)
−1.4	1.8122	1.7149	(1.4318, 1.9981)
−1.2	1.7624	1.5358	(1.3267, 1.7448)
−1.0	1.6358	1.5055	(1.3313, 1.6797)
−0.8	1.3949	1.2715	(1.1043, 1.4387)
−0.6	1.0423	0.8219	(0.6783, 0.9656)
−0.4	0.6327	0.4614	(0.3582, 0.5647)
−0.2	0.2569	0.2400	(0.1571, 0.3230)
0	0	0.0391	(−0.0392, 0.1174)
0.2	−0.1031	−0.0997	(−0.1830, −0.0164)
0.4	−0.0873	−0.1034	(−0.2052, −0.0016)
0.6	−0.0377	−0.0399	(−0.1711, 0.0913)
0.8	−0.0451	−0.0854	(−0.2438, 0.0731)
1.0	−0.1642	−0.2463	(−0.4378, −0.0548)
1.2	−0.3976	−0.5609	(−0.7490, −0.3727)
1.4	−0.7078	−0.8542	(−1.0217, −0.6868)
1.6	−1.0442	−1.0081	(−1.1886, −0.8277)

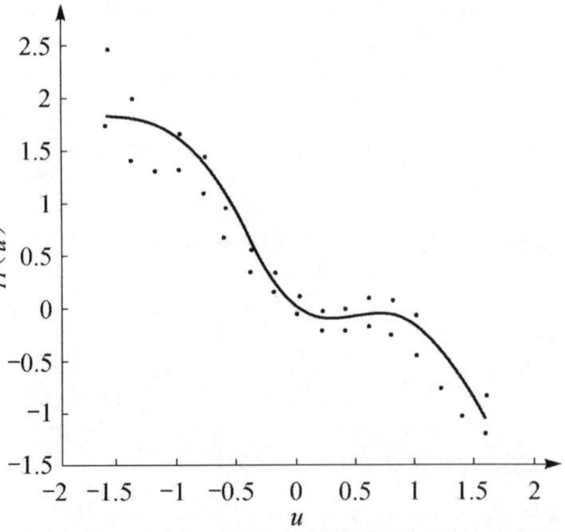

图 2.5　90%的置信区间及 $H(u)$的真实曲线

例 2.2　对于 $k=2$ 的情形，自回归函数选为

$$H(u,v)=-0.5u-0.5v+\exp(-u^2)+\exp(-v^2)$$

$H(u,v)$的图形如图 2.6 所示。

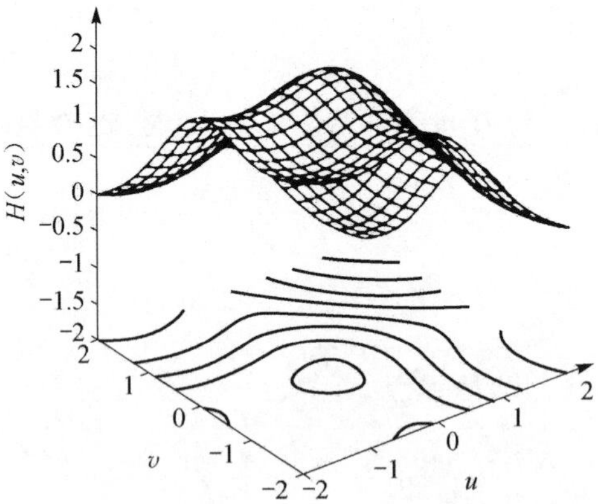

图 2.6　$H(u,v)$的图形

二阶自回归过程的观测值由下式产生：

$$X_{n+1}=H(X_{n-1},X_n)+\eta_{n+1},\quad n=1,2,\cdots$$

其中，$X_0=0$，$X_1=0$，$\{\eta_n \mid n\geqslant 1\}$是一组具有零均值方差为 σ^2 的独立同分布正态序列。$\sigma^2=0.5$ 时，X_{n-1}，X_n 对 X_{n+1}的三维散点图如图 2.7 所示。

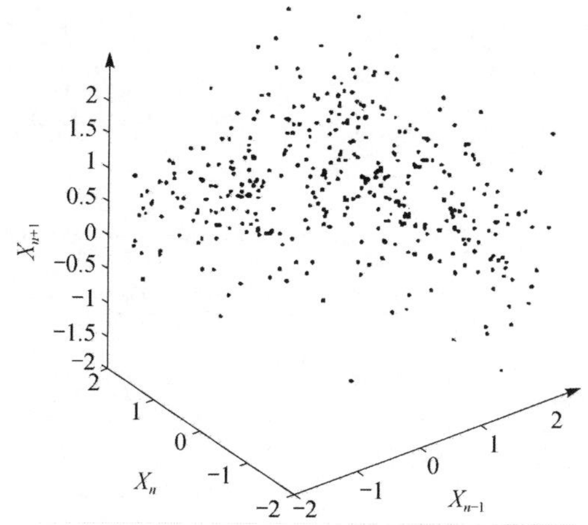

图 2.7 400 个观测值的散点图($\sigma^2=0.5$)

对于观测值$\{(Y_i, X_{i+2})|i=1,2,\cdots\}$，核自回归估计为

$$\hat{H}_n(\boldsymbol{u})=\frac{\sum_{i=1}^{n}X_{i+1}K((\boldsymbol{u}-X_i)/h)}{\sum_{i=1}^{100}K((\boldsymbol{u}-X_i)/h)}$$

对于$\boldsymbol{u}=(u,v)$和$\boldsymbol{Y}_i=(X_i,X_{i+1})$，可选择一个二维积核函数$K(\boldsymbol{u})=K(u)K(v)$，其中$K(u)$和$K(v)$是表2.1中的某个一维核函数。下面选择三角核函数，即$K(\boldsymbol{u})=K(u,v)=(1-|u|)(1-|v|)I_{(|u|\leqslant 1,|v|\leqslant 1)}$。图2.8(a)和图2.8(b)分别表示$h=0.4$和$h=0.8$时，400个观测值的核自回归估计。

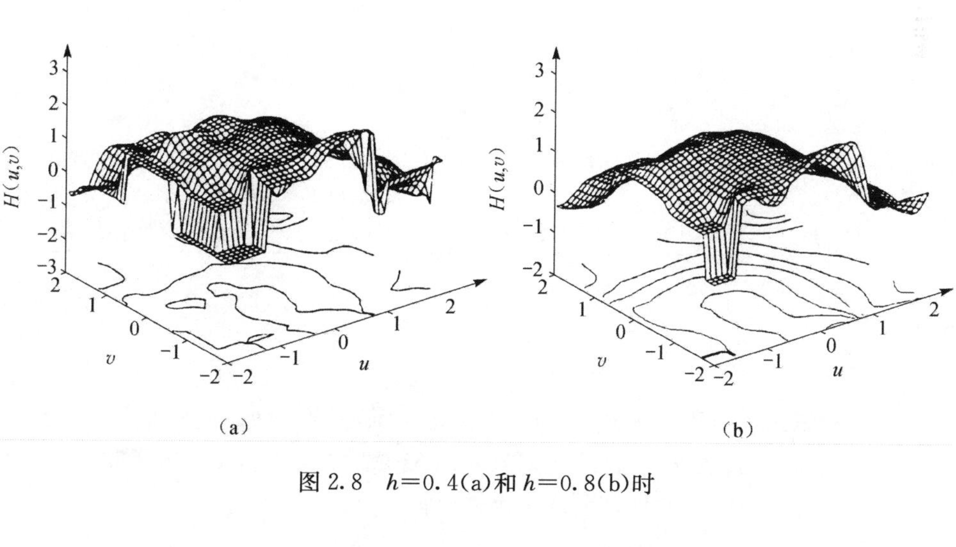

图 2.8 $h=0.4$(a)和$h=0.8$(b)时

对于窗宽 $h=n^{-\frac{1}{4+k}}=400^{-\frac{1}{6}}\approx 0.4$，$\sigma^2=0.5$ 以及二维积核函数的情形，在 25 个网格点 $\boldsymbol{u}=(u_i,v_l)$，$i=1,\cdots,5$，$l=1,\cdots,5$ 上的逐点置信区间可以按照注记 2.3 中提及的公式(2.2.19)构造。表 2.3 给出了 25 个网格点 $H(u_i,v_l)$上的核估计和 90%的置信区间。

表 2.3　$H(u_i,v_l)$上的核估计和 90%的置信区间

(u_i,v_l)	$H(u_i,v_l)$	$\hat{H}_{400}(u_i,v_l)$	$(\mathrm{CLO}_{il},\mathrm{CUP}_{il})$
$(u_1,v_1)=(-1,-1)$	1.7358	1.8549	(0.7900,2.9198)
$(u_1,v_2)=(-1,-0.5)$	1.8967	2.1052	(1.7381,2.4723)
$(u_1,v_3)=(-1,0)$	1.8679	1.9676	(1.6171,2.3181)
$(u_1,v_4)=(-1,0.5)$	1.3967	1.3826	(0.9955,1.7696)
$(u_1,v_5)=(-1,1)$	0.7358	0.8942	(0.4274,1.3610)
$(u_2,v_1)=(-0.5,-1)$	1.8967	2.0433	(1.3738,2.7129)
$(u_2,v_2)=(-0.5,-0.5)$	2.0576	2.0653	(1.6838,2.4468)
$(u_2,v_3)=(-0.5,0)$	2.0288	2.1870	(1.9175,2.4564)
$(u_2,v_4)=(-0.5,0.5)$	1.5576	1.4459	(1.1449,1.7469)
$(u_2,v_5)=(-0.5,1)$	0.8967	0.9079	(0.5068,1.3090)
$(u_3,v_1)=(0,-1)$	1.8679	2.1277	(1.3783,2.8771)
$(u_3,v_2)=(0,-0.5)$	2.0288	2.0718	(1.5646,2.5791)
$(u_3,v_3)=(0,0)$	2.0000	1.9182	(1.5200,2.3164)
$(u_3,v_4)=(0,0.5)$	1.5288	1.9052	(1.5440,2.2663)
$(u_3,v_5)=(0,1)$	0.8679	0.8993	(0.5483,1.2503)
$(u_4,v_1)=(0.5,-1)$	1.3967	1.3811	(1.0026,1.7595)
$(u_4,v_2)=(0.5,-0.5)$	1.5576	2.0116	(1.6623,2.3609)
$(u_4,v_3)=(0.5,0)$	1.5288	1.3952	(1.0203,1.7701)
$(u_4,v_4)=(0.5,0.5)$	1.0576	1.0700	(0.7947,1.3454)
$(u_4,v_5)=(0.5,1)$	0.3967	0.2875	(−0.0202,0.5951)
$(u_5,v_1)=(1,-1)$	0.7358	0.5472	(−0.0202,1.1147)
$(u_5,v_2)=(1,-0.5)$	0.8967	0.6955	(0.3833,1.0078)
$(u_5,v_3)=(1,0)$	0.8679	1.1731	(0.6739,1.6722)
$(u_5,v_4)=(1,0.5)$	0.3967	0.6631	(0.3991,0.9272)
$(u_5,v_5)=(1,1)$	−0.2642	−0.0652	(−0.5283,0.3980)

2.5　小结

本章考虑在观测数据非独立的情况下，自回归函数 $H(\boldsymbol{u})$的核估计量 $\hat{H}_n(\boldsymbol{u})$的渐近性质，即在假设($H$)，假设($g$)和假设($K$)成立的前提下，证明了非线性自回归模型的核自回归估计量具有渐近正态性，即

$$\sqrt{nh^k}[\hat{H}_n(\boldsymbol{u})-H(\boldsymbol{u})]\xrightarrow{L}N(b(\boldsymbol{u}),\sigma^2(\boldsymbol{u}))$$

构造出该估计量的逐点 MSE 和 MISE 的计算公式

$$\mathrm{MSE}(\hat{H}_n(\boldsymbol{u}))=\frac{1}{nh^k}(\sigma^2(\boldsymbol{u})+b^2(\boldsymbol{u}))+o\left(\frac{1}{nh^k}\right)$$

$$\mathrm{MISE}(\hat{H}_n(\boldsymbol{u}))=\frac{1}{nh^k}(s_1+b_1)+o\left(\frac{1}{nh^k}\right)$$

并将该结果进一步推广到 ARCH 模型。最后对非线性自回归函数在 $k=1$ 和 $k=2$ 的情况下进行了非参数核估计量的数值模拟，导出了利用正态近似法的逐点置信区间。

可将本章的研究方法应用到其他类型的非线性时间序列模型中，用以完善非线性时间序列的非参数方法，并且可进一步将本章所得结论对社会、经济等领域的相关问题进行一些实证分析。

第 3 章　自助估计法

在独立观测值的情况下，相关文献（Hall et al.，1995；Bhattacharya，1987；Härdle et al.，1988）已经导出非参数回归模型的非参数自助核估计和自助置信区间。对于不独立的过程，自助估计法还没有一般的结果。本章利用相关文献（Politis et al.，1994；Härdle et al.，1989）中介绍的平稳自助法和无序自助法的基本思想，讨论利用非参数自助过程构造非线性自回归曲线的置信区域，证明利用平稳自助法构造的非线性自回归模型（3.1.1）的核估计量是有效的，同时将无序自助法应用到非线性自回归核估计量，也得出相应的结果；最后给出由平稳自助法和无序自助法导出的自助置信区间在非线性一阶和二阶自回归模型数值仿真实例，同时对非参数自助置信区域与第 2 章讨论的利用正态近似求出的逐点置信区间进行比较。

3.1　研究现状及基本假设

3.1.1　研究现状及研究内容

考虑一个非线性 k 阶（$k\geqslant 1$）自回归过程 $\{x_n \mid n\geqslant 0\}$：

$$X_{n+1} = H(X_{n+1-k},\cdots,X_n) + \eta_{n+1} \quad (n \geqslant k-1) \tag{3.1.1}$$

其中，H 是一个 $\mathbf{R}^k$ 上的实值 Borel 可测函数。$\{\eta_n \mid n\geqslant 1\}$ 是一列具有零均值和有限方差的独立同分布的实值随机变量序列，且 $\{X_0, X_1, \cdots, X_{k-1}\}$ 是独立于 $\{\eta_n \mid n\geqslant 1\}$ 的任意实值随机变量。在第 2 章提出利用 N-W 型核方法对自回归函数的非参数估计，推导出在最优窗宽的前提下，一般的 k 阶遍历非线性自回归模型或 ARCH 模型的非参数核估计量的中心极限定理，同时也求出了未知回归函数的逐点置信区间。

本章将利用相关文献（Politis et al.，1994；Härdle et al.，1989）中介绍的平稳自助法和无序自助法，讨论怎样利用非参数自助过程构造非线性自回归曲线的置信区域。Doob（1953）介绍的自助法，作为逼近抽样分布的一种重要的非参数工具，已经被用来研究曲线估计，如相关文献（Hall，1992a，1992b；Härdle，1991；Bose，1988；Freedman，1981，1984）中的参数回归、非参数回归、密度估计和线性自回归。特别地，在独立的前提下，Hall（1992b）、Bhattacharya（1987）和 Härdle 等（1988）已经导出非参数回归模型的非参数自助核估计和自助置信区间。对于不独立的过程，自助估计法还没有一般的结果，Singh(1981)提供了一个例子。Franke等(2002)导出了 $k=1$ 的情况下的自助置信区间。Freedman(1984)已经证明了一个相关的结果，即具有外生变量与误差项正交的线性自回归模型的二阶最小二乘估计，且 Bose(1988)通过改进参数估计分布的一项埃奇沃思扩展和它的自助法已经讨论了线性自回归模型的关于最小二乘估计的自助近似法，然后对两者进行比较。由 Künsch(1989)和 Liu 等(1992)提出的移动区组产生的伪时间序列是不平稳的，Härdle 等(1992)已经提出一个新的重抽样方法，称为平稳自助法，这种方法能应用到平稳的弱相关序列。自助观测值是从一个平稳序列根据平稳自助法产生的。3.2 节描述平稳自助法，并讨论在一定的假设下，平稳自助过程的强混合过程，同时，利用平稳性的改进，如推导出的平稳自助核密度估计量的一些性质，证明关于非线性自回归模型(3.1.1)的核估计量的平稳自助法是有效的。对于具有独立观测值的非参数回归模型，Härdle 等(1991)已经使用回归核估计量的无序自助法的基本思想。在 3.3 节，无序自助法被应用到自回归核估计量。3.4 节给出由平稳自助法和无序自助法导出的自助置信区间在非线性一阶和二阶自回归模型数值仿真实例，同时对非参数自助置信区域与第 2 章讨论的利用正态近似求出的逐点置信区间进行了比较。

3.1.2　假设及早期成果

这里给出一些基本假设和第 2 章已经导出的中心极限定理，本章的主要结论中将会用到这些内容。

在非线性 k 阶自回归模型(3.1.1)中，自回归函数 H 的核估计量为

$$\hat{H}_n(\boldsymbol{u}) = \frac{\sum_{i=1}^{n} X_{k+i} K\left(\frac{\boldsymbol{u}-\boldsymbol{Y}_i}{h}\right)}{\sum_{i=1}^{n} K\left(\frac{\boldsymbol{u}-\boldsymbol{Y}_i}{h}\right)} \tag{3.1.2}$$

其中，$\boldsymbol{Y}_i=(X_i, X_{i+1}, \cdots, X_{i+k-1})$ 且 $u\in\mathbf{R}^k$，如果分母不为 0，$h=h_n$ 是一个依赖于 n 的正数。当 $n\to+\infty$ 时，$h\to 0$ 且 $nh^k\to+\infty$，K 是核函数，h 是决定曲线光滑性的窗宽。

为讨论方便，假设：

(H) H 是一阶和二阶导数有界的二阶连续可微的，且存在常数 $c\geqslant 0, R>0$，$a_i>0(i=1,\cdots,k)$，使得当 $|\boldsymbol{y}|\geqslant R, \boldsymbol{y}=(y_1, y_2, \cdots, y_k)\in\mathbf{R}^k$ 时，有 $\sum_{i=1}^{k} a_i<1$ 及 $|H(\boldsymbol{y})|\leqslant\sum_{i=1}^{k} a_i(y_i)+c$；

(g) η_n 有零均值。$E|\eta_n|^3<+\infty$ 以及 η_n 在 $\mathbf{R}'$ 上有一个正的二阶连续可微的

密度函数 g 且 g,g',g''有界。

这些条件保证了 Markov 过程$\{\boldsymbol{Y}_n | n\geqslant 0, \boldsymbol{Y}_n=(X_n, X_{n+1}, \cdots, X_{n+k-1})\}$是几何哈里斯遍历(Bhattacharya et al. ,1995a),即存在一个唯一的不变概率 π 和常数 ρ $(0<\rho<1)$,使得

$$\rho^n \parallel P^{(n)}(X,\mathrm{d}\boldsymbol{y})-\pi(\mathrm{d}\boldsymbol{y}) \parallel \to 0, \quad n\to+\infty, \quad X\in \mathbf{R}^k \tag{3.1.3}$$

其中,$P^{(n)}(X,\mathrm{d}\boldsymbol{y})$是 $\boldsymbol{Y}_n$ 的 n 步转移概率,$\parallel \cdot \parallel$ 表示$(\mathbf{R}^k,\mathbf{B}^k)$上有限符号测度的 Banach 空间的全变差。如果 $\boldsymbol{Y}_n$ 有初始分布 π,则$\{\boldsymbol{Y}_n | n\geqslant 0\}$是一个平稳遍历的 Markov 过程。将 X_n 看成是 $\boldsymbol{Y}_n$ 的第一个坐标,则$\{X_n | n\geqslant 0\}$就像$\{(\boldsymbol{Y}_n, X_{n+k}) | n\geqslant 0\}$一样是平稳过程。由文献(Bhattacharya et al. ,1995a)中引理 1 可知,$\boldsymbol{Y}_n$ 的 k 步转移概率 $P^{(k)}(\boldsymbol{x},\mathrm{d}\boldsymbol{y})$关于 Lebesgue 测度 λ_k 有一个密度函数

$$\rho^{(k)}(\boldsymbol{x},\boldsymbol{y}) = g(\boldsymbol{y},H(\boldsymbol{x}))\prod_{j=2}^{k} g(y_j - H(x_j,\cdots,x_k,y_1,\cdots,y_{j-1}))$$

$\boldsymbol{x}=(x_1,\cdots,x_k)$,$\boldsymbol{y}=(y_1,\cdots,y_k)\in\mathbf{R}^k$,且 $p^{(k)}(\boldsymbol{x},\boldsymbol{y})$在 $\mathbf{R}^k\times\mathbf{R}^k$ 上连续有界,则 π 关于 λ_k 是绝对连续,且 $\boldsymbol{Y}_0$ 的密度 $f(\boldsymbol{x})$存在。如果 $\tilde{f}$ 是 π 的密度,则 $f(\boldsymbol{x})=\int \tilde{f}(\boldsymbol{y})p^{(k)}(\boldsymbol{x},\boldsymbol{y})\mathrm{d}\boldsymbol{y}=\tilde{f}(\boldsymbol{x})a.e.\lambda_k$。

在假设(H)和假设(g)下,f 在 $\mathbf{R}^k$ 上是正的二阶连续可微的。

对核密度函数 K,假设

(K):($K1$) $K(X)\leqslant M<+\infty$;

($K2$) $K(-X)=K(X)$;

($K3$) K 有一个紧支撑。

定理 3.1.1 上述假设(H),假设(g)和假设(K)成立,对常数 $c>0$,若 $h=cn^{-\frac{1}{4+k}}$,则当$n\to+\infty$时,有

$$\sqrt{nh^k}[\hat{H}_h(\boldsymbol{u})-H(\boldsymbol{u})]\xrightarrow{L} N(b(\boldsymbol{u}),\sigma^2(\boldsymbol{u}))$$

其中,

$$b(\boldsymbol{u}) = \frac{c_1}{f(\boldsymbol{u})}\sum_{i,j=1}^{k}\left\{D_iH(\boldsymbol{u})D_jf(\boldsymbol{u})+\frac{1}{2}f(\boldsymbol{u})D_{ij}H(\boldsymbol{u})\right\}\int z_iz_jK(\boldsymbol{z})\mathrm{d}\boldsymbol{z} \tag{3.1.4}$$

$$\sigma^2(\boldsymbol{u}) = \frac{1}{f(\boldsymbol{u})}E\eta_1^2\int K^2(\boldsymbol{z})\mathrm{d}\boldsymbol{z} \tag{3.1.5}$$

常数 $c_1=c^{\frac{4+k}{2}}$,其中,$D_i=\frac{\partial}{\partial u_i}$,$D_{ij}=\frac{\partial^2}{\partial u_i\partial u_j}$,$i,j\in\{1,2,\cdots,k\}$。

推论 3.1.1 如果 $h=o(n^{-\frac{1}{4+k}})$,则当 $n\to+\infty$时,有

$$\sqrt{nh^k}[\hat{H}_n(\boldsymbol{u})-H(\boldsymbol{u})]\xrightarrow{L} N(0,\sigma^2(\boldsymbol{u})) \quad (h\to+\infty)$$

3.2　平稳自助估计法

本节考虑核自回归估计量的平稳自助估计法。先叙述平稳自助法(Politis et al.,1994),也可参考另一文献(Lahiri,1999)。

假设$\{\boldsymbol{Y}_n \mid n\geqslant 1\}$是在$\mathbf{R}^k$上取值的一个平稳弱相关的时间序列。令$\boldsymbol{Y}_1,\cdots,\boldsymbol{Y}_n$是观测值,按下面已观测数据集的周期延拓定义一个新的时间序列$\{\boldsymbol{Y}_{ni} \mid i\geqslant 1\}$。对每个$i\geqslant 1$,定义$\boldsymbol{Y}_{ni}=\boldsymbol{Y}_j$,其中$j$使得$i=qn+j$成立(对某些$q$)。序列$\{\boldsymbol{Y}_{ni} \mid i\geqslant 1\}$就能够通过环绕数据$\boldsymbol{Y}_1,\cdots,\boldsymbol{Y}_n$得到,且重新标记为$\boldsymbol{Y}_{n1},\boldsymbol{Y}_{n2},\cdots$。下面对于一个正整数$l$,从$\boldsymbol{Y}_{ni}$开始考虑$l$个观测值,定义区组$B(i,l),i\geqslant 1$

$$B(i,l)=\{\boldsymbol{Y}_{ni},\cdots,\boldsymbol{Y}_{n(i+l-1)}\}$$

在平稳自助法的前提下,从集合$\{B(i,l) \mid i=1,\cdots,n,l\geqslant 1\}$中选择一个随机数便可获得自助观测值。为做到这一点,要生成随机变量$I_1,\cdots,I_n$和$L_1,\cdots,L_n$,使

(1) $I_1,\cdots,I_n$独立同分布,且离散,在$\{1,\cdots,n\}$上一致地有

$$P^*(I_1=i)=\frac{1}{n},\quad i=1,\cdots,n \tag{3.2.1}$$

(2) $L_1,\cdots,L_n$是一个具有参数p($p\in(0,1)$)的几何分布的独立同分布的随机变量

$$P^*(L_1=l)=p(1-p)^{l-1},\quad l=1,2,\cdots \tag{3.2.2}$$

(3) 集合$\{I_1,\cdots,I_n\}$和$\{L_1,\cdots,L_n\}$是独立的。

P^*表示在给定$\boldsymbol{Y}_1,\cdots,\boldsymbol{Y}_n$情况下的条件概率。简单起见,限制变量$I_1,\cdots,I_n$,$L_1,\cdots,L_n$和参数$p$的相关性。假设当$n\to+\infty$时,$p\to 0$。在平稳自助法的前提下,区组长度变量$L_1,\cdots,L_n$是随机的且区组长度期望$E^*L_1$是$p^{-1}$,即当$n\to+\infty$时,期望趋于$+\infty$。那么,按下列方法可生成一个伪时间序列$\boldsymbol{Y}_1^*,\cdots,\boldsymbol{Y}_n^*$。令$d=\inf\{k\geqslant 1 \mid L_1+\cdots+L_k\geqslant n\}$,然后选择$d$个区组$B(I_1,L_1),\cdots,B(I_d,L_d)$,注意在重抽样本区组$B(I_1,L_1),\cdots,B(I_d,L_d)$中有$N_1\equiv L_1+\cdots+L_d$个元素。将这些元素排列成一个序列,便得到自助观测值$\boldsymbol{Y}_1^*,\cdots,\boldsymbol{Y}_n^*,\cdots,\boldsymbol{Y}_{N_1}^*$。

现在考虑具有平稳自助观测值$\{\boldsymbol{Y}_n^* \mid n\geqslant 1\}$的核估计量的自助法,这些观测值是由3.1节中的几何哈里斯遍历平稳Markov过程$\{\boldsymbol{Y}_n \mid n\geqslant 1\}$生成的。

定义

$$\hat{H}_n^*(\boldsymbol{u})=\frac{\sum_{i=1}^{n}X_{k+i}^*K\left(\frac{\boldsymbol{u}-\boldsymbol{Y}_i^*}{h}\right)}{\sum_{i=1}^{n}K\left(\frac{\boldsymbol{u}-\boldsymbol{Y}_i^*}{h}\right)} \tag{3.2.3}$$

其中，X_{k+i}^*使得$\boldsymbol{Y}_{i+1}^*=(X_{i+1}^*,\cdots,X_{i+k}^*)$。在本章假设的基础上，先给出平稳自助过程的引理。

引理 3.2.1 由几何哈里斯遍历平稳 Markov 过程$\{\boldsymbol{Y}_n|n\geqslant 0\}$生成的平稳自助过程$\{\boldsymbol{Y}_n^*|n\geqslant 0\}$是强混合的($\alpha$-混合)，即

$$\alpha^*(n)=\sup_{A,B}|P^*(AB)-P^*(A)P^*(B)|\to 0\quad \text{a. s.}$$

其中，$A\in F^{*,s}$，$B\in F_{s+n}^{*;+\infty}$，任意 s，F_a^{*b} 是由随机变量$\boldsymbol{Y}_j^*$ 生成的σ-域，$a\leqslant j\leqslant b$。

证明 易证当$n\to+\infty$时，有

$$|p^*(\boldsymbol{Y}_1^*\in A,\boldsymbol{Y}_n^*\in B)-p^*(\boldsymbol{Y}_1^*\in A)p^*(\boldsymbol{Y}_n^*\in B)|\to 0\quad \text{a. s.}$$

其中，$A,B\in B(\mathbf{R}^K)$。称平稳自助观测值$\boldsymbol{Y}_1^*,\cdots,\boldsymbol{Y}_n^*$ 是重抽样本区组 $B(I,L),\cdots,B(I_d,L_d)$的排列，且

$$\begin{aligned}\boldsymbol{Y}_n^*\in B(I_d,L_d)&=\{\boldsymbol{Y}_{I_d},\boldsymbol{Y}_{I_d+1},\cdots,\boldsymbol{Y}_{I_d+L_d+1}\}\\&\equiv\{\boldsymbol{Y}_{L_1+L_2+\cdots+L_{d-1}+1}^*,\cdots,\boldsymbol{Y}_n^*,\cdots,\boldsymbol{Y}_{L_1+\cdots+L_d}^*\}\end{aligned}$$

注意，对某些 l：$0\leqslant l\leqslant L_d-1$，$\boldsymbol{Y}_n^*=y_{I_d+l}$。所以有

$$\begin{aligned}&|P^*(\boldsymbol{Y}_1^*\in A,\boldsymbol{Y}_n^*\in B)-P^*(\boldsymbol{Y}_1^*\in A)P^*(\boldsymbol{Y}_n^*\in B)|\\=&|P^*(\boldsymbol{Y}_{l_1}\in A,\boldsymbol{Y}_{I_d+l}\in B)-P^*(\boldsymbol{Y}_{I_1}\in A)P^*(y_{I_d+l}\in B)|\\=&\Big|\sum_{i=1}^n\sum_{j=1}^n\frac{1}{n^2}P^*(\boldsymbol{Y}_{I_1}\in A,\boldsymbol{Y}_{I_d+l}\in B\mid I_1=I,I_d=j)\\&-\sum_{i=1}^n\frac{1}{n}P^*(\boldsymbol{Y}_{I_1}\in A\mid I_1=i)\sum_{j=1}^n\frac{1}{n}P^*(\boldsymbol{Y}_{I_d+l}\in B\mid I_d=j)\Big|\\\leqslant&\sum_{i=1}^n\sum_{j=1}^n\frac{1}{n^2}|P(\boldsymbol{Y}_i\in A,\boldsymbol{Y}_{j+1}\in B)-P(\boldsymbol{Y}_i\in A)P(\boldsymbol{Y}_{j+l}\in B)|\end{aligned}\tag{3.2.4}$$

因为$\{\boldsymbol{Y}_n|n\geqslant 1\}$是几何哈里斯遍历平稳 Markov 过程，在式(3.1.3)中，对一些 $0<\rho<1$，有

$$|P(\boldsymbol{Y}_i\in A,\boldsymbol{Y}_{j+l}\in B)-P(\boldsymbol{Y}_i\in A)P(\boldsymbol{Y}_{j+l}\in B)|\leqslant c\rho^{|j+l-i|}$$

所以对常数 c，式(3.2.4)

$$\leqslant c\sum_{i=1}^n\sum_{j=1}^n\frac{1}{n^2}\rho^{|j+l-i|}=\frac{c}{n^2}\Big[\sum_{j+l=i}\rho^{|j+l-i|}+\sum_{j+l>i}\rho^{|j+l-i|}+\sum_{j+l<i}\rho^{i-j-l}\Big]\tag{3.2.5}$$

那么，对于 $i,j\in\{1,2,\cdots,n\}$

$$\sum_{j+l=i}\rho^{|j+l-i|}=n-l$$

$$\sum_{j+l>i}\rho^{j+l-i}=\sum_{j=1}^n(\rho+\rho^2+\cdots+\rho^{l+j-1})$$

$$
\begin{aligned}
&= \sum_{j>1}^{n} \sum_{k=1}^{l+j-1} \rho^k = \sum_{j=1}^{n} \frac{\rho(1-\rho^{l+j-1})}{1-\rho} \\
&= \frac{\rho}{1-\rho}\left(n - \sum_{j=1}^{n} \rho^{l+j-1}\right) \\
&= \frac{\rho}{1-\rho}\left(n - \frac{\rho^l(1-\rho^n)}{1-\rho}\right)
\end{aligned}
$$

$$
\begin{aligned}
\sum_{j+l<i} \rho^{i-j-l} &= \sum_{i=l+2}^{n} (\rho + \rho^2 + \cdots + \rho^{i-l-1}) \\
&= \sum_{i=l+2}^{n} \frac{\rho(1-\rho^{i-l-1})}{1-\rho} = \frac{\rho}{1-\rho}\left(n-l-1-\sum_{i=l+2}^{n} \rho^{i-l-1}\right) \\
&= \frac{\rho}{1-\rho}\left(n-l-1-\frac{\rho(1-\rho^{n-l-1})}{1-\rho}\right)
\end{aligned}
$$

所以当 $n \to +\infty$ 时,式(3.2.5)等于

$$
\frac{c}{n^2}\left[n-l+\frac{\rho}{1-\rho}\left(n-\frac{\rho^l(1-\rho^n)}{1-\rho}\right)+\frac{\rho}{1-\rho}\left(n-l-1-\frac{\rho(1-\rho^{n-l-1})}{1-\rho}\right)\right] \to 0
$$

因此 $\alpha^*(n) \to 0 (n \to +\infty)$,$\{\boldsymbol{Y}_n^* \mid n \geqslant 1\}$ 是 α-混合的。

□

现陈述主要定理,以展示核自回归估计量的平稳自助法的结果。增加对核函数 K 的假设$(K)'$,上述假设(K)和假设$(K4)$:$|x| \to +\infty$ 时,$|x|k(x) \to 0$。

定理 3.2.1 假设(H),假设(g)和假设$(K)'$成立,对 $x \in R$,如果 $h = o(n^{-\frac{1}{4+k}})$,$g = O(n^{-\frac{1}{4+k}})$ 且 $\frac{h}{g} \to 0$,$p = O(h^k/n)$,则当 $n \to +\infty$ 时,在概率上有

$$
\sup_x \mid p^*(\sqrt{nh^k}[\hat{H}_n^*(\boldsymbol{u}) - \hat{H}_{n,g}(\boldsymbol{u})] < x) - p(\sqrt{nh^k}[\hat{H}_n(\boldsymbol{u}) - H(\boldsymbol{u})] < x) \mid \to 0
$$

其中 $\hat{H}_{n,g}(\boldsymbol{u})$ 是用 g 代替 h 作为窗宽的核估计量,且 g 比 h 趋于 0 的速度更慢,即 $\frac{h}{g} \to 0$,p 是几何分布(3.2.2)的参数。

将式(3.2.3)中的平稳自助核估计量写成

$$
\hat{H}_n^*(\boldsymbol{u}) = \frac{\hat{G}_n^*(\boldsymbol{u})}{\hat{f}_n^*(\boldsymbol{u})}
$$

其中,$\hat{G}_n^*(\boldsymbol{u}) = \frac{1}{nh^k}\sum_{i=1}^{n} X_{k+i}^* K\left(\frac{\boldsymbol{u}-\boldsymbol{Y}_i^*}{h}\right)$,$\hat{f}_n^*(\boldsymbol{u}) = \frac{1}{nh^k}\sum_{i=1}^{n} K\left(\frac{\boldsymbol{u}-\boldsymbol{Y}_i^*}{h}\right)$。

为了得到 $\hat{G}_n^*(\boldsymbol{u})$ 和 $\hat{f}_n^*(\boldsymbol{u})$ 的某些结果,本书使用在强混合过程和相关文献(Rosenblatt,1984)推论中用到的三角中心极限定理。

定理 3.2.2 设$\{\boldsymbol{Y}_j^{(n)} \mid j = \cdots, -1, 0, 1, \cdots\}$,$E\boldsymbol{Y}_j^{(n)} = 0$,$n = 1, 2, \cdots$ 是定义在强混合平稳过程$\{X_n\}$的概率空间上的严平稳过程序列。设 $\boldsymbol{Y}_j^{(n)}$ 关于 $F_{j-c} \cap B_{j+c}$ 是可

测的，其中，$c\equiv c_n=o(n)$，$c\to+\infty(n\to+\infty)$。令

$$v_n(b-a)=E\left|\sum_{j=a}^{b}\boldsymbol{Y}_j^{(n)}\right|^2$$

假设对满足 $c=o(m)$，$m\leqslant n$ 和 $s/m\to 0$ 的序列 $s\equiv s_n$，$m\equiv m_n$，有 $v_n(m)/v_n(s)\to+\infty$。设 $F_{n,m}(\boldsymbol{x})$是 $\sum_{k=1}^{m}\dfrac{\boldsymbol{Y}_k^{(n)}}{\sqrt{\dfrac{n}{m}v_n(m)}}$ 的分布函数，$m=o(n)$，假设任意 $\eta>0$，当 $n\to+\infty$时，有

$$\frac{n}{m}\int_{|\boldsymbol{x}|>\eta}\boldsymbol{x}^2\mathrm{d}F_{n,m}(\boldsymbol{x})\to 0 \tag{3.2.6}$$

则存在序列 $k=k_n$，$p\equiv p_n\to+\infty(n\to+\infty)$且 $kp\cong n$，使得

$$\sum_{j=1}^{n}\frac{\boldsymbol{Y}_j^{(n)}}{\sqrt{kv_n(p)}} \tag{3.2.7}$$

是具有零均值，方差为 1 的渐近正态分布。同时，如果 $kv_n(p)\cong v_n(n)$，则式(3.2.7)的正态性可用$\sqrt{v_n(n)}$替代。

推论 3.2.1 如果条件(3.2.6)用式(3.2.8)替代，则定理 3.2.2 的结论仍然成立。

$$(v_n(m))^{-\frac{2+\delta}{2}}E\left|\sum_{k=1}^{m}\boldsymbol{Y}_k^{(n)}\right|^{2+\delta}=O(1),\quad \delta>0 \tag{3.2.8}$$

引理 3.2.2 在假设(H)，假设(g)和假设(K)′成立的前提下，如果对某些常数 $c=0$ 或 $c\to0$，$h=cn^{-\frac{1}{4+k}}$，且 $p=O\left(\dfrac{h^k}{n}\right)$，则当 $n\to+\infty$时，

$$\sqrt{nh^k}[\hat{G}_n^*(\boldsymbol{u})-E^*\hat{G}_n^*(\boldsymbol{u})]\xrightarrow{L}N(0,\sigma_{11}(\boldsymbol{u}))$$

其中，$\sigma_{11}(\boldsymbol{u})=f(\boldsymbol{u})(E\eta_1^2+H^2(\boldsymbol{u}))\int K^2(z)\mathrm{d}z$。

证明 $\sqrt{nh^k}[\hat{G}_n^*(\boldsymbol{u})-E^*\hat{G}_n^*(\boldsymbol{u})]=\dfrac{1}{\sqrt{nh^k}}\sum_{i=1}^{n}Q_{ni}^*$，其中 $Q_{ni}^*=W_i^*-E^*W_i^*$，且 $W_i^*=X_{k+i}^*K\left(\dfrac{\boldsymbol{u}-\boldsymbol{Y}_i^*}{h}\right)$，令 $Z_i^{(n)}=\dfrac{1}{\sqrt{nh^k}}Q_{ni}^*\equiv\dfrac{1}{\sqrt{nh^k}}(W_i^*-E^*W_i^*)$，则 $E^*Z_i^n=0$，且$\{Z_i^{(n)}\,|\,i\geqslant1\}$是定义在 X 混合平稳过程$\{\boldsymbol{Y}_n^*\,|\,n\geqslant1\}$的概率空间上的平稳过程序列。$Z_i^{(n)}$ 是$(\boldsymbol{Y}_i^*,\boldsymbol{Y}_{i+1}^*)$的一个连续函数，且关于 $L_1^{*\,i+c_n}$ 是可测的，其中，$c_n=o(n)$，$c_n\to+\infty(n\to+\infty)$，令

$$v_n(b-a)=E^*\left|\sum_{i=a}^{b}Z_i^{(n)}\right|^2$$

这是 $\sum_{i=a}^{b} Z_i^{(n)}$ 的(条件)方差。

步骤 1　求 $\sum_{i=1}^{n} Z_i^{(n)} = \sqrt{nh^k}[\hat{G}_n^*(\boldsymbol{u}) - E^* \hat{G}_n^*(\boldsymbol{u})]$ 的渐近(条件)方差。

$$\mathrm{Var}^*\left(\sum_{i=1}^{n} Z_i^{(n)}\right) = \frac{1}{nh^k}\left[\sum_{i=1}^{n} \mathrm{Var}^*(W_i^*) + 2\sum_{i<j} \mathrm{Cov}^*(W_i^*, W_j^*)\right] \quad (3.2.9)$$

利用附录 3.2.1 中的(1)～(3)。令 $W_i = X_{k+i}K\left(\frac{\boldsymbol{u}-\boldsymbol{Y}_i}{h}\right)$,则

$$E^*(W_i^*) = EW_i + o_p\left(\frac{h^k}{n}\right) + O_p(ph^k)$$

$$E^*(W_i^{*2}) = EW_i^2 + o_p\left(\frac{h^{2k}}{n}\right) + O_p(ph^k)$$

所以 $\mathrm{Var}^*(W_i^*) = \mathrm{Var}(W_i) + o_p\left(\frac{h^k}{n}\right) + O(ph^k)$,且对 $i<j$,

$$\mathrm{Cov}^*(W_i^*, W_j^*) = \begin{cases} \mathrm{Cov}(W_i, W_j) + O_p\left(\frac{h^{2k}}{n}\right) + O(ph^k), j-i < \left[\frac{n}{2}\right], \\ \mathrm{Cov}(W_i, W_{n-j+i+1}) + O\left(\frac{h^{2k}}{n}\right) + O(ph^k), j-i \geqslant \left[\frac{n}{2}\right] \end{cases}$$

令 $A_1 = \left\{(i,j) \mid i<j, j-i<\left[\frac{n}{2}\right]\right\}$, $A_2 = \left\{(i,j) \mid i<j, j-i\geqslant\left[\frac{n}{2}\right]\right\}$, $i, j \in \{1, 2, \cdots, n\}$,则

$$\begin{aligned} &\sum \mathrm{Cov}^*(W_i^*, W_j^*) \\ &= \sum_{A_1} \mathrm{Cov}^*(W_i^*, W_j^*) + \sum_{A_2} \mathrm{Cov}^*(W_i^*, W_j^*) \\ &= \sum_{A_1} \mathrm{Cov}(W_i, W_j) + \sum_{A_2} (W_i, W_{n-j+i+1}) + O_p(nh^{2k}) + O_p(n^2 ph^k) \\ &\leqslant 2\sum_{A_1 \cup A_2} |\mathrm{Cov}(W_i, W_j)| + O_p(nh^{2k}) + O_p(n^2 ph^k) \end{aligned}$$

所以 $\frac{2}{nh^k}\sum_{i<j} \mathrm{Cov}^*(W_i^*, W_j^*) \leqslant \frac{4}{nh^k}\sum_{i<j} |\mathrm{Cov}(W_i, W_j)| + O_p(h^k) + O_p(np) \to 0$

根据引理 2.2.3 和附录 2.2.3(2)的证明,由于

$$\frac{1}{nh^k}\sum_{i<j} |\mathrm{Cov}(W_i, W_j)| \leqslant \frac{1}{nh^k}\sum_{i<j} E|Q_{ni}Q_{nj}| \to 0$$

其中,$Q_{ni} = W_i - EW_i$,所以式(3.2.9)中,当 $n \to +\infty$ 时,有

$$\mathrm{Var}^*\left(\sum_{i=1}^{n} Z_i^{(n)}\right) = \frac{1}{h^k}\mathrm{Var}^*(W_1^*) + o(1)$$

$$=\frac{1}{h^k}\mathrm{Var}(W_1)+o_p\left(\frac{1}{n}\right)+O_p(p)+o(1)\rightarrow\sigma_{11}(\boldsymbol{u})$$

步骤 2 证明对任意两个满足 $C_n=o(m),m=o(n),mh^k\rightarrow 0$ 且 $\frac{s}{m}\rightarrow 0$ 的序列，$s=s_n,m=m_n$ 有 $\frac{v_n(m)}{v_n(s)}\rightarrow+\infty$

$$\frac{v_n(m)}{v_n(s)}=\frac{E^*\left|\sum_{i=1}^{m}Z_i^{(n)}\right|^2}{E^*\left|\sum_{i=1}^{n}Z_i^{(n)}\right|^2}=\frac{E^*\left|\sum_{i=1}^{m}Q_{ni}^*\right|^2}{E^*\left|\sum_{i=1}^{s}Q_{ni}^*\right|^2}$$

$$=\frac{\sum_{i=1}^{m}E^*Q_{ni}^{*2}+2\sum_{i<j}E^*(Q_{ni}^*Q_{nj}^*)}{\sum_{i=1}^{s}E^*Q_{ni}^{*2}+2\sum_{i<j}E^*(Q_{ni}^*Q_{nj}^*)} \tag{3.2.10}$$

$$E^*Q_{n1}^{*2}=\mathrm{Var}^*Q_{n1}^*=\mathrm{Var}^*W_1^*=\mathrm{Var}W_1+o_p\left(\frac{h^k}{n}\right)+O(ph^k)=O_p(h^k)$$

由于 $\mathrm{Var}(W_1)=O(h^k)$(参看附录 2. 2. 3 的(4))

$$\sum_{i<j}^{m}E^*(Q_{ni}^*Q_{nj}^*)=\sum_{i<j}^{m}\mathrm{Cov}^*(W_i^*,W_j^*)$$

$$=2\sum_{i<j}^{m}|\mathrm{Cov}(W_i,W_j)|+O_p\left(\frac{m^2h^{2k}}{n}\right)+O_p(m^2ph^k)$$

$$\leqslant\sum_{B_1}E|Q_{ni}Q_{nj}|+\sum_{B_2}E|Q_{ni}Q_{nj}|+O_p\left(\frac{m^2h^{2k}}{n}\right)+O_p(m^2ph^k)$$

其中，$B_1=\{(i,j)|i<j<i+k\}$，$B_2=\{(i,j)|i<i+k\leqslant j\}$，$i,j=1,2,\cdots,m$。根据附录 2. 2. 3 的(2)有

$$\sum_{i<j}^{m}E^*(Q_{ni}^*Q_{nj}^*)=O(mh^{k+1})+O(m^2h^{2k})+O_p\left(\frac{m^2h^{2k}}{n}\right)+O_p(m^2ph^{2k})$$

同理有

$$\sum_{i<j}^{s}E^*(Q_{ni}^*Q_{nj}^*)=O(sh^{k+1})+O(s^2h^{2k})+O_p\left(\frac{s^2h^{2k}}{n}\right)+O(s^2ph^k)$$

所以

$$\frac{v_n(m)}{v_n(s)}=\frac{O_p(mh^k)+O(mh^{k+1})+O(m^2h^{2k})+O_p\left(\frac{m^2h^{2k}}{n}\right)+O_p(m^2ph^k)}{O_P(sh^k)+O(sh^{k+1})+O(s^2h^{2k})+O_p\left(\frac{s^2h^{2k}}{n}\right)+O_p(s^2ph^k)}$$

$$=O_P\left(\frac{m}{s}\right)\left[\frac{O_p(1)+o_p(1)+O_p(mp)}{O_p(1)+o_p(1)+O_p(sp)}\right]\rightarrow+\infty$$

因为$\frac{s}{m}\to 0$，所以$\frac{v_n(m)}{v_n(s)}\to +\infty$。

步骤3 现在证明$\{Z_i^{(n)} \mid i\geqslant 1\}$满足推论中的条件(3.2.8)，即

$$\frac{E^y\left|\sum_{i=1}^{m} Z_i^{(n)}\right|^3}{\sqrt{v_n(m)}^3} = O_p(1)$$

根据步骤2知$v_n(m)=O\left(\frac{m}{n}\right)$，则有

$$\frac{E^*\left|\sum_{i=1}^{m} Z_i^{(n)}\right|^3}{\sqrt{v_n(m)}^3} = \frac{1}{mh^k\sqrt{mh^k}}E^*\left|\sum_{i=1}^{m} Q_{ni}^*\right|^3$$

$$\leqslant \frac{1}{mh^k\sqrt{mh^k}}\left[mE^*\mid Q_{ni}^*\mid^3 + 3\sum_{i\neq j}E^*\mid Q_{ni}^{*2}Q_{nj}^*\mid + 6\sum_{i<j<l}E^*\mid Q_{ni}^*Q_{nj}^*Q_{nl}^*\mid\right]$$

与步骤1和步骤2相似，可以证明(证明过程略)

$$\sum_{i\neq j}E^*\mid Q_{ni}^{*2}Q_{nj}^*\mid \leqslant 3\sum_{i\neq j}E^*\mid Q_{ni}^2Q_{nj}\mid + Q_p\left(\frac{m^2h^{2k}}{n}\right) + O(m^2ph^k)$$

及$\sum_{i<j<l}E^*\mid Q_{ni}^*Q_{nj}^*Q_{nl}^*\mid \leqslant 6\sum_{i<j<l}E^*\mid Q_{ni}Q_{nj}Q_{nl}\mid + O_p\left(\frac{m^3h^{2k}}{n}\right) + O(m^2ph^k)$

将附录2.2.3的(3)和引理2.2.3证明的第二步中相同的方法应用到李雅普诺夫定理中，得到

$$\frac{E^*\left|\sum_{i=1}^{m} Z_i(m)\right|^3}{\sqrt{r_n(m)}^3}\to 0$$

在概率上成立。因为$\frac{m}{n}\to 0$，$mh^k\to 0$及$p=O\left(\frac{h^k}{n}\right)$。

根据定理3.2.2和推论得到$\frac{1}{\sqrt{r_n(u)}}\sum_{i=1}^{n} Z_i^{(n)} \xrightarrow{L} N(0,1)$等价于$\sqrt{nh^k}[\hat{G}_n^*(\boldsymbol{u}) - E^*\hat{G}_n^*(\boldsymbol{u})]\xrightarrow{L} N(0,\sigma_{11}(\boldsymbol{u}))$，其中，$\sigma_{11}(\boldsymbol{u}) = f(\boldsymbol{u})(E\eta_1^2 + H^2(\boldsymbol{u}))\int K^2(\boldsymbol{z})\mathrm{d}\boldsymbol{z}$。

□

引理3.2.3 在假设(H)，假设(g)和假设(K)的前提下，如果$h=cn^{-\frac{1}{4+k}}$，$p=O\left(\frac{h^k}{n}\right)$，则有$E^*\hat{f}_n^*(\boldsymbol{u})=\hat{f}_u(\boldsymbol{u})$，当$n\to +\infty$时，在概率上有

$$\sqrt{nh^k}[\hat{f}_n^*(\boldsymbol{u}) - \hat{f}_n(\boldsymbol{u})]\to 0$$

其中，$\hat{f}_n(\boldsymbol{u})=(nh^k)^{-1}\sum_{i=1}^{n}K\left(\frac{\boldsymbol{u}-\boldsymbol{Y}_i}{h}\right)$。

证明

$$
\begin{aligned}
E^*\hat{f}_n^*(\boldsymbol{u}) &= E^*\left[\frac{1}{nh^k}\sum_{i=1}^{n}K\left(\frac{\boldsymbol{u}-\boldsymbol{Y}_i^*}{h}\right)\right]\\
&=\frac{1}{h^k}E^*\left[K\left(\frac{\boldsymbol{u}-\boldsymbol{Y}_i^*}{h}\right)\right] \quad (\text{因为}\{\boldsymbol{Y}_i^* \mid i\geqslant 1\}\text{是平稳的})\\
&=\frac{1}{h^k}\left[\sum_{i=1}^{n}p^*(I_1=i)E^*\left(K\left(\frac{\boldsymbol{u}-\boldsymbol{Y}_1^*}{h}\right)\middle| I_1=i\right)\right]\\
&=\frac{1}{nh^k}\sum_{i=1}^{n}K\left(\frac{\boldsymbol{u}-\boldsymbol{Y}_i}{h}\right) \quad (\text{根据式(3.2.1)})\\
&=\hat{f}_n(\boldsymbol{u})
\end{aligned}
$$

为了证明依概率收敛，利用切比雪夫不等式

$$
p(\sqrt{nh^k}[\hat{f}_n^*(\boldsymbol{u})-\hat{f}_n(\boldsymbol{u})]>\lambda)\leqslant\frac{1}{\lambda^2}nh^kE[\hat{f}_n^*(\boldsymbol{u})-\hat{f}_n(\boldsymbol{u})]^2 \quad (3.2.11)
$$

而 $E[\hat{f}_n^*(\boldsymbol{u})-\hat{f}_n(\boldsymbol{u})]^2=E[E^*\{\hat{f}_n^*(\boldsymbol{u})-\hat{f}_n(\boldsymbol{u})\}^2]=E[E^*(\hat{f}_n^*(\boldsymbol{u})^2]-E(\hat{f}_n(\boldsymbol{u}))^2$

一方面有

$$
\begin{aligned}
E^*\hat{f}_n^*(\boldsymbol{u})^2 &= E^*\left[\frac{1}{nh^k}\sum_{i=1}^{n}K\left(\frac{\boldsymbol{u}-\boldsymbol{Y}_i^*}{h}\right)\right]^2\\
&=\frac{1}{n^2h^{2k}}\left[nE^*K^2\left(\frac{\boldsymbol{u}-\boldsymbol{Y}_i^*}{h}\right)+2\sum_{i<j}E^*K\left(\frac{\boldsymbol{u}-\boldsymbol{Y}_i^*}{h}\right)\left(\frac{\boldsymbol{u}-\boldsymbol{Y}_j^*}{h}\right)\right]
\end{aligned}
$$

另一方面，$E(\hat{f}_n(\boldsymbol{u}))^2=\frac{1}{n^2h^{2k}}\left[nEK^2\left(\frac{\boldsymbol{u}-\boldsymbol{Y}_i^*}{h}\right)+2\sum_{i<j}EK\left(\frac{\boldsymbol{u}-\boldsymbol{Y}_i^*}{h}\right)K\left(\frac{\boldsymbol{u}-\boldsymbol{Y}_j^*}{h}\right)\right]$

在附录 3.2.1 的(4)中将证明

$$
E\left[E^*K^2\left(\frac{\boldsymbol{u}-\boldsymbol{Y}_1^*}{h}\right)\right]=EK^2\left(\frac{\boldsymbol{u}-\boldsymbol{Y}_1}{h}\right)
$$

以及对于 $i<j$ 的情形

$$
\begin{aligned}
&E^*K\left(\frac{\boldsymbol{u}-\boldsymbol{Y}_i^*}{h}\right)K\left(\frac{\boldsymbol{u}-\boldsymbol{Y}_j^*}{h}\right)\\
=&\begin{cases}EK\left(\frac{\boldsymbol{u}-\boldsymbol{Y}_i}{h}\right)K\left(\frac{\boldsymbol{u}-\boldsymbol{Y}_j}{h}\right)+O_p\left(\frac{h^{2k}}{n}\right)+O(ph^k), j-i<\left[\frac{n}{2}\right],\\ EK\left(\frac{\boldsymbol{u}-\boldsymbol{Y}_i}{h}\right)K\left(\frac{\boldsymbol{u}-\boldsymbol{Y}_{n-j+i+1}}{h}\right)+O_p\left(\frac{h^{2k}}{n}\right)+O(ph^k), j-i<\left[\frac{n}{2}\right]\end{cases}
\end{aligned}
$$

所以，与证明引理 3.2.2 的步骤 1 相似，有

$$
2\sum_{i<j}E^*K\left(\frac{\boldsymbol{u}-\boldsymbol{Y}_i^*}{h}\right)K\left(\frac{\boldsymbol{u}-\boldsymbol{Y}_j^*}{h}\right)
$$

$$\leqslant 4\sum_{i<j}E^*K\left(\frac{\boldsymbol{u}-\boldsymbol{Y}_i}{h}\right)K\left(\frac{\boldsymbol{u}-\boldsymbol{Y}_j}{h}\right)+O_p(nh^{2k})+O(n^2ph^k)$$

故在式(3.2.11)中有

$$nh^kE[\hat{f}_n^*(\boldsymbol{u})-\hat{f}_n(\boldsymbol{u})]^2=nh^k\{E[E^*(\hat{f}_n^*(\boldsymbol{u}))^2]-E(\hat{f}_n(\boldsymbol{u}))^2\}$$

$$\leqslant\frac{2}{nh^k}\sum_{i<j}EK\left(\frac{\boldsymbol{u}-\boldsymbol{Y}_i}{h}\right)K\left(\frac{\boldsymbol{u}-\boldsymbol{Y}_j}{h}\right)+O_p(h^k)+O_p(np)\to 0$$

所以，当 $n\to+\infty$ 时，$\sqrt{nh^k}[\hat{f}_n^*(\boldsymbol{u})-\hat{f}_n(\boldsymbol{u})]$ 依概率收敛于0。

□

引理3.2.4　在假设(H)，假设(g)和假设(K)$'$的前提下，如果 $h=ch^{-\frac{1}{4+k}}$ 及 $\rho=O\left(\frac{h^k}{n}\right)$，则有

$$E^*\hat{G}_n^*(\boldsymbol{u})=E\hat{G}_n(\boldsymbol{u})+o_p(n^{-1})+O_p(p)$$
$$=H(\boldsymbol{u})f(\boldsymbol{u})+h^2b_1(\boldsymbol{u})+o(h^2)+o_p(h^{-1})+O_p(p)$$

及

$$E^*\hat{f}_n^*(\boldsymbol{u})=\hat{f}_n(\boldsymbol{u})=f(\boldsymbol{u})+h^2b_2(\boldsymbol{u})+o(h^2)+\frac{Z_2}{\sqrt{nh^k}}$$

其中，$\hat{G}_n(\boldsymbol{u})=\frac{1}{nh^k}\sum_{i=1}^{n}X_{k+i}K\left(\frac{\boldsymbol{u}-\boldsymbol{Y}_i}{h}\right)$

$$b_1(\boldsymbol{u})=\sum_{i,j}^{k}\left\{D_iH(\boldsymbol{u})D_jf(\boldsymbol{u})+\frac{1}{2}f(\boldsymbol{u})D_{ij}H(\boldsymbol{u})+\frac{1}{2}f(\boldsymbol{u})D_{ij}f(\boldsymbol{u})\right\}\int z_iz_jK(\boldsymbol{z})\mathrm{d}\boldsymbol{z} \tag{3.2.12}$$

$$b_2(\boldsymbol{u})=\frac{1}{2}\sum_{i,j}^{k}D_{ij}f(\boldsymbol{u})\int z_iz_jK(\boldsymbol{z})\mathrm{d}\boldsymbol{z} \tag{3.2.13}$$

$Z_2\overset{L}{=}N(0,\sigma_{22}(\boldsymbol{u}))$，且 $\sigma_{22}(\boldsymbol{u})=f(\boldsymbol{u})\int K^2(\boldsymbol{z})\mathrm{d}\boldsymbol{z}$。

证明　$E^*\hat{G}_n^*(\boldsymbol{u})=\frac{1}{nh^k}\sum_{i=1}^{n}E^*W_i^*$

$$=\frac{1}{nh^k}\sum_{i=1}^{n}\left[EW_i+o_p\left(\frac{h^k}{n}\right)+O_p(ph^k)\right]\quad(\text{附录3.2.1的(1)})$$
$$=E\hat{G}_n(\boldsymbol{u})+o_p(n^{-1})+O_p(p)$$
$$=H(\boldsymbol{u})f(\boldsymbol{u})+h^2b_1(\boldsymbol{u})+o(h^2)+o_p(n^{-1})+O_p(p)$$

根据式(2.2.3)，由于 $\sqrt{nh^k}[\hat{f}_n(\boldsymbol{u})-E\hat{f}_n(\boldsymbol{u})]\xrightarrow{L}N(0,\sigma_{22}(\boldsymbol{u}))$（见引理3.2.3和式(3.2.4)），所以有

$$E^*\hat{f}_n^*(\boldsymbol{u})=\hat{f}_n(\boldsymbol{u})\cong E\hat{f}_n(\boldsymbol{u})+\frac{Z_2}{\sqrt{nh^k}}$$

$$= f(\boldsymbol{u}) + h^2 b_2(\boldsymbol{u}) + o(h^2) + o(h^2) + \frac{Z_2}{\sqrt{nh^k}}$$

注 引理 3.2.2～引理 3.2.4 可简单地表示为当 $n \to +\infty$ 时，

$$\sqrt{nh^k}[\hat{G}_n^*(\boldsymbol{u}) - H(\boldsymbol{u})f(\boldsymbol{u}) - h^2 b_1(\boldsymbol{u})] \xrightarrow{L} N(0, \sigma_{11}(\boldsymbol{u}))$$

$$\sqrt{nh^2}[\hat{f}_n^*(\boldsymbol{u}) - f(\boldsymbol{u}) - h^2 b_2(\boldsymbol{u})] \xrightarrow{L} N(0, \sigma_{22}(\boldsymbol{u}))$$

引理 3.2.5 如果 $h = cn^{-\frac{1}{4+k}}$ 及 $p = O\left(\frac{h^k}{n}\right)$，则当 $n \to +\infty$ 时，

$$\sqrt{nh^k}[\hat{G}_n^*(\boldsymbol{u}) - H(\boldsymbol{u})f(\boldsymbol{u}) - h^2 b_1(\boldsymbol{u}), \hat{f}_n^*(\boldsymbol{u}) - f(\boldsymbol{u}) - h^2 b_2(\boldsymbol{u})] \xrightarrow{L} N\left(\begin{pmatrix}0\\0\end{pmatrix}, \sum(\boldsymbol{u})\right)$$

其中，$\sum(\boldsymbol{u})$ 是一个正定矩阵，即

$$\sum(\boldsymbol{u}) = \begin{pmatrix} \sigma_{11}(\boldsymbol{u}) & \sigma_{12}(\boldsymbol{u}) \\ \sigma_{21}(\boldsymbol{u}) & \sigma_{22}(\boldsymbol{u}) \end{pmatrix}$$

$$= \begin{pmatrix} f(\boldsymbol{u})(E\eta_1^2 + H^2(\boldsymbol{u}))\int K^2(\boldsymbol{z})\mathrm{d}\boldsymbol{z} & f(\boldsymbol{u})H(\boldsymbol{u})\int K^2(\boldsymbol{z})\mathrm{d}\boldsymbol{z} \\ f(\boldsymbol{u})H(\boldsymbol{u})\int K^2(\boldsymbol{z})\mathrm{d}\boldsymbol{z} & f(\boldsymbol{u})\int K^2(\boldsymbol{z})\mathrm{d}\boldsymbol{z} \end{pmatrix}$$

证明 为了求 $\sigma_{12}(\boldsymbol{u})$，只需求

$$\mathrm{Cov}^*(\sqrt{nh^k}[\hat{G}_n^*(\boldsymbol{u}) - E^*\hat{G}_n^*(\boldsymbol{u})], \sqrt{nk^k}[\hat{f}_n^*(\boldsymbol{u}) - E^*\hat{f}_n^*(\boldsymbol{u})])$$

它等于 $\frac{1}{nh^k}E^*\left[\left(\sum_{i=1}^n Q_{ni}^*\right)\left(\sum_{j=1}^n R_{nj}^*\right)\right]$

$$= \frac{1}{nh^k}\sum_{i=1}^n E^*(Q_{ni}^* R_{ni}^*) + \frac{1}{nh^k}\sum_{i\neq j} E^*(Q_{ni}^* Q_{nj}^*) \tag{3.2.14}$$

其中，$R_{nj}^* = K\left(\frac{\boldsymbol{u} - \boldsymbol{Y}_j^*}{h}\right) - E^* K\left(\frac{\boldsymbol{u} - \boldsymbol{Y}_j^*}{h}\right)$，在附录 3.2.1 的(5)中将要证明

$$E^*(Q_{ni}^* R_{ni}^*) = E(Q_{ni} R_{ni}) + O_p\left(\frac{h^{2k}}{n}\right) + O_P(ph^k)$$

而 $R_{ni} = K\left(\frac{\boldsymbol{u} - \boldsymbol{Y}_i}{h}\right) - EK\left(\frac{\boldsymbol{u} - \boldsymbol{Y}_i}{h}\right)$ 以及 $\frac{1}{nh^k}\sum_{i\neq j} E^*(Q_{ni}^* R_{nj}^*) \to 0$，(附录 2.2.4 的(5))。所以式(3.2.14) 收敛到 $\sigma_{12}(\boldsymbol{u}) = H(\boldsymbol{u})f(\boldsymbol{u})\int K^2(\boldsymbol{z})\mathrm{d}\boldsymbol{z}$。

对固定的 $(s,t) \in \mathbf{R}^2$，令 $T_{ni}^* = sQ_{ni}^* + tR_{ni}^*$，对 $\frac{1}{\sqrt{nh^k}}\sum_{i=1}^n Q_{ni}^* \left(\equiv \sum_{i=1}^n Z_i^{(n)}\right)$ 引入和上述相同的方法，可以证明 $\frac{1}{\sqrt{nh^k}}\sum_{i=1}^n T_{ni}^*$ 的渐近正态性。

$$\begin{aligned}\mathrm{Var}^*\left(\frac{1}{\sqrt{nh^k}}\sum_{i=1}^{n}T_{ni}^*\right)&=\mathrm{Var}^*\left[\left(\frac{s}{\sqrt{nh^k}}\sum_{i=1}^{n}Q_{ni}^*\right)+\frac{t}{\sqrt{nh^k}}\sum_{i=1}^{n}R_{ni}^*\right]\\&=s^2\mathrm{Var}^*\left(\frac{1}{\sqrt{nh^k}}\sum_{i=1}^{n}Q_{ni}^*\right)+t^2\mathrm{Var}^*\left(\frac{1}{\sqrt{nh^k}}\sum_{i=1}^{n}R_{ni}^*\right)\\&\quad+2st\mathrm{Cov}^*\left(\frac{1}{\sqrt{nh^k}}\sum_{i=1}^{n}Q_{ni}^*,\frac{1}{\sqrt{nh^k}}\sum_{i=1}^{n}R_{ni}^*\right)\\&\to s^2\sigma_{11}(\boldsymbol{u})+t^2\sigma_{22}(\boldsymbol{u})+2st\sigma_{12}(\boldsymbol{u})\end{aligned}$$

所以$\frac{1}{\sqrt{nh^k}}\sum_{i=1}^{n}T_{ni}^*\xrightarrow{L}N(0,s^2\sigma_{11}(\boldsymbol{u})+t^2\sigma_{22}(\boldsymbol{u})+2st\sigma_{12}(\boldsymbol{u}))$

因此，根据 Cramer-World 方法(Bhattacharya，1987)得到

$$\begin{aligned}&(\sqrt{nh^k}[\hat{G}_n^*(\boldsymbol{u})-E^*\hat{G}_n^*(\boldsymbol{u})],\sqrt{nh^k}[\hat{f}_n^*(\boldsymbol{u})-E^*\hat{f}_n^*(\boldsymbol{u})])\\&\equiv\left(\frac{1}{\sqrt{nh^k}}\sum_{i=1}^{n}Q_{ni}^*,\frac{1}{\sqrt{nh^k}}\sum_{i=1}^{n}R_{ni}^*\right)\xrightarrow{L}N\left[\begin{pmatrix}0\\0\end{pmatrix},\begin{pmatrix}\sigma_{11}(\boldsymbol{u})&\sigma_{12}(\boldsymbol{u})\\\sigma_{21}(\boldsymbol{u})&\sigma_{22}(\boldsymbol{u})\end{pmatrix}\right]\end{aligned}$$

□

现通过证明$\sqrt{nh^k}[\hat{H}_n^*(\boldsymbol{u})-\hat{H}_{n,g}(\boldsymbol{u})]$与$\sqrt{nh^k}[\hat{H}_n(\boldsymbol{u})-H(\boldsymbol{u})]$有相同的极限正态分布来证明定理 3.2.1。

证明　$\sqrt{nh^k}[\hat{H}_n^*(\boldsymbol{u})-\hat{H}_{n,g}(\boldsymbol{u})]$

$$=\sqrt{nh^k}\left[\frac{\hat{G}_n^*(\boldsymbol{u})}{\hat{f}_n^*(\boldsymbol{u})}-H(\boldsymbol{u})\right]+\sqrt{nh^k}[H(\boldsymbol{u})-\hat{H}_{n,g}(\boldsymbol{u})]$$

根据定理 3.1.1，对于窗宽 $g=O(n^{-\frac{1}{4+k}})$和某些 $b'(\boldsymbol{u})$有

$$\sqrt{ng^k}[\hat{H}_{n,g}(\boldsymbol{u})-H(\boldsymbol{u})]\xrightarrow{L}N(b'(\boldsymbol{u}),\sigma^2(\boldsymbol{u}))$$

如果$\frac{h}{g}\to 0$，那么$\sqrt{nh^k}[\hat{H}_{n,g}(\boldsymbol{u})-H(\boldsymbol{u})]$依概率收敛于 0。

下面利用函数 φ 的 Taylor 展开式$\left(\varphi:\mathbf{R}^2\to\mathbf{R}，取\ \varphi(x,y)=\frac{x}{y}\right)$

$$\begin{aligned}&\sqrt{nh^k}\left[\frac{\hat{G}_n^*(\boldsymbol{u})}{\hat{f}_n^*(\boldsymbol{u})}-\frac{H(\boldsymbol{u})f(\boldsymbol{u})}{f(\boldsymbol{u})}\right]\\&=\sqrt{nh^k}\left[\frac{\hat{G}_n^*(\boldsymbol{u})-H(\boldsymbol{u})f(\boldsymbol{u})}{f(\boldsymbol{u})}-(\hat{f}_n^*(\boldsymbol{u})-f(\boldsymbol{u}))\frac{H(\boldsymbol{u})f(\boldsymbol{u})}{[f(\boldsymbol{u})]^2}\right]\\&\quad+\sqrt{nh^k}[O_p(\hat{G}_n^*(\boldsymbol{u})-H(\boldsymbol{u})f(\boldsymbol{u}))^2+O_p(\hat{f}_n^*(\boldsymbol{u})-f(\boldsymbol{u}))^2]\end{aligned}\tag{3.2.15}$$

根据引理 3.2.5，$\sqrt{nh^k}[O_p(\hat{G}_n^*(\boldsymbol{u})-H(\boldsymbol{u})f(\boldsymbol{u}))^2+O_p(\hat{f}_n^*(\boldsymbol{u})-f(\boldsymbol{u}))^2]\to 0$
且式(3.2.15)同样渐近地有

$$\sqrt{nh^k}\left[\frac{\hat{G}_n^*(\boldsymbol{u})-H(\boldsymbol{u})f(\boldsymbol{u})}{f(\boldsymbol{u})}-(\hat{f}_n^*(\boldsymbol{u})-f(\boldsymbol{u}))\frac{H(\boldsymbol{u})}{f(\boldsymbol{u})}\right]$$
$$\equiv(Z_1+\sqrt{nh^k}h^2b_1(\boldsymbol{u}))\frac{1}{f(\boldsymbol{u})}-(Z_2+\sqrt{nh^k}h^2b_2(\boldsymbol{u}))\frac{H(\boldsymbol{u})}{f(\boldsymbol{u})} \quad (3.2.16)$$

其中，$\begin{pmatrix}Z_1\\Z_2\end{pmatrix}\overset{L}{=}N\left(\begin{pmatrix}0\\0\end{pmatrix},\sum(\boldsymbol{u})\right)$。

如果 $h=o(n^{-\frac{1}{4+k}})$，$\sqrt{nh^k}h^2\to 0$，式(3.2.16)渐近地等于 $\frac{Z_1}{f(\boldsymbol{u})}-\frac{Z_2H(\boldsymbol{u})}{f(\boldsymbol{u})}\overset{L}{=}N(0,\sigma^2(\boldsymbol{u}))$，

其中，$\sigma^2(\boldsymbol{u})=\frac{1}{f^2(\boldsymbol{u})}[\sigma_{11}(\boldsymbol{u})+H^2(\boldsymbol{u})\sigma_{22}(\boldsymbol{u})-2H(\boldsymbol{u})\sigma_{12}(\boldsymbol{u})]=\frac{1}{f(\boldsymbol{u})}E\eta_1^2\int K^2(\boldsymbol{z})\mathrm{d}\boldsymbol{z}$

所以 $\sqrt{nh^k}[\hat{H}_n^*(\boldsymbol{u})-\hat{H}_{n,g}(\boldsymbol{u})]\xrightarrow{L}N(0,\sigma^2(\boldsymbol{u}))$。

□

附录 3.2.1 证明在上述引理和定理证明的过程中所用到的几个结论。

令 $W_i^*=X_{k+i}^*K\left(\frac{\boldsymbol{u}-\boldsymbol{Y}_i^*}{h}\right)$，$W_i=X_{k+i}K\left(\frac{\boldsymbol{u}-\boldsymbol{Y}_i}{h}\right)$，$Q_{ni}^*=W_i^*-E^*W_i^*$，$Q_{ni}=W_i-EW_i$，$i,j=1,2,\cdots,n$，则

(1) $E^*W_i^*=EW_i+o_p\left(\frac{h^k}{n}\right)+O_p(ph^k)$；

(2) $E^*(W_i^*)^2=EW_i^2+o_p\left(\frac{h^{2k}}{n}\right)+O_p(ph^k)$；

(3) 对于 $i<j$，

$$\mathrm{Cov}*(W_i^*,W_j^*)=\begin{cases}\mathrm{Cov}(W_i,W_j)+O_p\left(\frac{h^{2k}}{n}\right)+O(ph^k), & j-i<\left[\frac{n}{2}\right],\\ \mathrm{Cov}(W_i,W_{n-j+i+1})+O_p\left(\frac{h^{2k}}{n}\right)+O(ph^k), & j-i\geqslant\left[\frac{n}{2}\right];\end{cases}$$

(4) $E\left[E^*K^2\left(\frac{\boldsymbol{u}-\boldsymbol{Y}_i^*}{h}\right)\right]=EK^2\left(\frac{\boldsymbol{u}-\boldsymbol{Y}_i}{h}\right)$，且对 $i<j$，

$$E^*K\left(\frac{\boldsymbol{u}-\boldsymbol{Y}_i^*}{h}\right)K\left(\frac{\boldsymbol{u}-\boldsymbol{Y}_j^*}{h}\right)$$
$$=\begin{cases}EK\left(\frac{\boldsymbol{u}-\boldsymbol{Y}_i}{h}\right)K\left(\frac{\boldsymbol{u}-\boldsymbol{Y}_j}{h}\right)+O_p\left(\frac{h^{2k}}{n}\right)+O(ph^k), j-i<\left[\frac{n}{2}\right],\\ EK\left(\frac{\boldsymbol{u}-\boldsymbol{Y}_i}{h}\right)K\left(\frac{\boldsymbol{u}-\boldsymbol{Y}_j}{h}\right)+O_p\left(\frac{h^{2k}}{n}\right)+O(ph^k), j-i\geqslant\left[\frac{n}{2}\right];\end{cases}$$

(5) $E^*(Q_{ni}^*R_{ni}^*)=E(Q_{ni}R_{ni})+O_p\left(\frac{h^{2k}}{n}\right)+O_p(ph^k)$，且 $\frac{1}{nh^k}\sum_{i\neq j}E^*(Q_{ni}^*R_{nj}^*)\to 0$

其中，$R_{ni}^*=K\left(\frac{\boldsymbol{u}-\boldsymbol{Y}_j^*}{h}\right)-E^*K\left(\frac{\boldsymbol{u}-\boldsymbol{Y}_j^*}{h}\right)$，$R_{ni}=K\left(\frac{\boldsymbol{u}-\boldsymbol{Y}_j}{h}\right)-EK\left(\frac{\boldsymbol{u}-\boldsymbol{Y}_j}{h}\right)$。

证明　(1) $W_i^* = X_{k+i}^* K\left(\frac{\boldsymbol{u}-\boldsymbol{Y}_i^*}{h}\right)$是$(\boldsymbol{Y}_i^*, \boldsymbol{Y}_{i+1}^*)$的连续函数，即 $W_i^* = r(\boldsymbol{Y}_i^*, \boldsymbol{Y}_{i+1}^*)$，而 $r(\boldsymbol{y},\boldsymbol{z}) = z_k K\left(\frac{\boldsymbol{u}-\boldsymbol{y}}{h}\right)$，$\boldsymbol{z}=(z_1,\cdots,z_k)$，$\boldsymbol{y}=(y_1,\cdots,y_k)$，同时 W_i^* 也是平稳的，且 $E^* W_i^* = E^* W_1^* = E^* r(\boldsymbol{Y}_1^*, \boldsymbol{Y}_2^*)$，下面考虑$\boldsymbol{Y}_1^*$ 和$\boldsymbol{Y}_2^*$ 的两种情况。

情形 1　$\boldsymbol{Y}_1^*$ 和$\boldsymbol{Y}_2^*$ 都属于相同的区组 $B(I_1, L_1)$；

情形 2　$\boldsymbol{Y}_1^*$ 属于 $B(I_1, L_1)$，$\boldsymbol{Y}_2^*$ 属于 $B(I_2, L_2)$。

第二种情形中，$L_1=1$ 且 p^*(情形 2)$=p^*(L_1=1)=p$ 所以

$$E^* W_i^* = E^* r(\boldsymbol{Y}_1^*, \boldsymbol{Y}_2^*) = P^*(\text{情形 }1)E^*(r(\boldsymbol{Y}_1^*, \boldsymbol{Y}_2^*) \mid \text{情形 }1) + P^*(\text{情形 }2)E^*(r(\boldsymbol{Y}_1^*, \boldsymbol{Y}_2^*) \mid \text{情形 }2)$$

$$E^*(r(\boldsymbol{Y}_1^*, \boldsymbol{Y}_2^*) \mid \text{情形 }1) = \sum_{i=1}^{n} \frac{1}{n} E^*(r(\boldsymbol{Y}_1^*, \boldsymbol{Y}_2^*) \mid I_1 = i)$$

$$= \frac{1}{n}\left[\sum_{i=1}^{n-1} E^*(r(\boldsymbol{Y}_1^*, \boldsymbol{Y}_2^*) \mid I_1 = i) + E^*(r(\boldsymbol{Y}_1^*, \boldsymbol{Y}_2^*) \mid I_1 = n)\right]$$

$$= \frac{1}{n}\left[\sum_{i=1}^{n-1} r(\boldsymbol{Y}_i, \boldsymbol{Y}_{i+1}) + r(\boldsymbol{Y}_n, \boldsymbol{Y}_1)\right]$$

$$= \frac{1}{n}\left[\sum_{i=1}^{n-1} X_{k+i} K\left(\frac{\boldsymbol{u}-\boldsymbol{Y}_i}{h}\right) + X_k K\left(\frac{\boldsymbol{u}-\boldsymbol{Y}_n}{h}\right) + X_k K\left(\frac{\boldsymbol{u}-\boldsymbol{Y}_n}{h}\right)\right]$$

$$= \frac{1}{n}\sum_{i=1}^{n} X_{k+i} K\left(\frac{\boldsymbol{u}-\boldsymbol{Y}_i}{h}\right) + \frac{1}{n} K\left(\frac{\boldsymbol{u}-\boldsymbol{Y}_n}{h}\right)(X_k - X_{k+n})$$

$$= \frac{1}{n}\sum_{i=1}^{n} X_{k+i} K\left(\frac{\boldsymbol{u}-\boldsymbol{Y}_i}{h}\right) + o_p\left(\frac{h^k}{n}\right) \quad (\text{根据 } K4)$$

$$E^*(r(\boldsymbol{Y}_1^*, \boldsymbol{Y}_2^*) \mid \text{情形 }2) = \sum_{i=1}^{n}\sum_{j=1}^{n} \frac{1}{n^2} E^*(r(\boldsymbol{Y}_1^*, \boldsymbol{Y}_2^*) \mid I_1 = i, I_2 = j)$$

$$= \frac{1}{n^2}\sum_{i=1}^{n}\sum_{j=1}^{n} (r(\boldsymbol{Y}_1^* \boldsymbol{Y}_2^*) \mid \text{情形 }2) = \frac{1}{n}\sum_{j=1}^{n} X_{k+j-1} \frac{1}{n}\sum_{i=1}^{n} K\left(\frac{\boldsymbol{u}-\boldsymbol{Y}_i}{h}\right) = O_p(ph^k)$$

所以 P^*(情形 2)$E^*(r(\boldsymbol{Y}_1^*, \boldsymbol{Y}_2^*) \mid$情形 2$) = O_p(ph^k)$。因此

$$E^* W^* = \frac{1}{n}\sum_{i=1}^{n} X_{k+i} K\left(\frac{\boldsymbol{u}-\boldsymbol{Y}_i}{h}\right) + o_p\left(\frac{h^k}{n}\right) + O_p(ph^k)$$

$$= EX_{k+i} K\left(\frac{\boldsymbol{u}-\boldsymbol{Y}_i}{h}\right) + o_p\left(\frac{h^k}{n}\right) + O_p(ph^k)$$

(2) $E^*(W_i^*)^2 = E^*(r^2(\boldsymbol{Y}_1^*, \boldsymbol{Y}_2^*))$

$= (1-p)E^*(r^2(\boldsymbol{Y}_1^*, \boldsymbol{Y}_2^*) \mid$情形 1$) + pE^*(r^2(\boldsymbol{Y}_1^*, \boldsymbol{Y}_2^*) \mid$情形 2$)$

其中情形 1 和情形 2 同上。

$$E^*(r^2(\boldsymbol{Y}_1^*,\boldsymbol{Y}_2^*)\mid 情形1)=\sum_{i=1}^{n}\frac{1}{n}E^*(r^2(\boldsymbol{Y}_1^*,\boldsymbol{Y}_2^*)\mid I_1=i)$$

$$=\frac{1}{n}\Big[\sum_{i=1}^{n-1}E^*(r^2(\boldsymbol{Y}_1^*,\boldsymbol{Y}_2^*)\mid I_1=i)+E^*(r^2(\boldsymbol{Y}_1^*,\boldsymbol{Y}_2^*)\mid I_1=n)\Big]$$

$$=\frac{1}{n}\Big[\sum_{i=1}^{n-1}r^2(\boldsymbol{Y}_i,\boldsymbol{Y}_{i+1})+r^2(\boldsymbol{Y}_n,\boldsymbol{Y}_1)\Big]$$

$$=\frac{1}{n}\Big[\sum_{i=1}^{n-1}X_{k+i}^2K^2\Big(\frac{\boldsymbol{u}-\boldsymbol{Y}_i}{h}\Big)+X_k^2K^2\Big(\frac{\boldsymbol{u}-\boldsymbol{Y}_n}{h}\Big)\Big]$$

$$=\frac{1}{n}\Big[\sum_{i=1}^{n}X_{k+i}^2K^2\Big(\frac{\boldsymbol{u}-\boldsymbol{Y}_i}{h}\Big)-X_{k+n}^2K^2\Big(\frac{\boldsymbol{u}-\boldsymbol{Y}_n}{h}\Big)+X_k^2K^2\Big(\frac{\boldsymbol{u}-\boldsymbol{Y}_n}{h}\Big)\Big]$$

$$=\frac{1}{n}\sum_{i=1}^{n}X_{k+i}^2K^2\Big(\frac{\boldsymbol{u}-\boldsymbol{Y}_i}{h}\Big)+\frac{1}{n}K^2\Big(\frac{\boldsymbol{u}-\boldsymbol{Y}_n}{h}\Big)(X_k^2-X_{k+n}^2)$$

$$=\frac{1}{n}\sum_{i=1}^{n}X_{k+i}^2K^2\Big(\frac{\boldsymbol{u}-\boldsymbol{Y}_i}{h}\Big)+o_p\Big(\frac{h^{2k}}{n}\Big)\quad(根据\ K4)$$

$$E^*(r^2(\boldsymbol{Y}_1^*,\boldsymbol{Y}_2^*)\mid 情形2)=\frac{1}{n^2}\sum_{i=1}^{n}\sum_{j=1}^{n}r^2(\boldsymbol{Y}_i,\boldsymbol{Y}_j)$$

$$=\frac{1}{n}\sum_{j=1}^{n}X_{k+j-1}^2\ \frac{1}{n}\sum_{i=1}^{n}K^2\Big(\frac{\boldsymbol{u}-\boldsymbol{Y}_i}{h}\Big)$$

$$=EX_1^2O_p(h^k)=O_p(h^k)$$

所以 $$E^*(W_i^*)^2=\frac{1}{n}\sum_{i=1}^{n}X_{k+i}^2K^2\Big(\frac{\boldsymbol{u}-\boldsymbol{Y}_i}{h}\Big)+o_p\Big(\frac{h^{2k}}{n}\Big)+O_p(ph^k)$$

$$=EX_{k+i}^2K^2\Big(\frac{\boldsymbol{u}-\boldsymbol{Y}_i}{h}\Big)+o_p\Big(\frac{h^{2k}}{n}\Big)+O_p(ph^k)$$

(3) 考虑 $\mathrm{Cov}(W_1^*,W_j^*)=E^*(W_1^*,W_j^*)-E^*W_1^*E^*W_j^*,j=2,3,\cdots,n$。计算 $E^*(W_1^*W_j^*)=E^*\Big[X_{k+1}^*K\Big(\frac{\boldsymbol{u}-\boldsymbol{Y}_1^*}{h}\Big)X_{k+j}^*K\Big(\frac{\boldsymbol{u}-\boldsymbol{Y}_j^*}{h}\Big)\Big]$，注意 $W_1^*W_j^*$ 是 $(\boldsymbol{Y}_1^*,\boldsymbol{Y}_2^*,\boldsymbol{Y}_j^*,\boldsymbol{Y}_{j+1}^*)$ 的一个连续函数，即 $W_1^*W_j^*=q(\boldsymbol{Y}_1^*,\boldsymbol{Y}_2^*,\boldsymbol{Y}_j^*,\boldsymbol{Y}_{j+1}^*)$，其中，$q(\boldsymbol{y},\boldsymbol{z},\boldsymbol{v},\boldsymbol{w})=Z_kW_KK\Big(\frac{\boldsymbol{u}-\boldsymbol{y}}{h}\Big)K\Big(\frac{\boldsymbol{u}-\boldsymbol{v}}{h}\Big)$，$\boldsymbol{z}=(z_1,\cdots,z_k)$，$\boldsymbol{w}=(w_1,\cdots,w_k)$，考虑 $\boldsymbol{Y}_1^*,\boldsymbol{Y}_2^*,\boldsymbol{Y}_j^*,\boldsymbol{Y}_{j+1}^*$ 的两种情形。

情形 1 $\boldsymbol{Y}_1^*,\boldsymbol{Y}_2^*,\boldsymbol{Y}_j^*,\boldsymbol{Y}_{j+1}^*\in B(I_1,L_1)$；

情形 2 其他情形，即 $Y_1^*\in B(I_1,L_1)$，且 $Y_{j+1}^*\in B(I_L,L_l)$，对某些 $l>1$，设 $p_1=p^*(情形1)$，$p_2=p^*(情形2)$，则有

$$p_1=p^*(L_1\geqslant 1)=\sum_{t=j+1}^{\infty}p^*(L_1=t)=\sum_{t=j+1}^{\infty}p(1-p)^{t-1}=(1-p)^j$$

$$p_2 = p^*(L_1 < 1) = \sum_{t=1}^{j} p^*(L_1 = t) = \sum_{t=1}^{j} p(1-p)^{t-1} = 1-(1-p)^j$$

$$\begin{aligned} E^*(W_1^* W_j^*) &= P_1 E^*(W_1^* W_j^* \mid \text{情形 1}) + P_2 E^*(W_1^* W_j^* \mid \text{情形 2}) \\ &= (1-p)^j E^*(W_1^* W_j^* \mid \text{情形 1}) \\ &\quad + (1-(1-p)^j E^*(W_1^* W_j^* \mid \text{情形 2})) \end{aligned}$$

不管 $j-1<\left[\frac{n}{2}\right]$ 还是 $j-1\geqslant\left[\frac{n}{2}\right]$，如果 $(1-p)^j \to 1$ $\left(\text{因为 } p=O\left(\frac{h^k}{n}\right)\right)$，则 $E^*(W_1^* W_j^*)=E^*(W_1^* W_j^* \mid (\text{情形 1})+O(ph^k)$，注意到 $W_1^* W_j^*$ 有核函数 K。情形 1 中，如果 $I_1=i$，则

$$B(I_1,L_1) = B(i,L_1) = \{\boldsymbol{Y}_1^*, \boldsymbol{Y}_2^*, \cdots, \boldsymbol{Y}_{L_1}^*\} = \{\boldsymbol{Y}_{ni}, \boldsymbol{Y}_{n(i+1)}, \cdots, \boldsymbol{Y}_{n(i+L_1-1)}\}$$

便有

$$\begin{aligned} &E^*(W_1^* W_j^* \mid \text{情形 1}) = E^*[q(\boldsymbol{Y}_1^*, \boldsymbol{Y}_2^*, \boldsymbol{Y}_j^*, \boldsymbol{Y}_{j+1}^*) \mid (\boldsymbol{Y}_1^*, \boldsymbol{Y}_2^*, \boldsymbol{Y}_j^*, \boldsymbol{Y}_{j+1}^*) \in B(I_1,L_1)] \\ &= \sum_{i=1}^{n} p^*(I_1=i) E^*[q(\boldsymbol{Y}_1^*, \boldsymbol{Y}_2^*, \boldsymbol{Y}_j^*, \boldsymbol{Y}_{j+1}^*) \mid (\boldsymbol{Y}_1^*, \boldsymbol{Y}_2^*, \boldsymbol{Y}_j^*, \boldsymbol{Y}_{j+1}^*) \in B(I_1,L_1), I_1=i] \\ &= \sum_{i=1}^{n} \frac{1}{n} q(\boldsymbol{Y}_{ni}, \boldsymbol{Y}_{n(i+1)}, \boldsymbol{Y}_{n(i+j-1)}, \boldsymbol{Y}_{n(i+j)}) \\ &= \frac{1}{n} \sum_{i=1}^{n+1-j} q(\boldsymbol{Y}_{ni}, \boldsymbol{Y}_{n(i+1)}, \boldsymbol{Y}_{n(i+j-1)}, \boldsymbol{Y}_{n(i+j)}) + \frac{1}{n} \sum_{i=n+2-j}^{n} q(\boldsymbol{Y}_{ni}, \boldsymbol{Y}_{n(i+1)}, \boldsymbol{Y}_{n(i+j-1)}, \boldsymbol{Y}_{n(i+j)}) \end{aligned} \tag{3.2.17}$$

如果 $j-1<\left[\frac{n}{2}\right]$，则 $n+1-j>n-\left[\frac{n}{2}\right]\to+\infty(n\to+\infty)$，因此式(3.2.17)中的第一个和式为无限项($n\to+\infty$)，而第二个和式为有限项，则式(3.2.17)等于

$$\begin{aligned} &\frac{1}{n} \sum_{i=1}^{n+1-j} q(\boldsymbol{Y}_i, \boldsymbol{Y}_{i+1}, \boldsymbol{Y}_{i+j-1}, \boldsymbol{Y}_{i+j}) + o_p\left(\frac{h^{2k}}{n}\right) \quad (i+j<n+1) \\ &= E[q(\boldsymbol{Y}_1, \boldsymbol{Y}_2, \boldsymbol{Y}_j, \boldsymbol{Y}_{j+1})] + o_p\left(\frac{h^{2k}}{n}\right) = EW_1 W_j + o_p\left(\frac{h^{2k}}{n}\right) \end{aligned}$$

所以当 $j-1<\left[\frac{n}{2}\right]$ 时，$E^*(W_1^* W_j^*)=EW_1 W_j+o_p\left(\frac{h^{2k}}{n}\right)+O(ph^k)$。如果 $j-1\geqslant\left[\frac{n}{2}\right]$ 时，则当 $n\to+\infty$ 时，式(3.2.17)的第一个和式有有限项，而第二个和式有无限项。所以当 $j-1\geqslant\left[\frac{n}{2}\right]$ 时，式(3.2.17)等于

$$\frac{1}{n} \sum_{i=n+2-j}^{n} q(\boldsymbol{Y}_{ni}, \boldsymbol{Y}_{n(i+1)}, \boldsymbol{Y}_{n(i+j-1)}, \boldsymbol{Y}_{n(i+j)}) + o_p\left(\frac{h^{2k}}{n}\right)$$

$$=\frac{1}{n}\sum_{i=n+2-j}^{n} q(\boldsymbol{Y}_i,\boldsymbol{Y}_{i+1},\boldsymbol{Y}_{i+j-1-n},\boldsymbol{Y}_{i+j-n})+o_p\left(\frac{h^{2k}}{n}\right)$$

$$=\frac{1}{n}\sum_{i=n+2-j}^{n} q(\boldsymbol{Y}_{i+j-1-n},\boldsymbol{Y}_{i+j-n},\boldsymbol{Y}_i,\boldsymbol{Y}_{i+1})+o_p\left(\frac{h^{2k}}{n}\right)$$

$$=E[q(\boldsymbol{Y}_1,\boldsymbol{Y}_2,\boldsymbol{Y}_{n-j+2},\boldsymbol{Y}_{n-j+3})]+o_p\left(\frac{h^{2k}}{n}\right)$$

所以当 $j-1\geqslant\left[\frac{n}{2}\right]$时，$E^*(W_1^*W_j^*)=EW_1W_{n-j+2}+o_p\left(\frac{h^{2k}}{n}\right)+o(ph^k)$。

综合(1)的结果及其平稳性，(3)得证。

(4) 由平稳性知

$$E^*K^2\left(\frac{\boldsymbol{u}-\boldsymbol{Y}_i^*}{h}\right)=E^*K^2\left(\frac{\boldsymbol{u}-\boldsymbol{Y}_1^*}{h}\right)$$

$$=\sum_{i=1}^{n}p^*(I_1=i)E^*\left[K^2\left(\frac{\boldsymbol{u}-\boldsymbol{Y}_1^*}{h}\right)\middle| I_1=i\right]$$

$$\xlongequal{(3.2.1)}\sum_{i=1}^{n}\frac{1}{n}K^2\left(\frac{\boldsymbol{u}-\boldsymbol{Y}_i}{h}\right)$$

所以 $E\left[E^*K^2\left(\frac{\boldsymbol{u}-\boldsymbol{Y}_i^*}{h}\right)\right]=EK^2\left(\frac{\boldsymbol{u}-\boldsymbol{Y}_i}{h}\right)$。

(4)的最后一个结果与(3)的证明方法相似。

(5)与(2)的证明方法完全相似，易证

$$E^*\left[X_{K+1}^*K^2\left(\frac{\boldsymbol{u}-\boldsymbol{Y}_1^*}{h}\right)\right]=E\left[X_{K+1}K^2\left(\frac{\boldsymbol{u}-\boldsymbol{Y}_1}{h}\right)+O\left(\frac{h^{2k}}{n}\right)+O_p(ph^k)\right]$$

同理可证

$$\frac{1}{nh^k}\sum_{i\neq j}E^*(Q_{ni}^*R_{nj}^*)\leqslant\frac{2}{nh^k}\sum_{i\neq j}E(Q_{ni}R_{nj})+\frac{n(n-1)}{nh^k}\left[O\left(\frac{h^{2k}}{n}\right)+O_p(ph^k)\right]$$

根据附录 2. 2. 3 的(4)可知它趋于 0。

3.3 无序自助估计法

对于非参数核自回归估计量，本节讨论无序自助法，该法已经在相关文献(Härdle et al.，1991；Mammen，1992；Härdle et al.，1993)中提出。特别地，Härdle 等(1991)利用无序自助法的基本思想对具有独立观测值的情形推导出非参数回归估计量的一个结果。本章在 3.1 节定理 3.1.1 的基础上，利用无序自助法的思想，讨论非参数自回归估计量的相关问题。

对模型(3.1.1)中的非线性 k 阶($k\geqslant 1$)自回归过程$\{X_n \mid n\geqslant 0\}$,令$\{|(\boldsymbol{Y}_i, X_{i+k})| i=1,2,\cdots n\}$是被观测的数据,首先考虑估计的残差

$$\hat{\eta}_{i+k} = X_{i+k} - \hat{H}_u(\boldsymbol{Y}_i)$$

其中,$\hat{H}_u(\cdot)$是式(3.1.2)中具有最优窗宽 h 的核估计量。无序自助法是从两点分布中重抽样本,该两点分布具有零均值,方差等于残差平方,三阶矩的绝对值等于残差立方的绝对值。定义一个新的服从两点分布的随机变量 $\hat{\eta}_i^w$($i\geqslant 1$,w 表示无序自助法),$\hat{G}_i$ 是通过 a_i, b_i, γ 来定义的。

$$\hat{G}_i = \gamma\delta_{a_i} + (1-\gamma)\delta_{b_i}$$

其中,$\delta_{a_i}, \delta_{b_i}$ 分别表示在 a_i, b_i 处的点测度。可以证明当 $a_i = \hat{\eta}_i, b_i = -\hat{\eta}_i$ 及 $\gamma = \frac{1}{2}$ 时,$E^* \eta_i^w = 0, E^*(\eta_i^w)^2 = \hat{\eta}_i^2$,且 $E^*(\eta_i^w)^3 = |\hat{\eta}_i|^3$,其中,$E^*$ 表示在给定观测值$\{(\boldsymbol{Y}_i, X_{i+k}) | i=1,\cdots,n\}$下的条件期望。在某种意义上重抽样本的分布 $\hat{G}_i$ 可以认为是试图重新构造每个残差的分布,所以这种方法称为无序自助法,其他的分布可同样地考虑[可与文献(Bhattacharya,1987)进行比较]。

通过下式定义无序自助观测值$\{X_{i+k}^w | i\geqslant 1\}$。

$$X_{i+k}^w = \hat{H}_{n,g}(\boldsymbol{Y}_i) + \eta_{i+k}^w$$

其中,$\hat{H}_{n,g}(\boldsymbol{Y}_i)$是式(3.1.2)中具有比 h 更慢的窗宽 g 的核估计量。

核估计量的无序自助形式定义为

$$\hat{H}_n^w(\boldsymbol{u}) = \frac{\sum_{i=1}^{n} X_{i+k}^w K\left(\frac{\boldsymbol{u}-\boldsymbol{Y}_i}{h}\right)}{\sum_{i=1}^{n} K\left(\frac{\boldsymbol{u}-\boldsymbol{Y}_i}{h}\right)}, \quad \boldsymbol{u} \in \mathbf{R}^k$$

下面定理显示核自回归估计量的无序自助法的结果。

作附加假设:

$(H)'$ H 是四阶连续可微及 3.1 节中的假设(H);

$(g)'$ η_1 的密度是四阶连续可微的及 3.1 节中的假设(g);

$(K)''$ K 是二阶连续可微的及 3.1 节中的假设(K)。

定理 3.3.1　假设$(H)'$,假设$(g)'$和假设$(K)''$成立,如果最优窗宽 $h=cn^{-\frac{1}{4+k}}$,$c>0$,且如果更慢的窗宽 g 满足$\frac{h}{g}\to 0$ 和$\frac{g^4}{h^2}\to 0$,则当 $n\to +\infty$时,有

$$\sup | P^*[\sqrt{nh^k}(\hat{H}_n^w(\boldsymbol{u}) - \hat{H}_{n,g}(\boldsymbol{u})) < x] - P[\sqrt{nh^k}(\hat{H}_n(\boldsymbol{u}) - H(\boldsymbol{u})) < x] | \to 0$$

依概率收敛。

令 $B_n(\boldsymbol{u})=E\hat{H}_n(\boldsymbol{u})-H(\boldsymbol{u})$，$\hat{B}_{n,g}(\boldsymbol{u})=E^*\hat{H}_n^w(\boldsymbol{u})-\hat{H}_{n,g}(\boldsymbol{u})$。

引理 3.3.1　假设$(H)'$，假设$(g)'$和假设$(K)''$成立，如果 $h=cn^{-\frac{1}{4+k}}$以及 g 满足$\frac{h}{g}\to 0$ 和$\frac{g^4}{h^2}\to 0$，则有 $E[\hat{B}_{n,g}(\boldsymbol{u})-B_n(\boldsymbol{u})]^2=o\left(\frac{1}{nh^k}\right)$。

进一步可得到$\sqrt{nh^k}\hat{B}_{n,g}(\boldsymbol{u})$和$\sqrt{nh^k}B_n(\boldsymbol{u})$有相同的极限 $b(\boldsymbol{u})$。

证明　$\hat{B}_{n,g}(\boldsymbol{u}) = E^*\hat{H}_n^w(\boldsymbol{u})-\hat{H}_{n,g}(\boldsymbol{u})$

$$= E^*\frac{\sum_{i=1}^{n}X_{i+k}^{w}K\left(\frac{\boldsymbol{u}-\boldsymbol{Y}_i}{h}\right)}{nh^k\hat{f}_n(\boldsymbol{u})}-\hat{H}_{n,g}(u)\frac{\sum_{i=1}^{n}K\left(\frac{\boldsymbol{u}-\boldsymbol{Y}_i}{h}\right)}{nh^k\hat{f}_n(\boldsymbol{u})}$$

$$=\frac{1}{nh^k\hat{f}_n(\boldsymbol{u})}\sum_{i=1}^{n}\left[K\left(\frac{\boldsymbol{u}-\boldsymbol{Y}_i}{h}\right)\{E^*X_{i+k}^{w}-\hat{H}_{n,g}(\boldsymbol{u})\}\right]$$

$$=\frac{1}{nh^k\hat{f}_n(\boldsymbol{u})}\sum_{i=1}^{n}\left[K\left(\frac{\boldsymbol{u}-\boldsymbol{Y}_i}{h}\right)\{\hat{H}_{n,g}(\boldsymbol{Y}_i)-\hat{H}_{n,g}(\boldsymbol{u})\}\right]$$

$$=\frac{\hat{N}_n(\boldsymbol{u})}{\hat{f}_n(\boldsymbol{u})}$$

其中，$\hat{N}_n(\boldsymbol{u})=\frac{1}{nh^k}\sum_{i=1}^{n}\left[K\left(\frac{\boldsymbol{u}-\boldsymbol{Y}_i}{h}\right)\{\hat{H}_{n,g}(\boldsymbol{Y}_i)-\hat{H}_{n,g}(\boldsymbol{u})\}\right]$

在附录 3.3.1 中将证明

$$E\hat{N}_n(\boldsymbol{u}) = h^2[b_1(\boldsymbol{u})-H(\boldsymbol{u})b_2(\boldsymbol{u})]+o(h^2)+O(g^4) \tag{3.3.1}$$

$$\sqrt{nh^k}[\hat{N}_n(\boldsymbol{u})-E\hat{N}_n(\boldsymbol{u})]\text{ 依概率收敛于 }0 \tag{3.3.2}$$

$$\mathrm{Var}(\sqrt{nh^k}\hat{N}_n(\boldsymbol{u}))\to 0 \tag{3.3.3}$$

其中，$b_1(\boldsymbol{u})$，$b_2(\boldsymbol{u})$如式(3.2.12)和式(3.2.13)中所示。由此可得

$$\sqrt{nh^k}[\hat{N}_n(\boldsymbol{u})-h^2(b_1(\boldsymbol{u})-H(\boldsymbol{u})b_2(\boldsymbol{u})]\to 0\text{ 依概率收敛}$$

由于 $o(\sqrt{nh^k}h^2)\to 0$，$O(\sqrt{nh^k}g^4)\to 0$，如果 $h=cn^{-\frac{1}{4+k}}$及 g 满足$\frac{g^4}{h^2}\to 0$，

$\hat{f}_n(\boldsymbol{u})$依概率收敛于 $f(\boldsymbol{u})$，则有

$$h^2(b_1(\boldsymbol{u})-H(\boldsymbol{u})b_2(\boldsymbol{u})\left[\frac{\hat{N}_n(\boldsymbol{u})}{\hat{f}_n(\boldsymbol{u})}-\frac{h^2(b_1(\boldsymbol{u})-H(\boldsymbol{u})b_2(\boldsymbol{u})}{f(\boldsymbol{u})}\right]$$

$$=\frac{\sqrt{nh^k}}{\hat{f}_n(u)}[\hat{N}_n(\boldsymbol{u})-h^2(b_1(\boldsymbol{u})-H(\boldsymbol{u})b_2(\boldsymbol{u})]$$

$$+\sqrt{nh^k}h^2(b_1(\boldsymbol{u})-H(\boldsymbol{u})b_2(\boldsymbol{u}))\left[\frac{1}{\hat{f}_n(\boldsymbol{u})}-\frac{1}{f(\boldsymbol{u})}\right]\to 0(\text{依概率})$$

然而$\frac{h^2(b_1(\boldsymbol{u})-H(\boldsymbol{u})b_2(\boldsymbol{u})}{f(\boldsymbol{u})}+o(h^2)=E\hat{H}_n(\boldsymbol{u})-H(\boldsymbol{u})=B_n(\boldsymbol{u})$

所以(参看定理 2.2.1 的证明)

$$\sqrt{nh^k}[\hat{B}_{n,g}(\boldsymbol{u})-B_n(\boldsymbol{u})]\to 0(\text{依概率})$$

□

引理 3.3.2 假设$(H)'$,假设$(g)'$和假设$(K)''$都成立,如果$h=cn^{-\frac{1}{4+k}}$以及g满足$\frac{h}{g}\to 0$和$\frac{g^4}{h^2}\to 0$,则$\sqrt{nh^k}[\hat{H}_n^w(\boldsymbol{u})-\hat{H}_{n,g}(\boldsymbol{u})]$的渐近(条件)方差与$\sqrt{nh^k}[\hat{H}_n(\boldsymbol{u})-H(\boldsymbol{u})]$的相同。

证明 $\text{Var}^*(\sqrt{nh^k}[\hat{H}_n^w(\boldsymbol{u})-\hat{H}_{n,g}(\boldsymbol{u})])$

$$=nh^k\text{Var}^*\left(\frac{\sum_{i=1}^{n}X_{k+i}^wK\left(\frac{\boldsymbol{u}-\boldsymbol{Y}_i}{h}\right)}{nh^k\hat{f}_n(\boldsymbol{u})}\right)$$

$$=\frac{1}{nh^k\hat{f}_n^2(\boldsymbol{u})}\left[\sum_{i=1}^{n}K^2\left(\frac{\boldsymbol{u}-\boldsymbol{Y}_i}{h}\right)\text{Var}^*(X_{k+i}^w)\right.$$

$$\left.+2\sum_{i=j}K\left(\frac{\boldsymbol{u}-\boldsymbol{Y}_i}{h}\right)K\left(\frac{\boldsymbol{u}-\boldsymbol{Y}_j}{h}\right)\text{Cov}^*(X_{k+i}^w,X_{k+j}^w)\right]\tag{3.3.4}$$

由于$\text{Var}^*(X_{k+i}^w)=\text{Var}^*(\hat{H}_{n,g}(\boldsymbol{Y}_i)+\eta_{k+i}^w)=\text{Var}^*(\eta_{k+i}^w)=\hat{\eta}_{k+i}^2$及

$$\text{Cov}^*(X_{k+i}^w,X_{k+j}^w)=E^*[(X_{k+i}^w-E^*X_{k+i}^w)(X_{k+j}^w-E^*X_{k+j}^w)]=E^*(\eta_{k+i}^w\cdot\eta_{k+j}^w)$$
$$=r^2a_{k+i}a_{k+j}+r(1-r)a_{k+i}b_{k+j}+(1-r)b_{k+i}a_{k+j}+(1-r)^2b_{k+i}b_{k+j}$$
$$=(ra_{k+i}+(1-r)b_{k+i})(ra_{k+j}+(1-r)b_{k+j})$$
$$=(E^*\eta_{k+i}^w)(E^*\eta_{k+j}^w)=0$$

所以式(3.3.4)变成

$$\frac{1}{nh^k\hat{f}_n(u)}\left[\sum_{i=1}^{n}K^2\left(\frac{\boldsymbol{u}-\boldsymbol{Y}_i}{h}\right)X_{k+i}^2\right]\tag{3.3.5}$$

然而,

$$\frac{1}{n}\sum_{i=1}^{n}\left[K^2\left(\frac{\boldsymbol{u}-\boldsymbol{Y}_i}{h}\right)\hat{\eta}_{k+i}^2\right]\to E\left[K^2\left(\frac{\boldsymbol{u}-\boldsymbol{Y}_i}{h}\right)\hat{\eta}_{k+i}^2\right]\tag{3.3.6}$$

它等于 $E\left[K^2\left(\frac{\boldsymbol{u}-\boldsymbol{Y}_i}{h}\right)\{X_{k+i}-\hat{H}_n(\boldsymbol{Y}_i)\}^2\right]$

$$=E\left[K^2\left(\frac{\boldsymbol{u}-\boldsymbol{Y}_i}{h}\right)\{H(\boldsymbol{Y}_i)+\eta_{k+i}-\hat{H}_n(\boldsymbol{Y}_i)\}^2\right]$$

$$=E\left[K^2\left(\frac{\boldsymbol{u}-\boldsymbol{Y}_i}{h}\right)\{H(\boldsymbol{Y}_i)-\hat{H}_n(\boldsymbol{Y}_i)\}^2\right]+E\left[K^2\left(\frac{\boldsymbol{u}-\boldsymbol{Y}_i}{h}\right)\eta_{k+i}^2\right]\tag{3.3.7}$$

由于 $\text{MSE}(\hat{H}_n(\boldsymbol{y}))=O\left(\frac{1}{nh^k}\right)$,所以式(3.3.7)中第一项表达式是

$$E\left[E\left(K^2\left(\frac{\boldsymbol{u}-\boldsymbol{Y}_1}{h}\right)\{H(\boldsymbol{Y}_1)-\hat{H}_n(\boldsymbol{Y}_1)\}^2 \mid \boldsymbol{Y}_1\right)\right]$$

$$=\int K^2\left(\frac{\boldsymbol{u}-\boldsymbol{y}}{h}\right)E[\{H(\boldsymbol{Y})-\hat{H}_n(\boldsymbol{Y})\}^2 \mid \boldsymbol{Y}_1=\boldsymbol{y}]f(\boldsymbol{y})\mathrm{d}\boldsymbol{y}$$

$$=O(h^k)O\left(\frac{1}{nh^k}\right)=O\left(\frac{1}{n}\right)\to 0$$

式(3.3.7)中第二项表达式为

$$E\left[E\left(K^2\left(\frac{\boldsymbol{u}-\boldsymbol{Y}_1}{h}\right)\eta_{k+i}^2\middle|\boldsymbol{Y}_1\right)\right]=\int K^2\left(\frac{\boldsymbol{u}-\boldsymbol{y}}{h}\right)E[\eta_{k+i}^2 \mid \boldsymbol{Y}_1=\boldsymbol{y}]f(\boldsymbol{y})\mathrm{d}\boldsymbol{y}$$

$$=E\eta_1^2\int K^2(\boldsymbol{z})[f(\boldsymbol{u}+h\boldsymbol{z})]h^k\mathrm{d}\boldsymbol{z}=E\eta_1^2\int K^2(\boldsymbol{z})[f(\boldsymbol{u}+h\boldsymbol{z})\nabla f(\boldsymbol{u})+o(h^2)]h^k\mathrm{d}\boldsymbol{z}$$

$$=E\eta_1^2 f(\boldsymbol{u})\int K^2(\boldsymbol{z})\mathrm{d}\boldsymbol{z}h^2+O(h^{k+1})$$

因此,式(3.3.5)渐近地等于

$$\frac{1}{nh^k\hat{f}_n(\boldsymbol{u})}\left[O\left(\frac{1}{h}\right)+E\eta_1^2 f(\boldsymbol{u})\int K^2(\boldsymbol{z})\mathrm{d}\boldsymbol{z}h^k+O(h^{k+1})\right]\to\frac{1}{f(u)}E\eta_1^2\int K^2(\boldsymbol{z})\mathrm{d}\boldsymbol{z}=\sigma^2(\boldsymbol{u})$$

所以$\sqrt{nh^k}[\hat{H}_n^w(\boldsymbol{u})-\hat{H}_{n,g}(\boldsymbol{u})]$与$\sqrt{nh^k}[\hat{H}_n(\boldsymbol{u})-H(\boldsymbol{u})]$有相同的渐近方差。

□

定理 3.3.1 的证明 下面证明$\sqrt{nh^k}[\hat{H}_n^w(\boldsymbol{u})-\hat{H}_{n,g}(\boldsymbol{u})]$具有渐近正态分布。根据引理 3.3.1 易证

$$\sqrt{nh^k}[\hat{H}_n^w(\boldsymbol{u})-E^*\hat{H}_n^w(\boldsymbol{u})]\xrightarrow{L}N(0,\sigma^2(\boldsymbol{u})),n\to+\infty$$

$$\sqrt{nh^k}[\hat{H}_n^w(\boldsymbol{u})-E^*\hat{H}_n^w(\boldsymbol{u})]=\frac{\sum_{i=1}^n X_{k+i}^w K\left(\frac{\boldsymbol{u}-\boldsymbol{Y}_i}{h}\right)}{\sqrt{nh^k}\hat{f}_n(\boldsymbol{u})}-\frac{\sum_{i=1}^n E^* X_{k+i}^w K\left(\frac{\boldsymbol{u}-\boldsymbol{Y}_i}{h}\right)}{\sqrt{nh^k}\hat{f}_n(\boldsymbol{u})}$$

$$=\frac{1}{\sqrt{nh^k}\hat{f}_n(u)}\sum_{i=1}^n K\left(\frac{\boldsymbol{u}-\boldsymbol{Y}_i}{h}\right)(X_{k+i}^w-E^*X_{k+i}^w)$$

$$=\frac{1}{\sqrt{nh^k}\hat{f}_n(u)}\sum_{i=1}^n K\left(\frac{\boldsymbol{u}-\boldsymbol{Y}_i}{h}\right)\eta_{k+i}^w=\frac{1}{\sqrt{nh^k}\hat{f}_n(u)}\sum_{i=1}^n Q_{ni}^w$$

其中,$Q_{ni}^w=K\left(\frac{\boldsymbol{u}-\boldsymbol{Y}_i}{h}\right)\eta_{k+i}^w$。由于$\{\eta_{k+i}^w\mid 1\leqslant i\leqslant n\}$是关于条件概率$p^*$的独立随机变量,所以$\{Q_{k+i}^w\mid 1\leqslant i\leqslant n\}$也是独立随机变量,且具有

$$E^*Q_{k+i}^w=K\left(\frac{\boldsymbol{u}-\boldsymbol{Y}_i}{h}\right)E^*\eta_{k+i}^w=0$$

及 $E^* |Q^w_{k+i}|^3 = K^3((\boldsymbol{u}-\boldsymbol{Y}_i^3)/h)E^* |\eta^w_{k+i}|^3 = K^3((\boldsymbol{u}-\boldsymbol{Y}_i^3)/h)|\hat{\eta}_{k+i}|^3 < +\infty$。

利用 Berry-Esseen 定理(Bhattacharya et al. ,1976)[104],令 $\rho_2 = \frac{1}{n}\sum_{i=1}^{n} E^* \mid Q^w_{ni} \mid^2$,由于 $E^*(\eta^w_{k+i})^2 = \hat{\eta}^2_{k+i}$,根据式(3.3.6)和式(3.3.7)则有

$$\begin{aligned}\rho_2 &= \frac{1}{n}\sum_{i=1}^{n} K^2((\boldsymbol{u}-\boldsymbol{Y}_i^3)/h)\hat{\eta}^2_{k+i} \to E[K^2((\boldsymbol{u}-\boldsymbol{Y}_i^3)/h)\hat{\eta}^2_{k+i}] \\ &= h^k E\eta_1^2 f(\boldsymbol{u})\int K^2(\boldsymbol{z})\mathrm{d}\boldsymbol{z} + O(h^{k+1}) = O(h^k) \qquad (3.3.8)\end{aligned}$$

令 $\rho_3 = \frac{1}{n}\sum_{i=1}^{n} E^* \mid Q^w_{ni} \mid^3$,由于 $E^* \mid \eta^w_{k+i} \mid^3 = \mid \hat{\eta}_{k+i} \mid^3$,则有

$$\begin{aligned}\rho_3 &= \frac{1}{n}\sum_{i=1}^{n} K^3\left(\frac{\boldsymbol{u}-\boldsymbol{Y}_i}{h}\right)\mid \hat{\eta}_{k+i} \mid^2 \to E\left[K^3\left(\frac{\boldsymbol{u}-\boldsymbol{Y}_i}{h}\right)\mid \hat{\eta}_{k+i} \mid^3\right] \\ &\leqslant E\left[K^3\left(\frac{\boldsymbol{u}-\boldsymbol{Y}_i}{h}\right)\{\mid X_{i+k} \mid + \mid \hat{H}_n(\boldsymbol{Y}_i) \mid\}^3\right] \\ &\leqslant E\left[K^3\left(\frac{\boldsymbol{u}-\boldsymbol{Y}_i}{h}\right)\{\mid H(\boldsymbol{Y}_i) \mid + \mid \hat{H}_n(\boldsymbol{Y}_i) \mid + \mid \eta_{k+i} \mid\}^3\right] \\ &\leqslant c\int K^3\left(\frac{\boldsymbol{u}-\boldsymbol{Y}_i}{h}\right)[\mid H(\boldsymbol{Y}) \mid^3 + \mid \hat{H}_n(\boldsymbol{Y}) \mid^3 + E \mid \eta_{k+i} \mid^3] f(\boldsymbol{y})\mathrm{d}\boldsymbol{y} \\ &= c\int K^3(\boldsymbol{z})[\mid H(\boldsymbol{u}+h\boldsymbol{z}) \mid^3 + \mid \hat{H}_n(\boldsymbol{u}+h\boldsymbol{z}) \mid^3 + E \mid \eta_{k+i} \mid^3] f(\boldsymbol{u}+h\boldsymbol{z})h^k \mathrm{d}\boldsymbol{z} \\ &\leqslant ch^k r(\boldsymbol{u})K^3(\boldsymbol{z}))\mathrm{d}\boldsymbol{z} = O(h^k)\end{aligned}$$

其中,$r(\boldsymbol{u}) = \max_{|z|\leqslant a}[|H(\boldsymbol{u}+h\boldsymbol{z})|^3 + |\hat{H}_n(\boldsymbol{u}+h\boldsymbol{z})|^3 + E|\eta_{k+i}|^3] f(\boldsymbol{u}+h\boldsymbol{z})$。

假设($K3$):K 有一个紧支撑。所以李雅普洛夫比率

$$l_{3,n} = \frac{\rho_3}{\rho_2^{3/2}} \cdot \frac{1}{\sqrt{n}} = O\left(\frac{1}{\sqrt{nh^k}}\right) \to 0$$

根据 Berry-Esseen 定理,$\frac{1}{\sqrt{n\rho_2}}\sum_{i=1}^{n} Q^w_{ni} \xrightarrow{L} N(0,1)$,由式(3.3.8)中的收敛性,便有$\frac{\rho_2}{h^k} \to E\eta_1^2 f(\boldsymbol{u})\int K^2(\boldsymbol{z})\mathrm{d}\boldsymbol{z} \equiv \sigma_1^2(\boldsymbol{u})$,所以 $\frac{1}{\sqrt{nh^k}}\sum_{i=1}^{n} Q^w_{ni} \xrightarrow{L} N(0,\sigma_1^2(\boldsymbol{u}))$,$\frac{1}{\sqrt{nh^k}\hat{f}_n(\boldsymbol{u})}\sum_{i=1}^{n} Q^w_{ni} \xrightarrow{L} N(0,\sigma_1^2(\boldsymbol{u}))$,其中,$\sigma^2(\boldsymbol{u}) = \frac{1}{f(\boldsymbol{u})}E\eta_1^2\int K^2(\boldsymbol{z})\mathrm{d}\boldsymbol{z} \equiv \sigma_1^2(\boldsymbol{u})$,即 $\sqrt{nh^k}[\hat{H}^w_n(\boldsymbol{u}) - E^* \hat{H}^w_n(\boldsymbol{u})] \xrightarrow{L} N(0,\sigma^2(\boldsymbol{u})),n \to +\infty$。

□

附录 3.3.1 对于 $\hat{N}_n(\boldsymbol{u})=\frac{1}{nh^k}\sum_{i=1}^{n}\left[K\left(\frac{\boldsymbol{u}-\boldsymbol{Y}_i}{h}\right)\{H_{n,g}(\boldsymbol{Y}_i)-\hat{H}_{n,g}(\boldsymbol{u})\}\right]$,下面证明式(3.3.1)~式(3.3.3)。

(1) $E\hat{N}(u)=h^2[b_1(\boldsymbol{u})-H(u)b_2(\boldsymbol{u})]+o(h^2)+O(g^4)$ (3.3.1)

(2) $\sqrt{nh^k}[\hat{N}_n(\boldsymbol{u})-E\hat{N}_n(\boldsymbol{u})]\xrightarrow{L}0$,依概率 (3.3.2)

(3) $\mathrm{Var}(\sqrt{nh^k}\hat{N}_n(\boldsymbol{u}))\to 0$ (3.3.3)

其中,$b_1(\boldsymbol{u})$,$b_2(\boldsymbol{u})$如式(3.2.12)和式(3.2.13)中所示。

证明

$$
\begin{aligned}
(1)\ E\hat{N}_n(\boldsymbol{u}) &= \frac{1}{h^k}E\left[K\left(\frac{\boldsymbol{u}-\boldsymbol{Y}_1}{h}\right)\{\hat{H}_{n,g}(\boldsymbol{Y}_1)-\hat{H}_{n,g}(\boldsymbol{u})\}\right] \\
&= \frac{1}{h^k}\int E\left[K\left(\frac{\boldsymbol{u}-\boldsymbol{y}}{h}\right)\{\hat{H}_{n,g}(\boldsymbol{y})-\hat{H}_{n,g}(u)\}\mid \boldsymbol{Y}_1=\boldsymbol{y}\right]f(\boldsymbol{y})\mathrm{d}\boldsymbol{y} \\
&= \frac{1}{h^k}\int K\left(\frac{\boldsymbol{u}-\boldsymbol{y}}{h}\right)f(\boldsymbol{y})[E\{\hat{H}_{n,g}(\boldsymbol{y})\mid \boldsymbol{Y}_1=\boldsymbol{y}\}-E\hat{H}_{n,g}(\boldsymbol{u})]\mathrm{d}\boldsymbol{y}
\end{aligned}
\tag{3.3.9}
$$

由于 $E\hat{H}_{n,g}(\boldsymbol{u})-H(\boldsymbol{u})=g^2\beta(\boldsymbol{u})+O(g^4)$,其中,$\beta(\boldsymbol{u})=\frac{b_1(\boldsymbol{u})-H(\boldsymbol{u})b_2(\boldsymbol{u})}{f(\boldsymbol{u})}$,$b_1(\boldsymbol{u})$和 $b_2(\boldsymbol{u})$如式(3.2.12)和式(3.2.13)中所示。采用与定理 2.2.1 相同的方法,则有

$$E\{\hat{H}_{n,g}(\boldsymbol{y})\mid \boldsymbol{Y}_1=\boldsymbol{y}\}-E\hat{H}_{n,g}(\boldsymbol{u})=H(\boldsymbol{y})-H(\boldsymbol{u})+g^2\{\beta(\boldsymbol{y})-\beta(\boldsymbol{u})\}+O(g^4)$$

则式(3.3.9)等于

$$
\begin{aligned}
&\frac{1}{h^k}\int K\left(\frac{\boldsymbol{u}-\boldsymbol{y}}{h}\right)f(\boldsymbol{y})[H(\boldsymbol{y})-H(\boldsymbol{u})+g^2\{\beta(\boldsymbol{y})-\beta(\boldsymbol{u})\}+O(g^4)]\mathrm{d}\boldsymbol{y} \\
&=\int K(\boldsymbol{z})f(\boldsymbol{u}+h\boldsymbol{z})[H(\boldsymbol{u}+h\boldsymbol{z})-H(\boldsymbol{u})+g^2\{\beta(\boldsymbol{u}+h\boldsymbol{z})-\beta(\boldsymbol{u})\}+O(g^4)]\mathrm{d}\boldsymbol{z} \\
&=\int K(z)\left[f(\boldsymbol{u})+h\boldsymbol{z}\cdot\nabla f(\boldsymbol{u})+\frac{h^2}{2}\sum_{i,j=1}^{K}D_{ij}f(\boldsymbol{u})z_iz_j\right]\times\left[h\boldsymbol{z}\cdot\nabla H(\boldsymbol{u})\right. \\
&\quad\left.+\frac{h^2}{2}\sum_{i,j=1}^{K}D_{ij}H(\boldsymbol{u})z_iz_j+g^2\left\{h\boldsymbol{z}\cdot\nabla\beta(\boldsymbol{u})+\frac{h^2}{2}\sum_{i,j=1}^{K}D_{ij}\beta(\boldsymbol{u})z_iz_j\right\}\right]\mathrm{d}\boldsymbol{z}+O(g^4)+o(h^2) \\
&=\int K(\boldsymbol{z})\left[\frac{h^2}{2}f(\boldsymbol{u})\sum_{i,j=1}^{K}D_{ij}H(\boldsymbol{u})z_iz_j+\frac{g^2h^2}{2}f(\boldsymbol{u})\sum_{i,j=1}^{K}D_{ij}\beta(\boldsymbol{u})z_iz_j\right. \\
&\quad\left.+h^2(\boldsymbol{z}\cdot\nabla f(\boldsymbol{u}))(\boldsymbol{z}\cdot\nabla H(\boldsymbol{u}))\right]\mathrm{d}\boldsymbol{z}+O(g^4)+o(h^2)\quad\text{(由假设}(K2)\text{得到)} \\
&=h^2\left[\sum_{i,j=1}^{k}\left\{D_if(\boldsymbol{u})D_jH(\boldsymbol{u})+\frac{1}{2}f(\boldsymbol{u})D_{ij}H(\boldsymbol{u})\right\}\int z_iz_jK(\boldsymbol{z})\mathrm{d}\boldsymbol{z}\right]+O(g^4)+o(h^2) \\
&=h^2[b_1(\boldsymbol{u})-H(\boldsymbol{u})b_2(\boldsymbol{u})]+O(g^4)+o(h^2)
\end{aligned}
$$

对于(2) 和(3)，记 $\hat{N}_n(\boldsymbol{u})=\frac{1}{nh^k}\sum_{i=1}^{n}U_{ni}$，$U_{ni}=K((\boldsymbol{u}-\boldsymbol{Y}_i)/h)\{\hat{H}_{n,g}(\boldsymbol{Y}_i)-\hat{H}_{n,g}(\boldsymbol{u})\}$，根据(1) 得到 $EU_{ni}=O(h^{k+2})+O(h^k g^2)$。下面证明 $\frac{1}{\sqrt{nh^k}}\sum_{i=1}^{n}(U_{ni}-EU_{ni})$ 依概率收敛于 0。

采用引理 2.2.3 证明的方法，易证

$$\frac{1}{h^k}EV_{n1}^2\to 0\quad(n\to+\infty)$$

对于 V_{ni} 也能证明相似的结果，证明过程在此省略。

$$\begin{aligned}
EU_{n1}^2 &= EK^2\left(\frac{\boldsymbol{u}-\boldsymbol{Y}_1}{h}\right)\{\hat{H}_{n,g}(\boldsymbol{Y}_1)-\hat{H}_{n,g}(\boldsymbol{u})\}^2\\
&=\int K^2\left(\frac{\boldsymbol{u}-\boldsymbol{y}}{h}\right)f(\boldsymbol{y})E[\{\hat{H}_{n,g}(\boldsymbol{y})-\hat{H}_{n,g}(\boldsymbol{u})\}^2\mid \boldsymbol{Y}_1=\boldsymbol{y}]\mathrm{d}\boldsymbol{y}\\
&=\int K^2(\boldsymbol{z})f(\boldsymbol{u}+h\boldsymbol{z})E[\{\hat{H}_{n,g}(\boldsymbol{u}+h\boldsymbol{z})-\hat{H}_{n,g}(\boldsymbol{u})\}^2\mid \boldsymbol{Y}_1=\boldsymbol{u}+h\boldsymbol{z}]h^k\mathrm{d}\boldsymbol{z}\\
&=\int K^2(\boldsymbol{z})f(\boldsymbol{u}+h\boldsymbol{z})E\left[\left\{h\boldsymbol{z}\cdot\nabla\hat{H}_{n,g}(\boldsymbol{u})+\frac{1}{2}\sum_{i,j=1}^{k}D_{ij}\hat{H}_{n,g}(\boldsymbol{u})z_iz_j\right\}^2\mid \boldsymbol{Y}_1=\boldsymbol{u}+h\boldsymbol{z}\right]h^2\mathrm{d}\boldsymbol{z}\\
&=O(h^{k+2})
\end{aligned}$$

所以，当 $n\to+\infty$ 时，$E\left(\frac{V_{n1}^2}{h^k}\right)=\frac{[EU_{n1}^2-(EU_{n1})^2]}{h^2}\to 0$。因此得到 $\frac{1}{\sqrt{nh^k}}\sum_{i=1}^{n}V_{ni}$ 依概率收敛于 0，且 $\mathrm{Var}(\sqrt{nh^k}\hat{N}_n(\boldsymbol{u}))\to 0$。

□

3.4　自助估计的置信区域

本节通过 $K=1$ 和 $K=2$ 两种情况下的数值模拟运算，讨论非线性自回归曲线的自助估计的置信区域。在第 2 章，利用正态近似已经提出核自回归估计量和置信区间的模拟，这里应用平稳自助过程和无序自助过程得到例 2.1 的部分结果(但使用的却是不同的核函数)，且与第 2 章得到的逐点置信区间进行比较。

例 3.1　对于 $K=1$ 的情形，考虑例 2.1 中相同的自回归函数

$$H(u)=-0.9u+2u^2\mathrm{e}^{-u^2}$$

如图 3.1 所示。

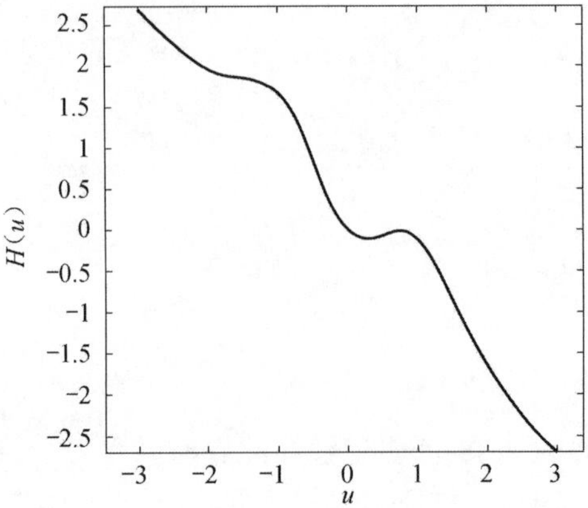

图 3.1　$H(u)=-0.9u+2u^2\mathrm{e}^{-u^2}$ 的曲线

设 η_n 是具有均值为零，方差为 σ^2 的独立同正态分布，观测值 $\{X_1,X_2,\cdots\}$ 由下式得到

$$X_{n+1}=H(X_n)+\eta_{n+1},\quad n=0,1,2,\cdots$$

其中，$X_0=0$，具有 100 个观测值的核自回归估计量为

$$\hat{H}_{100}(u)=\frac{\sum_{j=1}^{100}X_{j+1}K\left(\frac{u-X_j}{h}\right)}{\sum_{j=1}^{100}K\left(\frac{u-X_j}{h}\right)}$$

其中，满足条件(K)，(K)′和(K)″的核函数 K 可从表 2.1 中选择。这里选择四次方核函数 $K(u)=\frac{15}{16}(1-u^2)^2I_{(|u|\leqslant 1)}$。

首先像 2.2.3 的注 3 中提到的利用正态近似构造逐点置信区间一样，在点 u 处一个 $100(1-\alpha)\%$的逐点置信区间为

$$\left(\hat{H}_n(u)-z_{\alpha/2}\cdot\frac{\hat{\sigma}_n(u)}{\sqrt{nh^k}},\hat{H}_n(u)+z_{\alpha/2}\cdot\frac{\hat{\sigma}_n(u)}{\sqrt{nh^k}}\right)$$

其中，$\hat{\sigma}_n^2(u)$ 是 $\sigma^2(u)=\sigma^2\int K^2(z)\mathrm{d}z/f(u)$ 的一个估计量。对于窗宽 $h=100^{-\frac{1}{5}}\approx 0.4$ 以及随机误差的方差 $\sigma^2=0.1$，核函数为四次方核的情况下，在点 $u=u_1,u_2,u_3,\cdots,u_{16},u_{17}(=-1.6,-1.4,-1.2,\cdots,1.4,1.6)$处 $90\%(\alpha=0.1)$的逐点置信区间在表 3.1 中给出，表 3.1 也包括了平稳自助法置信区间和无序自助法置信区间。

表 3.1　90%的置信区间

u_i	$H(u_i)$	$(\mathrm{CLO}_i,\mathrm{CUP}_i)$	$(\mathrm{CLO}_i^*,\mathrm{CUP}_i^*)$	$(\mathrm{CLO}_i^w,\mathrm{CUP}_i^w)$
−1.6	1.8358	(1.7406,2.4815)	(1.8076,2.4435)	(2.0286,2.2564)
−1.4	1.8122	(1.4061,2.0142)	(1.5606,2.1499)	(1.5938,1.8154)
−1.2	1.7624	(1.3360,1.7638)	(1.4467,2.0305)	(1.4153,1.7256)
−1.0	1.6358	(1.3201,1.6803)	(1.3827,1.8674)	(1.3790,1.6975)
−0.8	1.3949	(1.1137,1.4631)	(1.1162,1.5682)	(1.1569,1.4514)
−0.6	1.0423	(0.7101,1.0107)	(0.5483,1.1239)	(0.7271,1.0493)
−0.4	0.6327	(0.3547,0.5700)	(0.2196,0.5909)	(0.3435,0.6673)
−0.2	0.2569	(0.1539,0.3249)	(0.0860,0.3313)	(0.1577,0.3747)
0.0	0.0	(−0.0376,0.1233)	(−0.0200,0.1206)	(−0.0395,0.1035)
0.2	−0.1031	(−0.1928,−0.0205)	(−0.1489,0.0027)	(−0.1715,−0.0278)
0.4	−0.0873	(−0.2094,−0.0025)	(−0.1895,−0.0261)	(−0.1715,−0.0461)
0.6	−0.0377	(−0.1726,0.1086)	(−0.2026,0.0509)	(−0.1093,0.0527)
0.8	−0.0451	(−0.2343,0.0961)	(−0.2489,0.0912)	(−0.1730,0.0629)
1.0	−0.1642	(−0.3251,0.0659)	(−0.3347,−0.0273)	(−0.2693,0.1121)
1.2	−0.3976	(−0.6024,−0.2058)	(−0.7477,−0.2556)	(−0.5646,−0.1518)
1.4	−0.7078	(−0.9924,−0.6501)	(−1.0787,−0.6790)	(−0.9162,−0.6757)
1.6	−1.0442	(−1.2082,−0.8420)	(−1.2474,−0.8670)	(−1.1599,−0.9287)

平稳自助法置信区域可以通过下列几步来构造，其中，$n=100,h=0.4,g=0.5,p=0.05$。如果 $i>100$，则 X_i 可看成 $X_{i-100q},q>0$。

第一步，在$\{1,2,\cdots,100\}$上生成独立同分布的离散均匀随机变量 $I_1,I_2,\cdots,I_{100}$，

$$P^*(I_1=i)=\frac{1}{100},\quad i=1,2,\cdots,100$$

第二步，生成具有 $p=0.05$ 的独立同分布几何随机变量 $L_1,L_2,\cdots,L_{100}$，

$$P^*(L_1=l)=p(1-p)^{l-1}$$

第三步，定义区组 $B(I_i,L_i)=\{X_{I_i},X_{I_i+1},\cdots,X_{I_i+L_i-1}\},i=1,2,\cdots$，且将元素排列成 $B(I_1,L_1),B(I_2,L_2),\cdots$，以获得平稳自助观测值 $X_1^*,X_2^*,\cdots,X_{100}^*,\cdots$。

第四步，定义一个平稳的自助核估计量

$$\hat{H}_{100}^*(u)=\frac{\sum_{j=1}^{100}X_{j+1}^*K\left(\frac{u-X_j^*}{h}\right)}{\sum_{j=1}^{100}K\left(\frac{u-X_j^*}{h}\right)}$$

第五步，多次独立地重复第一、二、三、四步。

第六步，定义 $q^*_{\alpha/2}$ 和 $q^*_{1-\alpha/2}$ 分别作为平稳自助估计的$\frac{\alpha}{2}$和 $1-\frac{\alpha}{2}$分位数。

第七步，由于

$$\begin{aligned}1-\alpha &\approx P^*(q^*_{\alpha/2}-\hat{H}_{n,g}(u)\leqslant \hat{H}^*_n(u)-\hat{H}_{n,g}(u)\leqslant q^*_{1-\alpha/2}-\hat{H}_{n,g}(u))\\ &\approx P(q^*_{\alpha/2}-\hat{H}_{n,g}(u)\leqslant \hat{H}_n(u)-H(u)\leqslant q^*_{1-\alpha/2}-\hat{H}_{n,g}(u))\\ &= P(\hat{H}_n(u)-q^*_{1-\alpha/2}+\hat{H}_{n,g}(u)\leqslant H(u)\leqslant \hat{H}_n(u)-q^*_{\alpha/2}+\hat{H}_{n,g}(u))\end{aligned}$$

所以在每一点 $u_i(i=1,2,\cdots,17)$处的置信区间为

$$[\mathrm{CLO}^*_i,\mathrm{CUP}^*_i]=[\hat{H}_n(u_i)-q^*_{1-\alpha/2,i}+\hat{H}_{n,g}(u_i),\hat{H}_n(u_i)-q^*_{\alpha/2,i}+\hat{H}_{n,g}(u_i)]$$

下面构造窗宽 $h=0.4,g=0.5$ 时的无序自助置信区间。

第一步，通过下列算法估计残差 $\hat{\eta}_{i+1}=X_{i+1}-\hat{H}_n(X_i)$

```
for i=1 to 100
    for j=1 to 100
        w_ij=(X_i-X_j)/h
        d_i = Σ_{j=1}^{100} K(w_ij)
        n_i = Σ_{j=1}^{100} K(w_ij)X_{j+1}
    end
    if d_i=0,Ĥ_i=0
        else Ĥ_i=n_i/d_i
    end
    η̂_{i+1}=X_{i+1}-Ĥ_i
end
```

第二步，从两点分布 $\hat{G}_i$ 中抽取样本 η^w_i，其中

$$\hat{G}_i=\frac{1}{2}\delta_{\hat{\eta}_i}+\frac{1}{2}\delta_{(-\hat{\eta}_i)},\quad i=1,2,\cdots$$

第三步，定义新的观测值序列$\{X^w_1,X^w_2,\cdots,X^w_{100},\cdots\}$，其中

$$X^w_{i+1}=\hat{H}_{n,g}(X_i)+\eta^w_{i+1}$$

具体的算法为

```
for i=1 to 100
    for j=1 to 100
        w_ij=(X_i—X_j)/g
        d_i=Σ_{j=1}^{100} K(w_ij)
```

```
    nᵢ = Σ_{j=1}^{100} K(wᵢⱼ) X_{j+1}
  end
  if dᵢ=0, Ĥ_{g,i}=0
    else Ĥ_{g,i}=nᵢ/dᵢ
  end
  X^w_{i+1}=Ĥ_{g,i}+η^w_{i+1}
end
```

第四步，定义一个无序自助核估计量

$$\hat{H}_{100}^{w}(u)=\frac{\sum_{i=1}^{100}X_{i+1}^{w}K\left(\frac{u-X_i}{h}\right)}{\sum_{i=1}^{100}K\left(\frac{u-X_i}{h}\right)}$$

第五步，多次独立地重复第一、二、三、四步。

第六步，用 $q_{\alpha/2}^{w}$ 和 $q_{1-\alpha/2}^{w}$ 分别表示无序自助估计的 $\frac{\alpha}{2}$ 和 $1-\frac{\alpha}{2}$ 分位数。

第七步，与上面同样的方法，得到每点 $u_i(i=1,2,\cdots,17)$ 的置信区间

$$[\mathrm{CLO}_i^w,\mathrm{CUP}_i^w]=[\hat{H}_n(u_i)-q_{1-\alpha/2,i}^{w}+\hat{H}_{n,g}(u_i),\hat{H}_n(u_i)-q_{\alpha/2,i}^{w}+\hat{H}_{n,g}(u_i)]$$

对于 $\alpha=0.1$，在 100 个样本数据的情况下，90%的平稳自助置信区间和无序自助置信区间分别如图 3.2 和图 3.3 所示，且在表 3.1 和图 3.4 中，三种 90%的置信区间放在一起。图 3.5 和表 3.2 表示三种置信区间的长度。

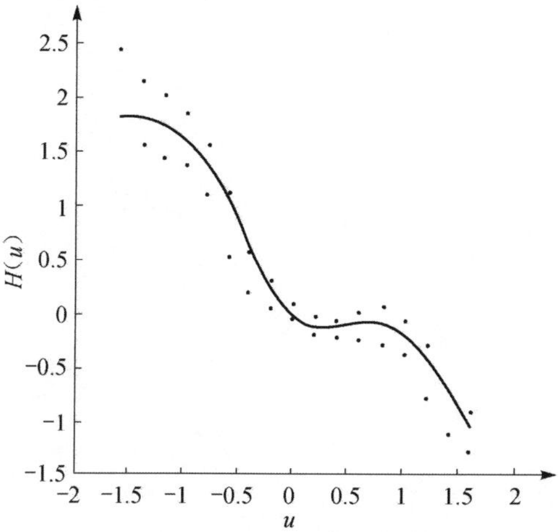

图 3.2　90%平稳自助置信区间

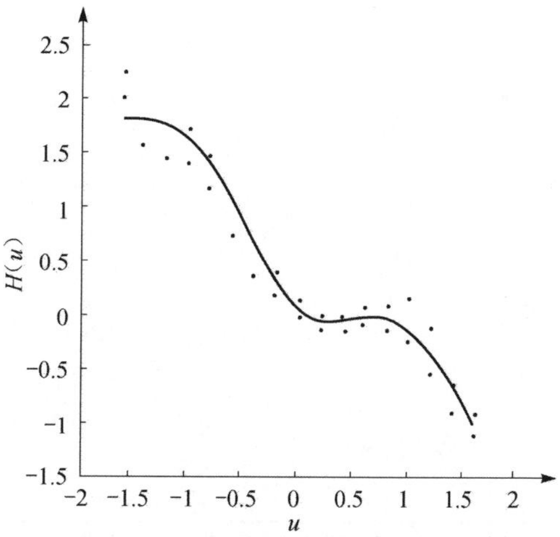

图 3.3　90%无序自助置信区间

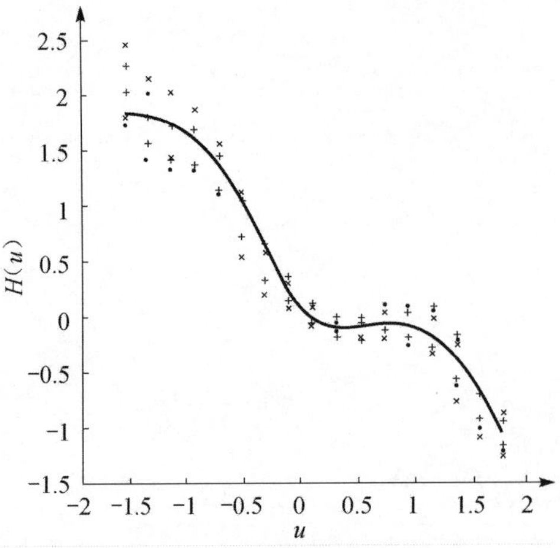

图 3.4　三种 90%的置信区间的比较

. 表示利用正态近似计算的置信区间；

×表示利用平稳自助法计算的置信区间；

＋表示利用无序自助法计算的置信区间

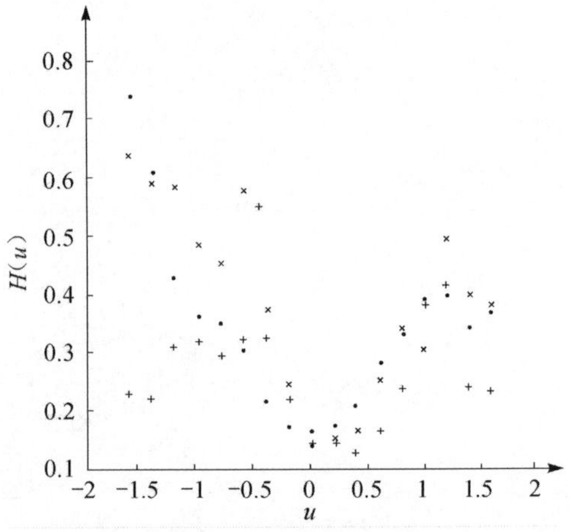

图 3.5　三种置信区间的长度

. 表示利用正态近似计算的置信区间的长度；

×表示利用平稳自助法计算的置信区间的长度；

＋表示利用无序自助法计算的置信区间的长度

表 3.2　三种置信区间的长度

u_i	NA	SB	WB
−1.6	0.7409	0.6359	0.2278
−1.4	0.6081	0.5893	0.2216
−1.2	0.4278	0.5838	0.3103
−1.0	0.3602	0.4846	0.3185
−0.8	0.3494	0.4520	0.2945
−0.6	0.3006	0.5756	0.3222
−0.4	0.2153	0.3713	0.3238
−0.2	0.1710	0.2453	0.2170
0.0	0.1609	0.1406	0.1430
0.2	0.1723	0.1516	0.1437
0.4	0.2069	0.1633	0.1254
0.6	0.2812	0.2535	0.1620
0.8	0.3304	0.3401	0.2359
1.0	0.3910	0.3075	0.3814
1.2	0.3966	0.4920	0.4128
1.4	0.3423	0.3997	0.2405
1.6	0.3662	0.3804	0.2312

由表 3.2 的结果可看出，在相同的置信水平(本书是 90%)下，从总体上来说无序自助估计的精度要比正态近似法和平稳自助法的高。正态近似法和平稳自助

法的精度各有千秋，但平稳自助法的区间长度的波动要平稳一点。

例 3.2　对于 $K=2$ 的情形，选择如下的自回归函数

$$H(u,v)=-0.5u-0.5v+\mathrm{e}^{-u^2}+\mathrm{e}^{-v^2}$$

$H(u,v)$的图形如图 3.6 所示。

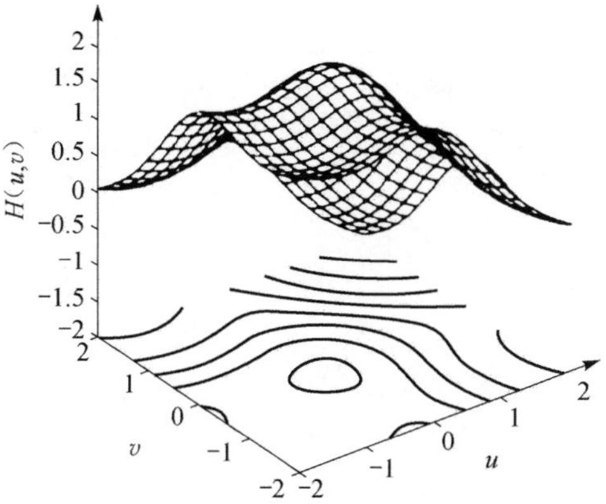

图 3.6　$H(u,v)$的图形

二阶非线性自回归过程的观测值$\{X_1,X_2,\cdots\}$由下式产生

$$X_{n+1}=H(X_{n-1},X_n)+\eta_{n+1},\quad n=1,2,\cdots$$

其中，$X_0=0$，$X_1=0$ 且$\{\eta_n|n\geqslant 1\}$是具有零均值，方差为 σ^2 的独立同正态分布的序列，具有 400 个观测值$\{(\boldsymbol{Y}_i,X_{i+2})|i=1,2,\cdots,400\}$的核自回归估计量为

$$\hat{H}_{400}(\boldsymbol{u})=\frac{\sum_{i=1}^{400}X_{i+2}K((\boldsymbol{u}-\boldsymbol{Y}_i)/h)}{\sum_{i=1}^{400}K((\boldsymbol{u}-\boldsymbol{Y}_i)/h)}$$

$\boldsymbol{Y}_i=(X_i,X_{i+1})$，$\boldsymbol{u}=(u,v)$，其中可选择满足条件$(K)$，$(K)'$和$(K)''$的核函数 K。

首先，利用正态近似得到的逐点置信区间可按照 2.2.3 的注 3 的方法构造。对于窗宽 $h=0.8$，随机误差的方差 $\sigma^2=0.5$，在 $\mathbf{R}^2$ 上选择四次方核函数

$$K(u,v)=\left(\frac{15}{16}\right)^2(1-u^2)^2(1-v^2)^2 I_{(|u|\leqslant 1,\,|v|\leqslant 1)}$$

则在 25 个网格点 $\boldsymbol{u}=(u_i,v_l)$，$i=1,\cdots,5$；$l=1,\cdots,5$ 上利用正态近似所作的 90% 逐点置信区间如表 3.3 所示。

表 3.3 90%的置信区间

(u_i,v_j)	$H(u_i)$	$(\text{CLO}_i,\text{CUP}_i)$	$(\text{CLO}_i^*,\text{CUP}_i^*)$	$(\text{CLO}_i^w,\text{CUP}_i^w)$
(−1,−1)	1.7358	(1.5302,2.2542)	(1.7790,2.0861)	(1.5990,1.9631)
(−1,−0.5)	1.8967	(1.9074,2.3501)	(2.0356,2.2872)	(1.9674,2.3801)
(−1,0)	1.8679	(1.8217,2.2175)	(1.8914,2.1869)	(1.8490,2.2781)
(−1,0.5)	1.3967	(1.2596,1.6842)	(1.3116,1.6445)	(1.2414,1.6430)
(−1,1)	0.7538	(0.6902,1.1864)	(0.8316,1.0769)	(0.6005,1.1421)
(−0.5,−1)	1.8967	(1.5264,2.2831)	(1.8125,2.1368)	(1.5896,2.0591)
(−0.5,−0.5)	2.0576	(1.9239,2.3436)	(2.0710,2.2526)	(2.0058,2.3650)
(−0.5,0)	2.0288	(1.8764,2.2132)	(1.9096,2.1668)	(1.9624,2.2527)
(−0.5,0.5)	1.5576	(1.3347,1.6775)	(1.2825,1.7105)	(1.3438,1.7012)
(−0.5,1)	0.8967	(0.7250,1.1122)	(0.7672,1.1085)	(0.6454,1.0884)
(0,−1)	1.8679	(1.6514,2.2493)	(1.6437,2.2307)	(1.7003,2.5219)
(0,−0.5)	2.0288	(1.7759,2.2204)	(1.8422,2.1799)	(1.8491,2.3440)
(0,0)	2.0000	(1.7086,2.0857)	(1.7742,2.0200)	(1.8963,2.1979)
(0,0.5)	1.5288	(1.3426,1.6927)	(1.3619,1.6930)	(1.4905,1.8355)
(0,1)	0.8679	(0.5649,0.9261)	(0.6058,0.8944)	(0.6035,0.9145)
(0.5,−1)	1.3967	(1.2840,1.7467)	(1.2407,1.7161)	(1.2547,1.8151)
(0.5,−0.5)	1.5576	(1.4595,1.8725)	(1.4463,1.7694)	(1.4825,2.0032)
(0.5,0)	1.5288	(1.1917,1.5677)	(1.1801,1.5544)	(1.2920,1.6576)
(0.5,0.5)	1.0576	(0.8532,1.1815)	(0.7828,1.2175)	(0.8911,1.2891)
(0.5,1)	0.3967	(0.1678,0.5094)	(0.2455,0.4361)	(0.0917,0.4489)
(1,−1)	0.7358	(0.4234,0.9159)	(0.6161,0.8506)	(0.3404,0.7833)
(1,−0.5)	0.8967	(0.5132,0.9227)	(0.6053,0.8572)	(0.5712,0.9016)
(1,0)	0.8679	(0.5654,0.9336)	(0.5928,0.8757)	(0.6153,1.0374)
(1,0.5)	0.3967	(0.3884,0.7244)	(0.3522,0.7158)	(0.3515,0.7488)
(1,1)	−0.2642	(−0.1675,0.2292)	(−0.0829,0.1753)	(−0.2328,0.0480)

其次,按下列步骤构造 25 个网格点上的平稳自助置信区间,取 $h=0.8,g=0.85,p=0.05$。如果 $i>400$,则 $\boldsymbol{Y}_i$ 可看成 $\boldsymbol{Y}_{i-400q}(q>0)$。

第一步,在$\{1,2,\cdots,400\}$上生成独立同分布的离散均匀随机变量 $I_1,I_2,\cdots,I_{400}$,

$$P^*(I_1=i)=\frac{1}{400},\quad i=1,2,\cdots,400$$

第二步,生成 400 个具有 $p=0.05$ 的独立同几何分布随机变量 $L_1,L_2,\cdots,L_{400}$,

$$P^*(L_1=l)=p(1-p)^{l-1}$$

第三步，对于$\boldsymbol{Y}_i=(X_i,X_{i+1}),i=1,2,\cdots$，定义区组

$$B(I_i,L_i)=\{\boldsymbol{Y}_{I_i},\boldsymbol{Y}_{I_i+1},\cdots,\boldsymbol{Y}_{I_i+L_i-1}\},i=1,2,\cdots$$

且将元素排列成$B(I_1,L_1),B(I_2,L_2),\cdots$，以获得平稳自助法的观测值

$$\boldsymbol{Y}_1^*,\boldsymbol{Y}_2^*,\cdots,\boldsymbol{Y}_{400}^*,\cdots$$

第四步，定义一个平稳自助核估计量

$$\hat{H}_{400}^*(\boldsymbol{u})=\frac{\sum_{j=1}^{400}X_{j+2}^*K\left(\frac{\boldsymbol{u}-\boldsymbol{Y}_j^*}{h}\right)}{\sum_{j=1}^{400}K\left(\frac{\boldsymbol{u}-\boldsymbol{Y}_j^*}{h}\right)}$$

其中，X_{j+2}^*是$\boldsymbol{Y}_{j+1}^*$的第二个坐标。

第五步，多次独立地重复第一、二、三、四步。

第六步，用$q_{\alpha/2}^*$和$q_{1-\alpha/2}^*$分别表示平稳自助估计的$\frac{\alpha}{2}$和$1-\frac{\alpha}{2}$分位数。

第七步，由于

$$\begin{aligned}1-\alpha&\approx P^*(q_{\alpha/2}^*-\hat{H}_{n,g}(\boldsymbol{u})\leqslant\hat{H}_n^*(\boldsymbol{u})-\hat{H}_{n,g}(\boldsymbol{u})\leqslant q_{1-\alpha/2}^*-\hat{H}_{n,g}(\boldsymbol{u}))\\&\approx P(q_{\alpha/2}^*-\hat{H}_{n,g}(\boldsymbol{u})\leqslant\hat{H}_n(\boldsymbol{u})-H(\boldsymbol{u})\leqslant q_{1-\alpha/2}^*-\hat{H}_{n,g}(\boldsymbol{u}))\\&=P(\hat{H}_n(\boldsymbol{u})-q_{1-\alpha/2}^*+\hat{H}_{n,g}(\boldsymbol{u})\leqslant H(\boldsymbol{u})\leqslant\hat{H}_n(\boldsymbol{u})-q_{\alpha/2}^*+\hat{H}_{n,g}(\boldsymbol{u}))\end{aligned}$$

所以在每一点$\boldsymbol{u}_{il}(i=1,\cdots,5;l=1,\cdots,5)$处的置信区间为

$$[\mathrm{CLO}_i^*,\mathrm{CUP}_i^*]=[\hat{H}_n(\boldsymbol{u}_{il})-q_{1-\alpha/2,il}^*+\hat{H}_{n,g}(\boldsymbol{u}_{il}),\hat{H}_n(\boldsymbol{u}_{il})-q_{\alpha/2,il}^*+\hat{H}_{n,g}(\boldsymbol{u}_{il})]$$

表3.3中列出了90%平稳置信区间的计算结果。

最后，对于$h=0.8,g=0.85$，可以按照下列步骤构造无序自助估计的置信区间。

第一步，通过公式$\hat{\eta}_{i+2}^*=X_{i+2}-\hat{H}_n(X_i,X_{i+1})$及下列算法估计残差$\hat{\eta}_{i+2}$，其中，算法中的$K$是一维四次核函数。

```
for i=1 to 400
    for j=1 to 400
        w_ij=(X_i-X_j)/h
        t_ij=(X_i+1-X_j+1)/h
```

$$d_i=\sum_{j=1}^{400}K(w_{ij})K(t_{ij})$$

$$n_i=\sum_{j=1}^{100}K(w_{ij})K(t_{ij})X_{j+2}$$

```
    end
    if d_i=0,Ĥ_i=0
        else Ĥ_i=n_i/d_i
    end
    η̂_{i+2}=X_{i+2}-Ĥ_i
end
```

第二步，从两点分布 $\hat{G}_i=\frac{1}{2}\delta_{\hat{\eta}_i}+\frac{1}{2}\delta_{(-\hat{\eta}_i)}$，$i=1,2,\cdots$ 中抽取样本 η_i^w。

第三步，通过下列算法定义新的观测值序列 $\{X_1^w, X_2^w, \cdots, X_{400}^w, \cdots\}$

$$X_{i+2}^w = \hat{H}_{n,g}(X_i, X_{i+1}) + \eta_{i+2}^w$$

具体的算法为

```
for i=1 to 400
    for j=1 to 400
        w_ij=(X_i-X_j)/g
        t_ij=(X_{i+1}-X_{j+1})/g
        d_i=Σ_{j=1}^{400} K(w_ij)K(t_ij)
        n_i=Σ_{j=1}^{100} K(w_ij)K(t_ij)X_{j+2}
    end
    if d_i=0,Ĥ_{g,i}=0
        else Ĥ_{g,i}=n_i/d_i
    end
    X^w_{i+2}=Ĥ_{g,i}+η^w_{i+2}
end
```

第四步，对于 $\boldsymbol{Y}_i=(X_i, X_{i+1})$ 定义一个无序自助核估计量

$$\hat{H}_{400}^w(\boldsymbol{u}) = \frac{\sum_{i=1}^{400} X_{i+2}^w K\left(\frac{\boldsymbol{u}-\boldsymbol{Y}_i}{h}\right)}{\sum_{i=1}^{400} K\left(\frac{\boldsymbol{u}-\boldsymbol{Y}_i}{h}\right)}$$

第五步，多次独立地重复第一、二、三、四步。

第六步，用 $q_{\alpha/2}^w$ 和 $q_{1-\alpha/2}^w$ 分别表示无序自助估计的 $\frac{\alpha}{2}$ 和 $1-\frac{\alpha}{2}$ 分位数。

第七步，与上面方法一样，得到每点 $\boldsymbol{u}_{il}=(u_i, u_l)$ 的置信区间

$$[\mathrm{CLO}_{il}^{w},\mathrm{CUP}_{il}^{w}]=[\hat{H}_n(\boldsymbol{u}_{il})-q_{1-\alpha/2,il}^{w}+\hat{H}_{n,g}(\boldsymbol{u}_{il}),\hat{H}_n(\boldsymbol{u}_{il})-q_{\alpha/2,il}^{w}+\hat{H}_{n,g}(\boldsymbol{u}_{il})]$$

表 3.3 提供了 90%的自助置信区间(通过上述步骤得到的 100 个自助样本)。图 3.7(a)和图 3.7(b)分别表示在 $u=u_2$ 和 $u=u_4$ 时 $H(u,v)$的图形以及在(u_i,u_l)处三种方法 90%的置信区间。表 3.4 表示三种置信区间的长度。

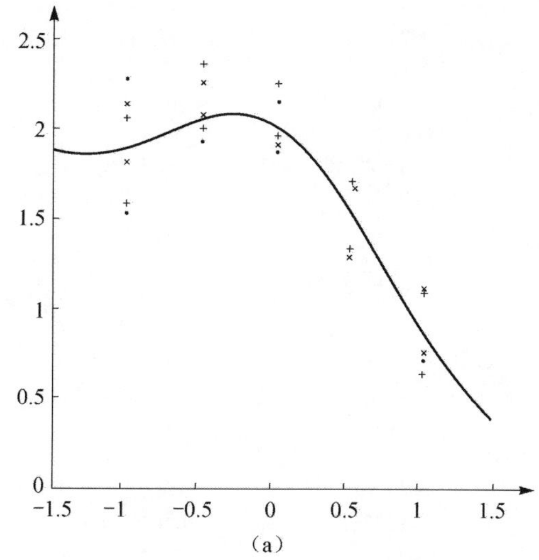

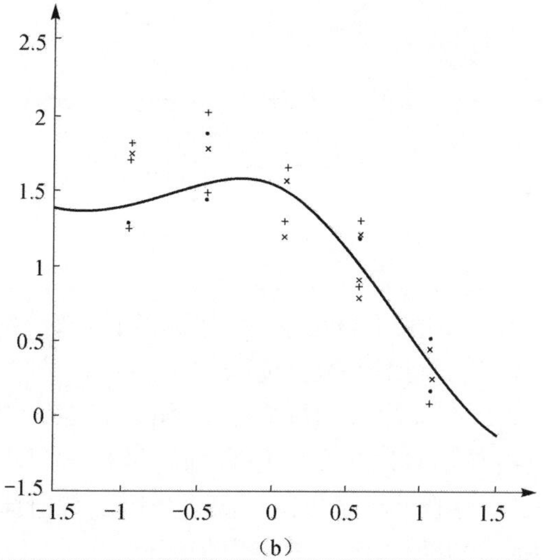

图 3.7　$u_2=-0.5$ 时(a)和 $u_2=0.5$ 时(b)90%的置信区间

. 表示利用正态近似计算的置信区间;

×表示利用平稳自助法计算的置信区间;

+表示利用无序自助法计算的置信区间

表 3.4　三种 90%置信区间的长度

(u_i, v_j)	NA	SB	WB
(−1,−1)	0.7240	0.3070	0.3641
(−1,−0.5)	0.4427	0.2506	0.4127
(−1,0)	0.3958	0.2955	0.4291
(−1,0.5)	0.4245	0.3329	0.4017
(−1,1)	0.4962	0.2454	0.5416
(−0.5,−1)	0.7567	0.3243	0.4695
(−0.5,−0.5)	0.4197	0.1816	0.3592
(−0.5,0)	0.3368	0.2572	0.2883
(−0.5,0.5)	0.3428	0.4280	0.3574
(−0.5,1)	0.3872	0.3413	0.4430
(0,−1)	0.5979	0.5870	0.8216
(0,−0.5)	0.4445	0.3377	0.4949
(0,0)	0.3771	0.2458	0.3016
(0,0.5)	0.3501	0.3311	0.3450
(0,1)	0.3612	0.2886	0.3111
(0.5,−1)	0.4627	0.4754	0.5604
(0.5,−0.5)	0.4129	0.3231	0.5207
(0.5,0)	0.3760	0.3743	0.3656
(0.5,0.5)	0.3284	0.4347	0.3980
(0.5,1)	0.3416	0.1907	0.3572
(1,−1)	0.4925	0.2345	0.4429
(1,−0.5)	0.4096	0.2519	0.3304
(1,0)	0.3682	0.2829	0.4221
(1,0.5)	0.3360	0.3636	0.3973
(1,1)	0.3968	0.2581	0.2808

3.5　小结

本章首先利用 Politis 等(1994)和 Härdle 等(1989)介绍的平稳自助法和无序自助法的基本思想,讨论了利用非参数自助过程如何构造非线性自回归曲线的置信区域的问题。其次证明了利用平稳自助法构造的非线性自回归模型(3.1.1)的核估计量是有效的。再次将无序自助法应用到非线性自回归核估计量,也得出相应的结果。最后给出由平稳自助法和无序自助法导出的自助置信区间的算法设计,并在一阶和二阶非线性自回归模型的情况下进行了数值仿真计算,将计算结果与第 2 章讨论的利用正态近似求出的逐点置信区间进行了比较。由此可看出,在相同的置信水平下,自助置信区间的精度要高于正态近似置信区间的精度。

可进一步从理论上讨论三种方法导出置信区间的精度高低,同时可将本章的研究结果与实际问题结合起来进行更深入的探讨。

第 4 章　阶的误设效应

本章首先考虑模型的阶 K 取不同的值时，非参数核估计量的效应，即考虑在平稳自助法的情形下，讨论 $K'>K$ 和 $K'<K$ 的两种情况对估计量的影响。其次讨论平稳线性时间序列模型中的阶 $K\to+\infty$ 时的误设效应，Kunitomo 等(1985)和 Bhansali(1981)已经研究了在平稳线性时间序列模型中阶的误设的主要影响，他们推导出了最小二乘估计的偏差和均方误差的公式以及在误设的模型中第 h 期向前预测的 MSE，本书讨论 $K\to+\infty$ 时的情形，得到相应的结果。

4.1　非线性自回归过程的阶

在前面章节中已经假设固定的 K 是非线性自回归过程$\{X_n|n\geqslant 1\}$的阶

$$X_{n+1}=H(X_{n+1-k},\cdots,X_{n-1},X_n)+\eta_{n+1}(n\geqslant k-1) \tag{4.1.1}$$

然而，一般情况下并不知道一个模型的真实的阶数。本章考虑模型的阶 K 取不同的值时，非参数核估计量的效应，一种情形考虑取 $K'>K$，且当 $n\to+\infty$ 时，K' 以更慢的速度趋于$+\infty$；另一种情形是考虑取 $K'<K$ 的情形。本节讨论在平稳自助法的情况下，两种情形对估计量的影响。

对一个固定的 $K'>K$，如取 $K'=K+l,l>0$，且固定 $\boldsymbol{u}'=(u_1,u_2,\cdots,u_k,\cdots,u_{K'})\in\mathbf{R}^{K'}$，

$$\begin{aligned}&H_1(u_1,u_2,\cdots,u_k,\cdots,u_{K'})=E[X_{n+K'}\mid X_n=u_1,X_{n+1}=u_2,\cdots,X_{n+K'-1}=u_{K'}]\\&=E[X_{n+K+l}\mid X_n=u_1,X_{n+1}=u_2,\cdots,X_{n+K+l-1}=u_{K+l}]\\&=E[H(X_{n+l},\cdots,X_{n+l+K-1})+\eta_{n+K+l}\mid X_n=u_1,X_{n+1}=u_2,\cdots,X_{n+K+l-1}=u_{K+l}]\\&=H(u_{1+l},u_{2+l},\cdots,u_{k+l})=H(u_{1+K'-K},u_{2+K'-K},\cdots,u_{K'})\end{aligned}$$

它表示向量$(u_1,u_2,\cdots,u_{K'})$的最后 K 个坐标，因此可考虑用式(4.1.2)替代式(4.1.1)

$$X_{n+1}=H(X_n,X_{n-1},\cdots,X_{n+1-k})+\eta_{n+1}\quad(n\geqslant k-1) \tag{4.1.2}$$

则有

$$\begin{aligned}&H_1(u_1,u_2,\cdots,u_k,\cdots,u_{K'})=E[X_{n+K'}\mid X_{n+K'-1}=u_1,\cdots,X_n=u_{K'}]\\&=E[H(X_{n+K'-1},\cdots,X_{n+K'-K})+\eta_{n+K'}\mid X_{n+K'-1}=u_1,\cdots,X_n=u_{K'}]\\&=H(u_1,u_2,\cdots,u_k)\end{aligned}$$

其中，$H_1=H\circ\varphi_{K',K}$，而 $\varphi_{K',K}:\mathbf{R}^{K'}\times\mathbf{R}^{K}$ 是从 $\boldsymbol{u}'=(u_1,\cdots,u_k,\cdots,u_{K'})$ 到 $\boldsymbol{u}=(u_1,\cdots,u_k)$ 的一个投影。

假设 $\mathbf{R}^{K'}$ 上的 H_1，K_1 和 h 与 $\mathbf{R}^{K}$ 上的 H，K 和 h 具有同样的性质，如对 $K'>K$ 来说，假设当 $n\to+\infty$ 时，有 $nh^{K'}\to+\infty$。

$(H1)$ H_1 是一个具有一阶和二阶导数且有界的二次连续可微的函数，同时存在常数 $c\geqslant 0$，$R>0$，$a_i>0$ $(i=1,2,\cdots,K')$，使得 $\sum\limits_{i=1}^{K'}a_i<1$，$|H_1(\boldsymbol{y}')|\leqslant\sum\limits_{i=1}^{K'}a_i|y_i|+c$，$|\boldsymbol{y}'|\geqslant R$，$\boldsymbol{y}'=(y_1,y_2,\cdots,y_{K'})\in\mathbf{R}^{K'}$，且 $H_1=H\circ\varphi_{K',K}$；

$(K1)$ $K_1(\boldsymbol{x}')\leqslant M<+\infty$，$K_1(-\boldsymbol{x}')=K_1(\boldsymbol{x}')$，$K_1$ 有一个紧支撑。

同理假设(g)如第 2 章所述。

H_1 的非参数核自回归估计量为

$$\hat{H}_{1,h}(\boldsymbol{u}')=\frac{\sum\limits_{i=1}^{n}X_{K'+i}K_1\left(\dfrac{\boldsymbol{u}'-\boldsymbol{Y}_i'}{h}\right)}{\sum\limits_{i=1}^{n}K_1\left(\dfrac{\boldsymbol{u}'-\boldsymbol{Y}_i'}{h}\right)},\quad \boldsymbol{u}'\in\mathbf{R}^{K'} \tag{4.1.3}$$

其中

$$\boldsymbol{Y}_i'=(X_{i+K'-1},X_{i+K'-2},\cdots,X_i)\quad(i=1,2,\cdots,n) \tag{4.1.4}$$

具有观测值$\{X_1,\cdots,X_n,\cdots,X_{n+K},\cdots,X_{n+K'}\}$，如$\{(\boldsymbol{Y}_1',X_{1+K'}),\cdots,(\boldsymbol{Y}_n',X_{n+K'})\}$。由于$\{\boldsymbol{Y}_i\equiv(X_{i+K-1},X_{i+K-2},\cdots,X_i)\mid i\geqslant 1\}$是平稳的，而 $\boldsymbol{Y}_i'$ 是$(\boldsymbol{Y}_i,\boldsymbol{Y}_{i+1},\cdots,\boldsymbol{Y}_{i+K'-K})$的一个连续函数，所以$\{\boldsymbol{Y}_i'\mid i\geqslant 1\}$也是平稳的。

对于固定的 $K'>K$，根据定理 2.2.1，当 $n\to+\infty$ 时，$\hat{H}_{1,h}(\boldsymbol{u}')$ 依概率几乎必然收敛到 $H_1(\boldsymbol{u}')=H(\boldsymbol{u})$ 且如果 $h=O(n^{-\frac{1}{4+K'}})$，则当 $n\to+\infty$ 时，有

$$\sqrt{nh^{K'}}[\hat{H}_{1,n}(\boldsymbol{u}')-H(\boldsymbol{u})]\xrightarrow{L}N(b_1(\boldsymbol{u}'),\sigma_1^2(\boldsymbol{u}'))$$

其中，

$$b_1(\boldsymbol{u}')=\frac{c}{f_1(\boldsymbol{u}')}\sum_{i,j=1}^{K'}\left\{D_iH_1(\boldsymbol{u}')D_jf_1(\boldsymbol{u}')+\frac{1}{2}f_1(\boldsymbol{u}')D_{ij}H_1(\boldsymbol{u}')\right\}\int z_iz_jK_1(\boldsymbol{z}')\mathrm{d}\boldsymbol{z}' \tag{4.1.5}$$

$$\sigma_1^2(\boldsymbol{u}')=\frac{1}{f_1(\boldsymbol{u}')}E\eta_1^2\int K_1^2(\boldsymbol{z}')\mathrm{d}\boldsymbol{z}' \tag{4.1.6}$$

f_1 是 $\boldsymbol{Y}_i'=(X_{i+K'-1},X_{i+K'-2},\cdots,X_i)$的密度函数，$c$ 为常数。

如果当 $n\to+\infty$ 时，$K'\equiv K_n\to+\infty$，则在 $\boldsymbol{u}'\equiv(u_1,\cdots,u_k,\cdots,u_{K'})$上需要一些一致收敛的条件。令 $D(\equiv D_K)$是式(2.1.3)中 $\mathbf{R}^K$ 上的一个紧子集，即$\sup\limits_{\boldsymbol{u}\in D}|H_n'(\boldsymbol{u})-$

$H(\boldsymbol{u})$|几乎必然收敛到 0。假设存在一个集合序列$\{D_{K'}(\equiv D_{K_n})|K'\geqslant K\}$，其中，$D_{K'}$是$\mathbf{R}^{K'}$的一个紧子集使得对每一个$K'\geqslant K$有$\varphi_{K',K}(D_{K'})=D$，那么，任意$\boldsymbol{u}'\in D_{K'}$，当$n\to+\infty(K'\to+\infty)$时，有

$$\sup_{\boldsymbol{u}'\in D_{K'}}|\hat{H}_{1,n}(\boldsymbol{u}')-H_1(\boldsymbol{u}')|\to 0 \text{ 几乎必然收敛}$$

$$\sup_{\boldsymbol{u}'\in D_{K'}}|\hat{H}_{1,n}(\boldsymbol{u}')-H(\boldsymbol{u})|\to 0 \text{ 几乎必然收敛}$$

其中，$\boldsymbol{u}\equiv(u_1,\cdots,u_k)$是$\boldsymbol{u}'$的前$K$个坐标$(K'\geqslant K)$。但如果用式(4.1.1)替代式(4.1.2)且称式(4.1.3)中的$\boldsymbol{Y}_i'$是前移向量，则需要一个投影后K个坐标的映射，即$\varphi_{K',K}:\mathbf{R}^{K'}\times\mathbf{R}^{K}$，$\boldsymbol{u}'\equiv(u_1,\cdots,u_{K'})\mapsto(u_{K'-K+1},\cdots,u_{K'})$，那么当$n\to+\infty(K'\to+\infty)$时，$\hat{H}_{1,n}(\boldsymbol{u}')$不收敛到$H(\boldsymbol{u})$，因此必须要考虑式(4.1.2)和式(4.1.4)。

对于估计量的渐近正态性，当$K'\to+\infty$时，为了得到式(4.1.5)和式(4.1.6)中的偏差和方差收敛，首先，需要假设核函数$K_1=K_{K'}(K'\geqslant K)$使当$K'\to+\infty$时，$\int K_1^2(\boldsymbol{z}')\mathrm{d}\boldsymbol{z}'$和$\int z_iz_jK_1(\boldsymbol{z}')\mathrm{d}\boldsymbol{z}'$收敛，其中$\boldsymbol{z}'=(z_1,\cdots,z_{K'})$。其次，令

$$\hat{f}_{1,n}(\boldsymbol{u}')=\frac{1}{nh^{K'}}\sum_{i=1}^{n}K_1\left(\frac{\boldsymbol{u}'-\boldsymbol{Y}_i'}{h}\right) \tag{4.1.7}$$

$\hat{f}_{1,n}(\boldsymbol{u}')$是$f_1(\boldsymbol{u}')$的一个相合估计量，且当$n\to+\infty(K'\to+\infty)$时，$\hat{f}_{1,n}(\boldsymbol{u}')-f_1(\boldsymbol{u}')$依概率收敛到 0。下面证明在假设$f_1$是一致连续的条件下，任意$\boldsymbol{u}'\in\mathbf{R}^{K'}$，$E\hat{f}_{1,n}(\boldsymbol{u}')-f_1(\boldsymbol{u}')$一致收敛到 0。

$$\begin{aligned}
E\hat{f}_{1,n}(\boldsymbol{u}')-f_1(\boldsymbol{u}')&=\frac{1}{h^{K'}}EK_1\left(\frac{\boldsymbol{u}'-\boldsymbol{Y}_i'}{h}\right)-f_1(\boldsymbol{u}')\\
&=\frac{1}{h^{K'}}\int K_1\left(\frac{\boldsymbol{u}'-\boldsymbol{y}'}{h}\right)f_1(\boldsymbol{y}')\mathrm{d}\boldsymbol{y}'-f_1(\boldsymbol{u}')\int K_1(\boldsymbol{y}')\mathrm{d}\boldsymbol{y}'\\
&=\int\frac{1}{h^{K'}}K_1\left(\frac{\boldsymbol{z}'}{h}\right)f_1(\boldsymbol{u}'+\boldsymbol{z}')\mathrm{d}\boldsymbol{z}'-\int\frac{1}{h^{K'}}K_1(\boldsymbol{z}'/h)f_1(\boldsymbol{u}')\mathrm{d}\boldsymbol{z}'\\
&=\int\frac{1}{h^{K'}}K_1\left(\frac{\boldsymbol{z}'}{h}\right)(f_1(\boldsymbol{u}'+\boldsymbol{z}')-f_1(\boldsymbol{u}'))\mathrm{d}\boldsymbol{z}'\\
&=\int\frac{1}{h^{K'}}K_1\left(\frac{\boldsymbol{z}'}{h}\right)(f_1(\boldsymbol{u}'+\boldsymbol{z}')-f_1(\boldsymbol{u}'))\mathrm{d}\boldsymbol{z}'\\
&=\int_{|\boldsymbol{z}'|\leqslant\delta}\frac{1}{h^{K'}}K_1\left(\frac{\boldsymbol{z}'}{h}\right)(f_1(\boldsymbol{u}'+\boldsymbol{z}')-f_1(\boldsymbol{u}'))\mathrm{d}\boldsymbol{z}'\\
&\quad+\int_{|\boldsymbol{z}'|>\delta}\frac{1}{h^{K'}}K_1\left(\frac{\boldsymbol{z}'}{h}\right)(f_1(\boldsymbol{u}'+\boldsymbol{z}')-f_1(\boldsymbol{u}'))\mathrm{d}\boldsymbol{z}'(\delta>0)\\
&=I_1+I_2
\end{aligned} \tag{4.1.8}$$

式(4.1.8)中的第一个积分

$$I_1 \leqslant \left| \int_{|z'|\leqslant\delta} \frac{1}{h^{K'}} K_1\left(\frac{z'}{h}\right)(f_1(u'+z')-f_1(u'))\mathrm{d}z' \right|$$
$$\leqslant \sup_{|z'|\leqslant\delta} |f_1(u'+z')-f_1(u')| \int_{|z'|\leqslant\delta} \frac{1}{h^{K'}} \left|K_1\left(\frac{z'}{h}\right)\right| \mathrm{d}z'$$
$$\leqslant \sup_{|z'|\leqslant\delta} |f_1(u'+z')-f_1(u')| \int \left|K_1\left(\frac{z'}{h}\right)\right| \mathrm{d}z' \to 0$$

在 f_1 是一致连续的条件下，上式在 u' 上一致地成立。令 $y'=z'/h$，则当 $n\to+\infty$ $(h\to 0)$ 时，

$$I_2 = \int_{|y'|>\delta/h} K_1(y')(f_1(u'+hy')-f_1(u'))\mathrm{d}y'$$
$$= \int_{|y'|>\delta/h} K_1(y')(hy'\cdot\nabla f_1(u')+O(h^2))\mathrm{d}y'$$
$$= \int_{|y'|>\delta/h} K_1(y')\cdot hy'\cdot\nabla f_1(u')\mathrm{d}y'+O(h^2))$$

在 u' 上一致收敛于 0。所以，当 $n\to+\infty(K'\to\infty)$ 时，在 u' 上依概率一致地有

$$\hat{f}_{1,n}(u')-f_1(u')\to 0 \tag{4.1.9}$$

再次，重述 $\sigma_1^2(u')=\frac{1}{f_1(u')}E\eta_1^2\int K_1^2(z')\mathrm{d}z'$，令

$$\hat{\sigma}_{1,n}^2(u')=\frac{1}{\hat{f}_{1,n}(u')}\hat{J}_n(u)\int K_1^2(z')\mathrm{d}z' \tag{4.1.10}$$

其中，$\hat{J}_n(u)=\frac{1}{n}\sum_{i=1}^{n}(X_{K+i}-\hat{H}_n(Y_i))^2$ 是 $E\eta_1^2$ 的相合估计。当 $n\to+\infty(K'\to+\infty)$ 时，在 u' 上一致地有 $\hat{\sigma}_{1,n}^2(u')-\sigma_1^2(u')\to 0$ 依概率收敛。

最后，如果 H_1 和 f_1 是一致连续的，则 H_1 和 f_1 的导数估计将是 H_1 和 f_1 估计的导数。因此可以通过这些导数构造偏差估计 $\hat{b}_{1,n}(u')$

$$\hat{b}_{1,n}(u')=\frac{c}{\hat{f}_{1,n}(u')}\sum_{i,j=1}^{K'}\left\{D_i\hat{H}_{1,n}(u')D_j\hat{f}_{1,n}(u')+\frac{1}{2}\hat{f}_{1,n}(u')D_{ij}\hat{H}_{1,n}(u')\right\}\int z_iz_jK_1(z')\mathrm{d}z' \tag{4.1.11}$$

假设核函数 K_1 是二次连续可导的，则当 $n\to+\infty(K'\to+\infty)$ 时，在 u' 上一致地有 $\hat{b}_{1,n}(u')-b_1(u')\to 0$ 依概率收敛，因此在上述假设下当 $n\to+\infty(K'\to+\infty)$ 时，便有

$$\frac{1}{\hat{\sigma}_{1,n}(u')}\left[\sqrt{nh^{K'}}(\hat{H}_{1,n}(u')-H(u))-\hat{b}_{1,n}(u')\right]\xrightarrow{L} N(0,1)$$

现在要考虑的是 $K'\to+\infty$ 的速度，以使正态近似能够成立。如定理 2.2.1 的

(2)中那样，$\hat{H}_{1,n}(\boldsymbol{u}')$的均方误差 $\mathrm{MSE}[\hat{H}_{1,n}(\boldsymbol{u}')]=O\left(\dfrac{1}{nh^{K'}}\right)$。将会发现当 $K'\to+\infty$，$K'<n$ 且 $h\to 0$ 时 K'依赖于 n 使得 $nh^{K'}\to+\infty$且

$$h=O(n^{-\frac{1}{4+K'}})\tag{4.1.12}$$

对于两个序列 α 和 β，如果$\dfrac{\alpha}{\beta}\to 0$，则记 $\alpha\ll\beta$；若$\dfrac{\alpha}{\beta}\to c$，记 $\alpha\approx\beta$，常数 $c>0$。

首先，对于 $0<p<1$，假设 $nh^{K'}\approx n^p$，则有 $h^{K'}\approx n^{p-1}$，且

$$K'\approx(p-1)\frac{\ln n}{\ln h}\to+\infty\tag{4.1.13}$$

则

$$\frac{\ln h}{\ln n}\to 0\tag{4.1.14}$$

由式(4.1.12)知 $h=\varepsilon n^{-\frac{1}{4+K'}}$，其中，$\varepsilon$ 是一个常数或者 $\varepsilon\to 0$，

$$\ln h=\ln\varepsilon-\frac{1}{4+K'}\ln n\Rightarrow\frac{\ln h}{\ln n}=\frac{\ln\varepsilon}{\ln n}-\frac{1}{4+K'}$$

由式(4.1.14)及 $K'\to+\infty$，得到$\dfrac{\ln\varepsilon}{\ln n}\to 0$。如果 ε 是一个常数，则对任意的 $K'\to+\infty$，都有 $\dfrac{\ln\varepsilon}{\ln n}\to 0$；如果 $\varepsilon\to 0$，假设 $\ln\varepsilon=-(\ln n)^{1-q}$ $(0<q<1)$，则 $\varepsilon=\exp[-(\ln n)^{1-q}]\to 0(n\to+\infty)$，且有$\dfrac{\ln\varepsilon}{\ln n}=-\dfrac{1}{(\ln n)^q}\to 0$，所以

$$\frac{\ln h}{\ln n}=-\frac{1}{(\ln n)^q}-\frac{1}{4+K'}=-\frac{(4+K')+(\ln n)^q}{(\ln n)^q(4+K')}\tag{4.1.15}$$

则式(4.1.13)的右端是

$$(1-p)\frac{(\ln n)^q(4+K')}{(4+K')+(\ln n)^q}\tag{4.1.16}$$

考虑下面三种情形。

情形 1　如果$(4+K')\ll(\ln n)^q$，$\dfrac{4+K'}{(\ln n)^q}\to 0$，则式(4.1.16)为

$$(1-p)\frac{4+K'}{(4+K')/(\ln n)^q+1}\approx K'$$

正好是式(4.1.13)的左侧；

情形 2　如果$(4+K')\approx(\ln n)^q$，$\dfrac{4+K'}{(\ln n)^q}\to c$，则式(4.1.16)为

$$(1-p)\frac{4+K'}{(4+K')/(\ln n)^q+1}\approx K'$$

情形 3 如果$(\ln n)^q \ll (4+K')$，$\frac{(\ln n)^q}{4+K'}\to 0$，则式(4.1.16)为

$$(1-p)\frac{(\ln n)^q}{1+(\ln n)^q/(4+K')}\approx(\ln n)^q \ll K'$$

并不等于式(4.1.13)的左侧 K'，所以式(4.1.13)只在情形 1 和情形 2 时才成立，即

$$K'=o((\ln n)^q) \text{ 或 } K'=O((\ln n)^q)$$

其次，如果 $nh^{K'}\ll n^p(0<p<1)$，则

$$K'\ll(p-1)\frac{\ln n}{\ln h}\to+\infty \tag{4.1.17}$$

及式(4.1.4)和式(4.1.5)成立，则式(4.1.17)的右侧等于

$$(1-p)\frac{(\ln n)^q(4+K')}{(4+K')+(\ln n)^q}=\begin{cases}\approx K', & \text{情形 1}\\ \approx K', & \text{情形 2}\\ \ll K', & \text{情形 3}\end{cases}$$

由此可知三种情形都得到与式(4.1.17)左侧相矛盾的结果，所以可以假设 $nh^{K'}\approx n^p$ 以及对 $q(0<q<1)$，有

$$K'=O((\ln n)^q) \tag{4.1.18}$$

由此得到下述定理。

定理 4.1.1 对于式(4.1.2)中的一个非线性 K 阶自回归函数 H 及在假设($H1$)，假设(g)和假设($K1$)的前提下，下面两个结论成立。

(1) 对一个固定的 $K'>K$，如果 $h=O(n^{-\frac{1}{4+K'}})$，则当 $n\to+\infty$时，有

$$\sqrt{nh^{K'}}[\hat{H}_{1,n}(\boldsymbol{u}')-H(\boldsymbol{u})]\xrightarrow{L}N(b_1(\boldsymbol{u}'),\sigma_1^2(\boldsymbol{u}'))$$

(2) 当 $K'\to+\infty$时，对于 $\boldsymbol{u}'\in D_{K'}$ 及 $\boldsymbol{u}\in D$，假设 H 和 $f_1(\equiv f_{K'}\equiv f_{K_n})$是一致连续的，使得 $\boldsymbol{u}=\varphi_{K',K}(\boldsymbol{u}')$和 K_1 是二次连续可微的，则当 $n\to+\infty$时，如果 $K'=O((\ln n)^q)(0<q<1)$及 $h=O(n^{-\frac{1}{4+K'}})$，有

$$\frac{1}{\hat{\sigma}_{1,n}(\boldsymbol{u}')}[\sqrt{nh^{K'}}(\hat{H}_{1,n}(\boldsymbol{u}')-H(\boldsymbol{u}))-\hat{b}_{1,n}(\boldsymbol{u}')]\xrightarrow{L}N(0,1)$$

注 实际上，定理 4.1.1 中的(2)在 $h=o(n^{-\frac{1}{4+K'}})$及 $K'=O((\ln n)^q)(0<q<1)$的情况或对任意的 $K'\to+\infty$，$h=cn^{-\frac{1}{4+K'}}$(c 为常数)的情况下也都是成立的，前面一种情况偏差可忽略不计。

现在假设确定了一个错误的阶 $K''<K$。令

$$H_2(u_1,\cdots,u_{K''}) = E[X_{i+K''} \mid X_{i+K''-1} = u_1,\cdots,X_i = u_{K''}]$$

假设 $\mathbf{R}^{K''}$ 上的 H_2,K_2 和 h 与 $\mathbf{R}^K$ 上的 H,K 和 h 具有同样的性质，则 H_2 的非参数核自回归估计量为

$$\hat{H}_{2,h}(\boldsymbol{u}'') = \frac{\sum_{i=1}^{n} X_{K''+i} K_2\left(\frac{\boldsymbol{u}''-\boldsymbol{Y}''_i}{h}\right)}{\sum_{i=1}^{n} K_2\left(\frac{\boldsymbol{u}''-\boldsymbol{Y}''_i}{h}\right)}, \quad \boldsymbol{u}'' \in \mathbf{R}^{K''}$$

其中，$\boldsymbol{u}''=(u_1,\cdots,u_{K''})$，$\boldsymbol{Y}''_i=(X_{i+K''-1},X_{i+K''-2},\cdots,X_i)(i=1,2,\cdots,n)$，如果 $h=O(n^{-\frac{1}{4+K''}})$，则当 $n\to+\infty$时，有

$$\sqrt{nh^{K''}}[\hat{H}_{2,n}(\boldsymbol{u}'') - H_2(\boldsymbol{u}'')] \xrightarrow{L} N(b_2(\boldsymbol{u}''),\sigma_2^2(\boldsymbol{u}''))$$

其中，

$$b_2(\boldsymbol{u}'') = \frac{c}{f_2(\boldsymbol{u}'')}\sum_{i,j=1}^{K''}\left\{D_iH_2(\boldsymbol{u}'')D_jf_2(\boldsymbol{u}'') + \frac{1}{2}f_2(\boldsymbol{u}'')D_{ij}H_2(\boldsymbol{u}'')\right\}\int z_iz_jK_2(\boldsymbol{z}'')\mathrm{d}\boldsymbol{z}''$$

$$\sigma_2^2(\boldsymbol{u}'') = \frac{1}{f_2(\boldsymbol{u}'')}E\eta_1^2\int K_2^2(\boldsymbol{z}'')\mathrm{d}\boldsymbol{z}''$$

f_2 是 $\boldsymbol{Y}''_i=(X_{i+K''-1},X_{i+K''-2},\cdots,X_i)$的密度函数，$c$ 为常数。同理，由于 $\boldsymbol{Y}''_i$是平稳过程的一个连续函数，所以$\{\boldsymbol{Y}''_i \mid i\geqslant 1\}$也是平稳的。

对于 K 阶具有式(4.1.2)的自回归过程$\{X_n \mid n\geqslant 0\}$，有

$$H_2(X_{n+K-1},\cdots,X_{n+K-K''}) = E[X_{n+K} \mid X_{n+K-1},\cdots,X_{n+K-K''}]$$
$$=E\{E[X_{n+K} \mid X_{n+K-1},\cdots,X_{n+K-K''},X_{n+K-K''-1},\cdots,X_{n+1},X_n] \mid X_{n+K-1},\cdots,X_{n+K-K''}\}$$

所以，$H_2(u_1,u_2,\cdots,u_{K''})$

$$= E[H(X_{n+K-1},\cdots,X_{n+K-K''},X_{n+K-K''-1},\cdots,X_{n+1},X_n) \mid X_{n+K-1} = u_1,\cdots, X_{n+K-K''} = u_{K''}]$$
$$=E[H(u_1,\cdots,u_{K''},X_{n+K-K''-1},\cdots,X_{n+1},X_n) \mid X_{n+K-1}=u_1,\cdots,X_{n+K-K''}=u_{K''}]$$
$$= \int_{\mathbf{R}^{K-K''}} H(u_1,\cdots,u_{K''},v_1,v_2,\cdots,v_{K-K''}) \cdot g(v_1,v_2,\cdots,v_{K-K''} \mid u_1,\cdots,u_{K''})\mathrm{d}v_1\mathrm{d}v_2\cdots\mathrm{d}v_{K-K''}$$

其中，$g(\boldsymbol{v} \mid \boldsymbol{u}'')$是在点 $\boldsymbol{v}\equiv(v_1,v_2,\cdots,v_{K-K''})$和给定的$(X_K,X_{K-1},\cdots,X_{K-K''+1})=\boldsymbol{u}''\equiv(u_1,u_2,\cdots,u_{K''})$的条件概率密度函数。由于 $g(\boldsymbol{v} \mid \boldsymbol{u}'')=\frac{f(\boldsymbol{u}'',\boldsymbol{v})}{f_2(\boldsymbol{u}'')}$，而 $f_2(\boldsymbol{u}'')$是$(X_K,X_{K-1},\cdots,X_{K-K''+1})$的概率密度函数，$f(\boldsymbol{u}'',\boldsymbol{v})$是 $\boldsymbol{Y}_1\equiv(X_K,X_{K-1},\cdots,X_{K-K''+1},X_{K-K''},\cdots,X_2,X_1)$的概率密度函数，则对 $\boldsymbol{u}''=(u_1,u_2,\cdots,u_{K''})$有

$$H_2(\boldsymbol{u}'') = \frac{\int_{\mathbf{R}^{K-K''}} H(\boldsymbol{u}'',\boldsymbol{v}) f(\boldsymbol{u}'',\boldsymbol{v}) \mathrm{d}\boldsymbol{v}}{f_2(\boldsymbol{u}'')} \tag{4.1.19}$$

下面计算自回归函数 $H(\boldsymbol{u})$的估计量 $\hat{H}_{2,n}(\boldsymbol{u}'')$的均方误差

$$\begin{aligned}\mathrm{MSE}[\hat{H}_{2,n}(\boldsymbol{u}'')] &= E[\hat{H}_{2,n}(\boldsymbol{u}'') - H(\boldsymbol{u})]^2 \\ &= E[\hat{H}_{2,n}(\boldsymbol{u}'') - H_2(\boldsymbol{u}'')]^2 + 2[E\hat{H}_{2,n}(\boldsymbol{u}'') - H_2(\boldsymbol{u}'')] \cdot [H_2(\boldsymbol{u}'') \\ &\quad - H(\boldsymbol{u})] + [H_2(\boldsymbol{u}'') - H(\boldsymbol{u})]^2\end{aligned}$$

采用定理 2.2.1 的(2)中相同的方法，能够证明

$$E[\hat{H}_{2,n}(\boldsymbol{u}'') - H_2(\boldsymbol{u}'')]^2 = O\left(\frac{1}{nh^{K''}}\right)$$

$$E\hat{H}_{2,n}(\boldsymbol{u}'') - H_2(\boldsymbol{u}'') = O(h^K)$$

利用式(4.1.19)可算出

$$\begin{aligned}H_2(\boldsymbol{u}'') - H(\boldsymbol{u}) &= \frac{\int_{\mathbf{R}^{K-K''}} H(\boldsymbol{u}'',\boldsymbol{v}) f(\boldsymbol{u}'',\boldsymbol{v}) \mathrm{d}\boldsymbol{v}}{f_2(\boldsymbol{u}'')} - H(\boldsymbol{u}) \\ &= \frac{1}{f_2(\boldsymbol{u}'')}\left[\int_{\mathbf{R}^{K-K''}} H(\boldsymbol{u}'',\boldsymbol{v}) f(\boldsymbol{u}'',\boldsymbol{v}) \mathrm{d}\boldsymbol{v} - H(\boldsymbol{u}) f_2(\boldsymbol{u}'')\right] \\ &= \frac{1}{f_2(\boldsymbol{u}'')}\left[\int_{\mathbf{R}^{K-K''}} H(\boldsymbol{u}'',\boldsymbol{v}) f(\boldsymbol{u}'',\boldsymbol{v}) \mathrm{d}\boldsymbol{v} - H(\boldsymbol{u}) \int_{\mathbf{R}^{K-K''}} f(\boldsymbol{u}'',\boldsymbol{v}) \mathrm{d}\boldsymbol{v}\right] \\ &= \frac{1}{f_2(\boldsymbol{u}'')}\left[\int_{\mathbf{R}^{K-K''}} (H(\boldsymbol{u}'',\boldsymbol{v}) - H(\boldsymbol{u})) f(\boldsymbol{u}'',\boldsymbol{v}) \mathrm{d}\boldsymbol{v}\right] \\ &= \frac{Q(\boldsymbol{u})}{f_2(\boldsymbol{u}'')}\end{aligned}$$

对于 $\boldsymbol{u}''=\varphi_{K',K}(\boldsymbol{u})$及 $\boldsymbol{u}\in\mathbf{R}^K$，$Q(\boldsymbol{u}) = \int_{\mathbf{R}^{K-K''}} (H(\boldsymbol{u}'',\boldsymbol{v}) - H(\boldsymbol{u})) f(\boldsymbol{u}'',\boldsymbol{v}) \mathrm{d}\boldsymbol{v} \neq 0$，所以 $\hat{H}_{2,n}(\boldsymbol{u}'')$ 的均方误差为

$$\mathrm{MSE}[\hat{H}_{2,n}(\boldsymbol{u}'')] = \frac{Q^2(\boldsymbol{u})}{f_2^2(\boldsymbol{u}'')} + O\left(\frac{1}{nh^{K''}}\right) + O(h^2)$$

且当 $K''<K$ 时，$\hat{H}_{2,n}(\boldsymbol{u}'')$不是 H 的一致估计。

定理 4.1.2　如果一个拟合的阶 K''比真实的阶 K 要小，则非参数核估计量 $\hat{H}_{2,n}(\boldsymbol{u}'')$是不相合的。特别地，估计量 $\hat{H}_{2,n}(\boldsymbol{u}'')$的逐点 MSE 为

$$\mathrm{MSE}[\hat{H}_{2,n}(\boldsymbol{u}'')] = \frac{Q^2(\boldsymbol{u})}{f_2^2(\boldsymbol{u}'')} + O\left(\frac{1}{nh^{K''}}\right) + O(h^2)$$

下面讨论 $K'>K$ 时的平稳自助估计。对式(4.1.4)中的观测值 $\boldsymbol{Y}_i'$，平稳自助

观测值$\{\boldsymbol{Y}_1'^*,\cdots,\boldsymbol{Y}_n'^*\}$由第 3 章所描述的方法生成。

作附加假设$(K1)'$，上述的假设$(K1)$和当$|\boldsymbol{x}'|\to+\infty$时，$|\boldsymbol{x}'|K_1(\boldsymbol{x}')\to 0$。对于$\boldsymbol{u}'\in\mathbf{R}^{K'}$，令

$$H_{1,n}^*(\boldsymbol{u}')=\frac{\sum_{i=1}^{n}X_{K'+i}^*K_1\left(\frac{\boldsymbol{u}'-\boldsymbol{Y}_i'^*}{h}\right)}{\sum_{i=1}^{n}K_1\left(\frac{\boldsymbol{u}'-\boldsymbol{Y}_i'^*}{h}\right)}$$

$$\hat{f}_{1,n}^*(\boldsymbol{u}')=\frac{1}{nh^{K'}}\sum_{i=1}^{n}K_1\left(\frac{\boldsymbol{u}'-\boldsymbol{Y}_i'^*}{h}\right)$$

其中，$X_{K'+i}^*$使$\boldsymbol{Y}_i'^*=(X_{i+K'}^*,X_{i+1}^*)$。

对于固定的$K'>K$，利用第 3 章同样的方法，能够证明$E^*\hat{f}_{1,n}^*(\boldsymbol{u}')=\hat{f}_{1,n}(\boldsymbol{u}')$，以及当$n\to+\infty$时，

$$\sqrt{nh^{K'}}[\hat{H}_{1,n}^*(\boldsymbol{u}')-\hat{H}_{1,n,g}(\boldsymbol{u}')]\xrightarrow{L}N(b_1(\boldsymbol{u}'),\sigma_1^2(\boldsymbol{u}'))$$

其中，$\hat{f}_{1,n}(\boldsymbol{u}')$，$b_1(\boldsymbol{u}')$和$\sigma_1^2(\boldsymbol{u}')$如式(4.1.7)、式(4.1.5)和式(4.1.6)中所示，而$\hat{H}_{1,n,g}(\boldsymbol{u}')$是一个具有窗宽为$g$的核估计量。其中，$g$是替代式(2.1.3)中的$h$，且$\frac{h}{g}\to 0$。根据定理 3.2.1，对于$\boldsymbol{u}'\in\mathbf{R}^{K'}$，$\boldsymbol{u}\in\mathbf{R}^K$及一个固定的$K'\geqslant K$，当$n\to+\infty$时，如果$h=o(n^{-\frac{1}{4+K'}})$，$g=O(n^{-\frac{1}{4+K'}})$，$\frac{h}{g}\to 0$，且$p=O\left(\frac{h^{K'}}{n}\right)$时，就有

$$\sup_x|P^*(\sqrt{nh^{K'}}[\hat{H}_{1,n}^*(\boldsymbol{u}')-\hat{H}_{1,n,g}(\boldsymbol{u}')]<x)$$
$$-P(\sqrt{nh^{K'}}[\hat{H}_{1,n}(\boldsymbol{u}')-H(\boldsymbol{u}')]<x)|\to 0$$

依概率收敛。

正如前面所提到的，如果$K'\to+\infty$，就考虑一个集合序列$\{D_{K'}(\equiv D_{K_n})|K'\geqslant K\}$使得$D_{K'}$是$\mathbf{R}^{K'}$的一个紧子集且对每一个$K'>K$，$\varphi_{K',K}(D_{K'})=D$，其中，$D(\equiv D_K)$如式(2.1.3)中所示。再假设关于核函数的所有假设及H_1和f_1的一致连续性均成立，则

$$\frac{1}{\hat{\sigma}_{1,n}(\boldsymbol{u}')}[\sqrt{nh^{K'}}(\hat{H}_{1,n}^*(\boldsymbol{u}')-\hat{H}_{1,n,g}(\boldsymbol{u}))-\hat{b}_{1,n}(\boldsymbol{u}')]\xrightarrow{L}N(0,1)\quad(4.1.20)$$

其中，$\hat{b}_{1,n}(\boldsymbol{u}')$和$\hat{\sigma}_{1,n}(\boldsymbol{u}')$是$b_1(\boldsymbol{u}')$和$\sigma_1(\boldsymbol{u}')$的相合估计。条件$K'\to+\infty$，$nh^{K'}\to+\infty$和$h=O(n^{-\frac{1}{4+K'}})$暗含$K'$有一个速度$K'=O((\ln n)^q)(0<q<1)$。根据定理 4.1.1 的(2)及式(4.1.20)，便可得到定理 4.1.3 中的(2)。

定理 4.1.3　对于非线性K阶自回归函数H，在假设$(H1)$，假设(g)和假设

$(K1)'$的前提下，如果 $h=o(n^{-\frac{1}{4+K'}})$，$g=O(n^{-\frac{1}{4+K'}})$，$\frac{h}{g}\to 0$，且 $p=O(h^{K'}/n)$，则有

(1) 对一个固定的 $K'>K$，当 $n\to+\infty$时，

$$\sup_x \mid P^*(\sqrt{nh^{K'}}[\hat{H}^*_{1,n}(\boldsymbol{u}')-\hat{H}_{1,n,g}(\boldsymbol{u}')]<x)$$
$$-P(\sqrt{nh^{K'}}[\hat{H}_{1,n}(\boldsymbol{u}')-H(\boldsymbol{u}')]<x)\mid\to 0$$

依概率收敛。

(2) 当 $K'\to+\infty$，假设 H_1 和 f_1 是一致连续的，$\boldsymbol{u}'\in D_K$，$\boldsymbol{u}\in D$，使得 $\boldsymbol{u}=\varphi_{K',K}(\boldsymbol{u}')$，且 K_1 是二次连续可微的，当 $n\to+\infty$时，如果 $K'=O((\ln n)^q)$ $(0<q<1)$，则有

$$\sup_x \mid P^*(\sqrt{nh^{K'}}[\hat{H}^*_{1,n}(\boldsymbol{u}')-\hat{H}_{1,n,g}(\boldsymbol{u}')]<x)$$
$$-P(\sqrt{nh^{K'}}[\hat{H}_{1,n}(\boldsymbol{u}')-H(\boldsymbol{u}')]<x)\mid\to 0$$

依概率收敛。

4.2　数值模拟

如 4.1 节所述，如果自回归过程的拟合阶 K'大于其真实的阶 K，则核估计的正态近似成立。本节作为一个例子，将会看到在阶的误设情况下，核估计是怎样求出的？考虑一个非线性自回归函数

$$H(u)=-0.9u+2u^2\mathrm{e}^{-u^2}$$

的真实的阶 $K=1$。观测值$\{X_1,X_2,\cdots\}$由下式生成

$$X_{n+1}=H(X_n)+\eta_{n+1},\quad n=0,1,2,\cdots$$

其中，$X_0=0$，η_i 是独立同正态分布的，且均值为 0 方差 $\sigma^2=0.1$，同例 2.1 中的方法一样，表 4.1 列出了在 $u=-0.8,-0.4,0,0.4,0.8$ 处的具有 200 个观测值 AR(1)模型的核估计。

表 4.1　$H(u)$，$\hat{H}_{200}(u)$，$\hat{H}_{1,200}(u,v)$的值

u	−0.8	−0.4	0	0.4	0.8
$H(u)$	1.3949	0.6327	0	−0.0873	−0.0451
$\hat{H}_{200}(u)$	1.2203	0.4680	0.0752	−0.0129	−0.0319
$\hat{H}_{1,200}(u,v)$					
$v=-1.6$	0	0	0	0	0
$v=-1.4$	0	0	0	0	0
$v=-1.2$	0	0	0	0	−0.5868
$v=-1.0$	0	0	0	0.2934	−0.4573

续表

$v=-0.8$	0	−0.1973	−0.1677	−0.0826	0.0701
$v=-0.6$	0.7539	0.4449	−0.0978	−0.0286	0.0454
$v=-0.4$	0.7476	0.4453	−0.0613	−0.0133	−0.0210
$v=-0.2$	0.7113	0.3946	−0.0092	−0.0277	−0.0696
$v=0.0$	0.8513	0.3913	0.0546	−0.0588	−0.0945
$v=0.2$	0.9283	0.4281	0.1209	−0.0482	−0.0995
$v=0.4$	0.8642	0.4686	0.1478	0.0228	−0.0189
$v=0.6$	0.7898	0.4752	0.1096	0.0587	0.0104
$v=0.8$	0.8202	0.4593	0.1047	0.1077	−0.1029
$v=1.0$	1.1020	0.4791	0.2685	0.1300	−0.1878
$v=1.2$	1.3898	0.5711	0.3369	0.0234	−0.1701
$v=1.4$	1.4892	0.6739	0.2548	0	0
$v=1.6$	1.4494	1.0967	0.2357	0	0

如果拟合阶 $K'=2$ 且下式中分母不为零时，则 AR(2)模型的核估计为

$$\hat{H}_{1,200}(\boldsymbol{u})=\frac{\sum_{i=1}^{200}X_{2+i}K\left(\frac{\boldsymbol{u}-\boldsymbol{Y}_i}{h}\right)}{\sum_{i=1}^{200}K\left(\frac{\boldsymbol{u}-\boldsymbol{Y}_i}{h}\right)},\quad \boldsymbol{u}=(u,v)$$

窗宽 $h=n^{-\frac{1}{4+K'}}=200^{-\frac{1}{6}}\approx0.4$，$\boldsymbol{Y}_i=(X_{i+1},X_i)$，选择三角核函数

$$K(u,v)=(1-|u|)(1-|v|)I_{(|u|\leqslant1,|v|\leqslant1)}$$

比较在固定的 u 处 AR(1)的估计值和误设模型 AR(2)的估计值，随 v 值范围的变宽而不断变化。表 4.1 中也列出了 $\hat{H}_{1,200}(u,v)$的估计值。

如果拟合阶 $K'=3$，对窗宽 $h=n^{-\frac{1}{4+K'}}=200^{-\frac{1}{7}}\approx0.47$，且选择三角核函数为

$$K(u,v,w)=(1-|u|)(1-|v|)(1-|w|)I_{(|u|\leqslant1,|v|\leqslant1,|w|\leqslant1)}$$

则在分母不为 0 的前提下，AR(3)的核估计量为

$$\hat{H}_{2,200}(\boldsymbol{u})=\frac{\sum_{i=1}^{200}X_{3+i}K((\boldsymbol{u}-\boldsymbol{Y}_i)/h)}{\sum_{i=1}^{200}K((\boldsymbol{u}-\boldsymbol{Y}_i)/h)},\quad \boldsymbol{u}=(u,v,w)$$

其中，$\boldsymbol{Y}_i=(X_{i+2},X_{i+1},X_i)$。表 4.2 比较了在固定的 $u=0$ 处，$H(u)$，$\hat{H}_{200}(u)$，与 $\hat{H}_{2,200}(u,v,w)$随 v 和 w 的改变而变化的情况。

表 4.2　$u=0$ 处，$H(u)$，$\hat{H}_{200}(u)$，$\hat{H}_{2,200}(u,v)$ 的值

$H(0)=0$，$\hat{H}_{200}(0)=0.0752$				
$(v,w)=(-1,-1)$ $\hat{H}_{2,200}(0,v,w)=0$	$(-1,-0.5)$ 0	$(-1,0)$ 0	$(-1,0.5)$ 0	$(-1,1)$ 0
$(-0.5,-1)$ 0	$(-0.5,-0.5)$ -0.0797	$(-0.5,0)$ -0.0213	$(-0.5,0.5)$ -0.0837	$(-0.5,1)$ -0.0923
$(0,-1)$ 0	$(0,-0.5)$ 0.1108	$(0,0)$ 0.0913	$(0,0.5)$ 0.0364	$(0,1)$ 0.1176
$(0.5,-1)$ 0.1387	$(0.5,-0.5)$ 0.1635	$(0.5,0)$ 0.1500	$(0.5,0.5)$ 0.1191	$(0.5,1)$ 0.0441
$(1,-1)$ 0.2310	$(1,-0.5)$ 0.2191	$(1,0)$ 0.2517	$(1,0.5)$ 0.2767	$(1,1)$ 0.5615

4.3　线性自回归过程的阶

本节讨论在线性自回归模型中，最小二乘估计及自助估计阶的误设效应。考虑一个 K 阶线性自回归模型 AR(K)($K\geqslant 1$)

$$X_m=\sum_{j=1}^{K}\beta_j X_{m-j}+\varepsilon_m \tag{4.3.1}$$

其中，$\{\varepsilon_m \mid m\geqslant 1\}$ 是具有零均值和有限方差 $\sigma^2>0$ 的独立同分布序列，且 β_j 是未知常数，$\beta_K\neq 0$，作如下假设：

(A1)模型是平稳的，即多项式方程 $z^K-\sum_{j=1}^{K}\beta_j z^{K-j}=0$ 的所有根都在单位圆 $\{z\in C \mid |z|<1\}$ 的内侧；

(A2)对某些 s_0，$E\{|\varepsilon_m|^{s_0}\}<+\infty$。

对固定的阶 K，β_j 的最小二乘估计 $\hat{\beta}_j(1\leqslant j\leqslant K)$ 是一致的且渐近正态

$$\hat{\boldsymbol{\beta}}=\boldsymbol{\beta}+(X'X)^{-1}X'\varepsilon$$

其中，$\hat{\boldsymbol{\beta}}=(\hat{\beta}_1,\cdots,\hat{\beta}_K)'$，$\boldsymbol{\beta}=(\beta_1,\cdots,\beta_K)'$，$\boldsymbol{\varepsilon}=(\varepsilon_{K+1},\cdots,\varepsilon_n)'$，

$$\boldsymbol{X}=\begin{pmatrix} X_K & X_{K-1} & \cdots & X_1 \\ X_{K+1} & X_K & \cdots & X_2 \\ \vdots & \vdots & & \vdots \\ X_{n-1} & X_{n-2} & \cdots & X_{n-K} \end{pmatrix}$$

且当 $n\to+\infty$ 时，$\sqrt{n}(\hat{\boldsymbol{\beta}}-\boldsymbol{\beta})\xrightarrow{L}N(0,\sigma^2\Sigma^{-1})$，其中，

$$\boldsymbol{\Sigma}=\begin{pmatrix}\sigma_0 & \sigma_1 & \cdots & \sigma_{K-1}\\ & \sigma_0 & \cdots & \sigma_{K-2}\\ & & \ddots & \vdots\\ & & & \sigma_0\end{pmatrix}$$

且 $\sigma_i=\mathrm{Cov}(X_0,X_i),i=0,1,\cdots,K-1$。

但通常并不知道模型真实的阶 k，所以要考虑拟合阶 $K(K\geqslant k,K\to+\infty)$ 对自回归模型的影响。Kunitomo 等(1985)和 Bhansali(1981)已经研究了在平稳线性时间序列模型中阶的误设的主要影响，他们推导出了最小二乘估计的偏差和均方误差的公式以及在误设的模型中第 h 期向前预测的 MSE。本节先简要介绍他们的主要结果，然后讨论 $K\to+\infty$ 时的情形。

对于 $K>k$，式(4.3.1)可以写为

$$X_m=\sum_{j=1}^{K}\beta_j X_{m-j}+\varepsilon_m \tag{4.3.2}$$

其中，$\beta_{k+1}=\beta_{k+2}=\cdots=\beta_K=0$，式(4.3.2)的矩阵形式为

$$\boldsymbol{Y}_m=\boldsymbol{B}\boldsymbol{Y}_{m-1}+\boldsymbol{\varepsilon}_m$$

其中，$\boldsymbol{Y}_m=(X_m,X_{m-1},\cdots,X_{m-K-1})'$，$\boldsymbol{\varepsilon}_m=(\varepsilon_m,0,\cdots,0)'$ 是 $K\times 1$ 阶向量，而

$$\boldsymbol{B}=\begin{pmatrix}\beta_1 & \beta_2 & \cdots & \beta_k & 0 & \cdots & 0 & 0\\ 1 & 0 & \cdots & 0 & 0 & \cdots & 0 & 0\\ 0 & 1 & \cdots & 0 & 0 & \cdots & 0 & 0\\ \vdots & \vdots & & \vdots & \vdots & & \vdots & \vdots\\ 0 & 0 & \cdots & 0 & 0 & \cdots & 1 & 0\end{pmatrix}=\begin{pmatrix}\beta'(k) & 0 & \cdots & 0\\ & & & 0\\ & \boldsymbol{I}_{K-1} & & \vdots\\ & & & 0\end{pmatrix}$$

是 $K\times K$ 阶矩阵，其中 $\beta'(k)=(\beta_1,\beta_2,\cdots,\beta_k)$，$\boldsymbol{Y}_m$ 的协方差矩阵定义为一个 $K\times K$ 阶矩阵

$$\boldsymbol{\Gamma}=E[\boldsymbol{Y}_m\boldsymbol{Y}'_m] \tag{4.3.3}$$

设 $\hat{\boldsymbol{\beta}}(K)=(\hat{\beta}_1(K),\cdots,\hat{\beta}_K(K))'$ 是 $\boldsymbol{\beta}(K)=(\beta_1,\cdots,\beta_k,\beta_{k+1},\cdots,\beta_K)'=(\beta_1,\cdots,\beta_k,0,\cdots,0)'$ 的最小二乘估计量，即

$$\hat{\boldsymbol{\beta}}(K)=\hat{\Gamma}^{-1}\hat{\gamma} \tag{4.3.4}$$

其中，$\hat{\boldsymbol{\Gamma}}=\dfrac{1}{n}\sum_{m=0}^{n-1}\boldsymbol{Y}_m\boldsymbol{Y}'_m\ (\hat{\boldsymbol{\Gamma}}-\boldsymbol{\Gamma}\to 0\quad a.s.)$，$\hat{\gamma}=\dfrac{1}{n}\sum_{m=0}^{n-1}\boldsymbol{Y}_m\boldsymbol{Y}'_{m+1}\boldsymbol{e}=\dfrac{1}{n}\sum_{m=0}^{n-1}\boldsymbol{Y}_m X_{m+1}$，$\boldsymbol{e}=(1,0,\cdots,0)'$ 是 $K\times 1$ 阶向量。

由于 $\hat{\boldsymbol{\gamma}}=\dfrac{1}{n}\sum_{m=0}^{n-1}\boldsymbol{Y}_m(\boldsymbol{B}\boldsymbol{Y}_m+\boldsymbol{\varepsilon}_{m+1})'\boldsymbol{e}=\dfrac{1}{n}\sum_{m=0}^{n-1}\boldsymbol{Y}_m\boldsymbol{Y}'_m\boldsymbol{B}'\boldsymbol{e}+\dfrac{1}{n}\sum_{m=0}^{n-1}\boldsymbol{Y}_m\boldsymbol{\varepsilon}'_{m+1}\boldsymbol{e}=\hat{\boldsymbol{\Gamma}}\boldsymbol{\beta}(K)+\dfrac{1}{n}\sum_{m=0}^{n-1}\boldsymbol{Y}_m\boldsymbol{\varepsilon}_{m+1}$ 及式(4.3.4)，则有

$$\hat{\boldsymbol{\beta}}(K)=\hat{\boldsymbol{\Gamma}}^{-1}\hat{\boldsymbol{\gamma}}=\boldsymbol{\beta}(K)+\hat{\boldsymbol{\Gamma}}^{-1}\left(\frac{1}{n}\sum_{m=0}^{n-1}\mathbf{Y}_m\varepsilon_{m+1}\right)\tag{4.3.5}$$

根据文献(Kunitomo et al.,1985)[944]的推论4,对$K\geqslant k$,

$$\mathrm{MSE}(\hat{\boldsymbol{\beta}}(K))=\frac{1}{n}\sigma^2\hat{\boldsymbol{\Gamma}}^{-1}+O(n^{-3/2})$$

所以当$K\to+\infty$时,$\hat{\boldsymbol{\beta}}(K)$是$\boldsymbol{\beta}(K)=(\beta_1,\cdots,\beta_k,0,\cdots,0)'$的一致估计。由式(4.3.5)得$\sqrt{n}(\hat{\boldsymbol{\beta}}(K)-\boldsymbol{\beta}(K))=\hat{\boldsymbol{\Gamma}}^{-1}\left(\frac{1}{\sqrt{n}}\sum_{m=0}^{n-1}\mathbf{Y}_m\varepsilon_{m+1}\right)$,而文献(Bhansali,1981)[591]的引理3.5已经证明当$n\to+\infty$时,$\frac{1}{\sqrt{n}}\sum_{m=0}^{n-1}\mathbf{Y}_m\varepsilon_{m+1}$是具有均值为零向量,协方差阵为$\boldsymbol{\Gamma}_1$的渐近正态分布,其中

$$\begin{aligned}\boldsymbol{\Gamma}_1&=\lim_{n\to+\infty}\mathrm{Cov}\left[\frac{1}{n}\sum_{m=0}^{n-1}\mathbf{Y}_m\varepsilon_{m+1}\right]\\&=\lim_{n\to+\infty}\frac{1}{n}E\left[\left(\sum_{m=0}^{n-1}\mathbf{Y}_m\varepsilon_{m+1}\right)\left(\sum_{l=0}^{n-1}\mathbf{Y}_l\varepsilon_{l+1}\right)'\right]\\&=\lim_{n\to+\infty}\frac{1}{n}\sum_{m=0}^{n-1}\sum_{l=0}^{n-1}E[\mathbf{Y}_m\varepsilon_{m+1}\varepsilon_{l+1}\mathbf{Y}'_l]\\&=\lim_{n\to+\infty}\frac{1}{n}\sum_{m=0}^{n-1}E[\mathbf{Y}_m\mathbf{Y}'_mE(\varepsilon^2_{m+1}\mid\mathbf{Y}_m)]\\&=\lim_{n\to+\infty}\frac{1}{n}\sum_{m=0}^{n-1}\sigma^2E[\mathbf{Y}_m\mathbf{Y}'_m]\\&=\sigma^2\boldsymbol{\Gamma}\end{aligned}\tag{4.3.6}$$

由于$\hat{\boldsymbol{\Gamma}}-\boldsymbol{\Gamma}\to0\ a.s.$,所以当$n\to+\infty(K\to+\infty)$时,得到

$$\sqrt{n}(\hat{\boldsymbol{\beta}}(K)-\boldsymbol{\beta}(K))\xrightarrow{L}N(0,\sigma^2\boldsymbol{\Gamma}^{-1})\tag{4.3.7}$$

给定$X_0,X_1,\cdots,X_m$,下面讨论第h期向前预测,具有最小二乘估计$\hat{\boldsymbol{\beta}}(K)$的第$h$期向前预测值的常用公式定义为

$$\hat{X}_{m+1}=\boldsymbol{e}'\hat{\mathbf{Y}}_{m+1}=\boldsymbol{e}'\hat{\boldsymbol{B}}\mathbf{Y}_m$$

$$\hat{X}_{m+h}=\boldsymbol{e}'\hat{\mathbf{Y}}_{m+h}=\boldsymbol{e}'\hat{\boldsymbol{B}}\mathbf{Y}_{m+h-1}=\boldsymbol{e}'\hat{\boldsymbol{B}}^2\mathbf{Y}_{m+h-2}=\cdots=\boldsymbol{e}'\hat{\boldsymbol{B}}^h\mathbf{Y}_m$$

$$\hat{\boldsymbol{B}}=\begin{pmatrix}\beta'_1(K) & \beta'_2(K) & \cdots & \beta'_K(K)\\ & & & 0\\ & \boldsymbol{I}_{K-1} & & \vdots\\ & & & 0\end{pmatrix}\tag{4.3.8}$$

而$\hat{\boldsymbol{B}}'\boldsymbol{e}=\hat{\boldsymbol{\beta}}(K)$。根据文献(Kunitomo et al.,1985)[945]的推论6,对$K\geqslant k$,$\hat{X}_{m+h}$的预

测均方误差为

$$\begin{aligned}\mathrm{PMSE}(\hat{X}_{m+h}) &= E(\hat{X}_{m+h}-X_{m+h})^2\\ &=\sigma^2\sum_{j=0}^{h-1}(\boldsymbol{e}'\boldsymbol{B}^j\boldsymbol{e})^2+\frac{\sigma^2}{n}\sum_{j=0}^{h-1}\sum_{i=0}^{h-1}(\boldsymbol{e}'\boldsymbol{B}^j\boldsymbol{e})(\boldsymbol{e}'\boldsymbol{B}^i\boldsymbol{e})\mathrm{tr}(\boldsymbol{B}^{h-1-j}\boldsymbol{\Gamma}\boldsymbol{B}'^{h-1-j}\boldsymbol{\Gamma}^{-1})+O(n^{-3/2})\end{aligned}$$

则第一期向前预测($h=1$ 的情形)的均方误差为

$$\begin{aligned}\mathrm{PMSE}(\hat{X}_{m+1}) &= \sigma^2+\frac{\sigma^2}{n}\mathrm{tr}(\boldsymbol{\Gamma}\boldsymbol{\Gamma}^{-1})+O(n^{-3/2})\\ &=\sigma^2\left(1+\frac{K}{n}\right)+O(n^{-3/2})\rightarrow\sigma^2\quad\left(若\frac{K}{n}\rightarrow 0\right)\end{aligned}$$

因此,可选取适当的 K 满足$\frac{K}{n}\rightarrow 0$ 时,就可使预测均方误差达到最小。

定理 4.3.1　在假设($A1$)和假设($A2$)的前提下($s_0=4$),对 $K\geqslant k$,$K\rightarrow+\infty$,当 $n\rightarrow+\infty$时,如果$\frac{K}{n}\rightarrow 0$,则有

$$\sqrt{n}\boldsymbol{\Gamma}^{\frac{1}{2}}(\hat{\boldsymbol{\beta}}(K)-\boldsymbol{\beta}(K))\xrightarrow{L}N(0,\sigma^2\boldsymbol{I}_K)$$

下面将要讨论当 $K\rightarrow+\infty$时,阶的误设对自助法估计的影响。给定(X_{1-K},…,X_n),令

$$\hat{\varepsilon}_m=X_m-\sum_{j=1}^{K}\beta_j(K)X_{m-j}\quad(m=1,2,\cdots,n)$$

$$\hat{\varepsilon}_{m,s}=\hat{\varepsilon}_m-\bar{\hat{\varepsilon}}\quad\left(\bar{\hat{\varepsilon}}=\frac{1}{n}\sum_{m=1}^{n}\hat{\varepsilon}_m\right)$$

从$\{\bar{\varepsilon}_{m,s}\mid 1\leqslant m\leqslant n\}$产生一个具备残差 ε_m^* 的独立同分布自助样本,如文献(Bose,1988)中所述,给定$\{\varepsilon_m^*\}$,由式(4.3.9)产生$\{X_m^*\}$

$$X_m^*=\sum_{j=1}^{K}\hat{\boldsymbol{\beta}}_j(K)X_{m-j}^*+\varepsilon_m^*\quad(m=0,\pm 1,\pm 2,\cdots)\tag{4.3.9}$$

假如 $\hat{\boldsymbol{\beta}}(K)=(\hat{\beta}_1(K),\cdots,\hat{\beta}_K(K))'$未知且获得它的最小二乘估计量$\boldsymbol{\beta}^*(K)=(\beta_1^*(K),\cdots,\beta_K^*(K))'$。对固定的阶 k,由文献(Freedman,1984;Bose,1988)得知$\sqrt{n}(\hat{\boldsymbol{\beta}}-\boldsymbol{\beta})$的分布是通过$\sqrt{n}(\boldsymbol{\beta}^*-\hat{\boldsymbol{\beta}})$的自助分布来估计的。

对 $K\geqslant k$,$K\rightarrow+\infty$,式(4.3.9)的向量形式为

$$\boldsymbol{Y}_m^*=\hat{\boldsymbol{B}}\boldsymbol{Y}_{m-1}^*+\boldsymbol{\varepsilon}_m^*$$

其中,$\boldsymbol{Y}_m^*=(X_m^*,X_{m-1}^*,\cdots,X_{m-K+1}^*)'$,$\boldsymbol{\varepsilon}_m^*=(\varepsilon_m^*,0,\cdots,0)'$是 $K\times 1$ 阶向量,$\hat{B}$ 如式(4.3.8)所示。令 $\boldsymbol{\Gamma}^*=E^*[\boldsymbol{Y}_m^*\boldsymbol{Y}_m'^*]$,如式(4.3.3)的自助估计法的形式,则自助最小二乘估计为

$$\boldsymbol{\beta}^*(K)=\hat{\boldsymbol{\Gamma}}^{*-1}\hat{\boldsymbol{\gamma}}^* \tag{4.3.10}$$

它是式(4.3.4)的自助法的表现形式，其中，$\hat{\boldsymbol{\Gamma}}^*=\frac{1}{n}\sum_{m=0}^{n-1}\boldsymbol{Y}_m^*\boldsymbol{Y}_m'^*$，$\hat{\boldsymbol{\gamma}}^*=\frac{1}{n}\sum_{m=0}^{n-1}\boldsymbol{Y}_m^*\boldsymbol{Y}_{m+1}'^*\boldsymbol{e}=\frac{1}{n}\sum_{m=0}^{n-1}\boldsymbol{Y}_m^*\boldsymbol{X}_{m+1}^*$。

因为当 $n\to+\infty(K\to+\infty)$时，有

$$\hat{\boldsymbol{\Gamma}}^*-\boldsymbol{\Gamma}^*\to 0\quad a.s.$$

$$\begin{aligned}\hat{\gamma}^*&=\frac{1}{n}\sum_{m=0}^{n-1}\boldsymbol{Y}_m^*(\hat{\boldsymbol{B}}\boldsymbol{Y}_m^*+\boldsymbol{\varepsilon}_{m+1}^*)'\boldsymbol{e}\\&=\frac{1}{n}\sum_{m=0}^{n-1}\boldsymbol{Y}_m^*\boldsymbol{Y}_m'^*\hat{\boldsymbol{B}}'e+\frac{1}{n}\sum_{m=0}^{n-1}\boldsymbol{Y}_m^*\boldsymbol{\varepsilon}_{m+1}'^*\boldsymbol{e}\\&=\hat{\boldsymbol{\Gamma}}(K)\hat{\boldsymbol{B}}'\boldsymbol{e}+\frac{1}{n}\sum_{m=0}^{n-1}\boldsymbol{Y}_m^*\varepsilon_{m+1}^*\\&=\hat{\boldsymbol{\Gamma}}^*(K)\hat{\boldsymbol{\beta}}(K)+\frac{1}{n}\sum_{m=0}^{n-1}\boldsymbol{Y}_m^*\varepsilon_{m+1}^*\end{aligned} \tag{4.3.11}$$

所以，根据式(4.3.10)有

$$\boldsymbol{\beta}^*(K)=\hat{\boldsymbol{\Gamma}}^{*-1}\left[\hat{\boldsymbol{\Gamma}}^*(K)\hat{\boldsymbol{\beta}}(K)+\frac{1}{n}\sum_{m=0}^{n-1}\boldsymbol{Y}_m^*\varepsilon_{m+1}^*\right]$$

$$\boldsymbol{\beta}^*(K)-\hat{\boldsymbol{\beta}}(K)=\hat{\boldsymbol{\Gamma}}^{*-1}\left(\frac{1}{n}\sum_{m=0}^{n-1}\boldsymbol{Y}_m^*\varepsilon_{m+1}^*\right) \tag{4.3.12}$$

由于 $E^*(X_j^*\varepsilon_{m+1}^*)=E^*[X_j^*E(\varepsilon_{m+1}^*\mid X_j^*)]=0, j=m,m-1,\cdots,m-K+1$，于是 $E^*(\boldsymbol{Y}_m^*\varepsilon_{m+1}^*)=0$，由式(4.3.11)知，当 $n\to+\infty(K\to+\infty)$时，便有

$$\boldsymbol{\beta}^*(K)-\hat{\boldsymbol{\beta}}(K)=\hat{\boldsymbol{\Gamma}}^{*-1}\left(\frac{1}{n}\sum_{m=0}^{n-1}\boldsymbol{Y}_m^*\varepsilon_{m+1}^*\right)\to\hat{\boldsymbol{\Gamma}}^{*-1}E^*(\boldsymbol{Y}_m^*\varepsilon_{m+1}^*)=0$$

几乎必然收敛。所以当 $K\to+\infty$时，$\boldsymbol{\beta}^*(K)$的分布对于$\hat{\boldsymbol{\beta}}(K)$的分布是一致的。由式(4.3.12)，则

$$\sqrt{n}[\boldsymbol{\beta}^*(K)-\hat{\boldsymbol{\beta}}(K)]=\hat{\boldsymbol{\Gamma}}^{*-1}\left(\frac{1}{\sqrt{n}}\sum_{m=0}^{n-1}\boldsymbol{Y}_m^*\varepsilon_{m+1}^*\right)$$

再根据文献(Bhansali，1981)[591]的引理 3.5，对式(4.3.6)使用相似的方法，得到 $\frac{1}{\sqrt{n}}\sum_{m=0}^{n-1}\boldsymbol{Y}_m^*\varepsilon_{m+1}^*\xrightarrow{L}N(0,\sigma^{*2}\boldsymbol{\Gamma}^*)$，其中，$\sigma^{*2}=\mathrm{Var}(\varepsilon_m^*)$，所以

$$\sqrt{n}[\boldsymbol{\beta}^*(K)-\hat{\boldsymbol{\beta}}(K)]\xrightarrow{L}N(0,\sigma^{*2}\boldsymbol{\Gamma}^{*-1}) \tag{4.3.13}$$

下面证明如果$\frac{K}{n}\to 0$,则$\sigma^{*2}\to\sigma^2$。令$\sigma_n^2=\frac{1}{n}\sum_{m=1}^{n}(\varepsilon_m-\bar{\varepsilon})^2$,显然$\sigma_n^2\to\sigma^2\ a.s.$,对于$\hat{\boldsymbol{\varepsilon}}\equiv(\hat{\varepsilon}_1,\cdots,\hat{\varepsilon}_n)'$及$\boldsymbol{\varepsilon}\equiv(\varepsilon_1,\cdots,\varepsilon_n)'$,

$$\sigma^*=\sqrt{\sigma^{*2}}=\frac{1}{\sqrt{n}}\Big[\sum_{m=1}^{n}(\hat{\varepsilon}_m-\bar{\hat{\varepsilon}})^2\Big]^{\frac{1}{2}}=\frac{1}{\sqrt{n}}\|\hat{\boldsymbol{\varepsilon}}-\bar{\hat{\boldsymbol{\varepsilon}}}\|,\quad \sigma_n=\sqrt{\sigma_n^2}=\frac{1}{\sqrt{n}}\|\boldsymbol{\varepsilon}-\bar{\boldsymbol{\varepsilon}}\|$$

所以
$$\begin{aligned}(\sigma^*-\sigma_n)^2&=\frac{1}{n}[\|\hat{\boldsymbol{\varepsilon}}-\bar{\hat{\boldsymbol{\varepsilon}}}\|-\|\boldsymbol{\varepsilon}-\bar{\boldsymbol{\varepsilon}}\|]^2\\&\leqslant\frac{1}{n}[\|\hat{\boldsymbol{\varepsilon}}-\bar{\hat{\boldsymbol{\varepsilon}}}-(\boldsymbol{\varepsilon}-\bar{\boldsymbol{\varepsilon}})\|]^2=\frac{1}{n}\|(\hat{\boldsymbol{\varepsilon}}-\boldsymbol{\varepsilon})-(\bar{\hat{\boldsymbol{\varepsilon}}}-\bar{\boldsymbol{\varepsilon}})\|^2\\&\leqslant\frac{1}{n}\|(\hat{\boldsymbol{\varepsilon}}-\boldsymbol{\varepsilon})\|^2=\frac{1}{n}\sum_{m=1}^{n}(\hat{\varepsilon}_m-\varepsilon_m)^2\end{aligned}\tag{4.3.14}$$

由于$\hat{\varepsilon}_m=X_m-\sum_{j=1}^{K}\hat{\beta}_j(K)X_{m-j}$和$\varepsilon_m=X_m-\sum_{j=1}^{K}\beta_j(K)X_{m-j}$,则

$$\hat{\varepsilon}_m-\varepsilon_m=\sum_{j=1}^{K}(\beta_j-\hat{\beta}_j(K))X_{m-j}=(\boldsymbol{\beta}(K)-\hat{\boldsymbol{\beta}}(K))'\boldsymbol{Y}_{m-1}$$

由此可得式(4.3.14)等于

$$\begin{aligned}&\frac{1}{n}\sum_{m=1}^{n}(\boldsymbol{\beta}(K)-\hat{\boldsymbol{\beta}}(K))'\boldsymbol{Y}_{m-1}\boldsymbol{Y}'_{m-1}(\boldsymbol{\beta}(K)-\hat{\boldsymbol{\beta}}(K))\\&=\frac{1}{n}(\boldsymbol{\beta}(K)-\hat{\boldsymbol{\beta}}(K))'\sum_{m=1}^{n}\boldsymbol{Y}_{m-1}\boldsymbol{Y}'_{m-1}(\boldsymbol{\beta}(K)-\hat{\boldsymbol{\beta}}(K))\\&=\frac{1}{n}\Big(\frac{1}{n}\sum_{m=1}^{n}\boldsymbol{Y}_{m-1}\varepsilon_m\Big)'\Big(\frac{1}{n}\sum_{m=1}^{n}\boldsymbol{Y}_{m-1}\boldsymbol{Y}'_{m-1}\Big)^{-1}\Big(\sum_{m=1}^{n}\boldsymbol{Y}_{m-1}\boldsymbol{Y}'_{m-1}\Big)\\&\quad\cdot\Big(\frac{1}{n}\sum_{m=1}^{n}\boldsymbol{Y}_{m-1}\boldsymbol{Y}'_{m-1}\Big)^{-1}\Big(\frac{1}{n}\sum_{m=1}^{n}\boldsymbol{Y}_{m-1}\varepsilon_m\Big)\\&=\frac{1}{n}\Big(\sum_{m=1}^{n}\boldsymbol{Y}_{m-1}\varepsilon_m\Big)'\Big(\sum_{m=1}^{n}\boldsymbol{Y}_{m-1}\boldsymbol{Y}'_{m-1}\Big)\Big(\sum_{m=1}^{n}\boldsymbol{Y}_{m-1}\varepsilon_m\Big)\\&=\frac{1}{n}\mathrm{tr}\Big[\Big(\sum_{m=1}^{n}\boldsymbol{Y}_{m-1}\varepsilon_m\Big)'\Big(\sum_{m=1}^{n}\boldsymbol{Y}_{m-1}\boldsymbol{Y}'_{m-1}\Big)^{-1}\Big(\sum_{m=1}^{n}\boldsymbol{Y}_{m-1}\varepsilon_m\Big)\Big]\\&=\frac{1}{n}\mathrm{tr}\Big[\Big(\sum_{m=1}^{n}\boldsymbol{Y}_{m-1}\boldsymbol{Y}'_{m-1}\Big)^{-1}\Big(\sum_{m=1}^{n}\boldsymbol{Y}_{m-1}\varepsilon_m\Big)\Big(\sum_{m=1}^{n}\boldsymbol{Y}_{m-1}\varepsilon_m\Big)'\Big]\end{aligned}$$

所以$E(\sigma^*-\sigma_n)^2=E[E\{(\sigma^*-\sigma_n)^2|\boldsymbol{Y}_{m-1},m=1,\cdots,n\}]$

$$\begin{aligned}&\leqslant\frac{1}{n}E\Big[E\Big\{\mathrm{tr}\Big(\Big(\sum_{m=1}^{n}\boldsymbol{Y}_{m-1}\boldsymbol{Y}'_{m-1}\Big)^{-1}\Big(\sum_{m=1}^{n}\boldsymbol{Y}_{m-1}\varepsilon_m\Big)\Big(\sum_{m=1}^{n}\boldsymbol{Y}_{m-1}\varepsilon_m\Big)'\Big)\Big|\boldsymbol{Y}_{m-1},m=1,\cdots,n\Big\}\Big]\\&=\frac{1}{n}E\Big[\mathrm{tr}\Big(\sum_{m=1}^{n}\boldsymbol{Y}_{m-1}\boldsymbol{Y}'_{m-1}\Big)^{-1}\Big(\sum_{m=1}^{n}\sigma^2\boldsymbol{Y}_{m-1}\boldsymbol{Y}'_{m-1}\Big)\Big]\end{aligned}$$

$$=\frac{1}{n}\sigma^2 E[\mathrm{tr}(\boldsymbol{I}_K)]=\sigma^2\cdot\frac{K}{n}\to 0\quad\left(若\frac{K}{n}\to 0\right)$$

因此，当 $n\to+\infty\left(\frac{K}{n}\to 0\right)$ 时，σ^{*2} 依概率收敛到 σ^2，故通过式(4.3.7)和式(4.3.13)得到定理 4.3.2。

定理 4.3.2 在假设(A1)和假设(A2)($s_0=4$)成立的前提下，对 $K>n$，$K\to+\infty$，任意 $x\in\mathbf{R}^K$，当 $n\to+\infty\left(\frac{K}{n}\to 0\right)$ 时，有

$$\sup_x \mid P^*(\sqrt{n}\boldsymbol{\Gamma}^{*\frac{1}{2}}(\boldsymbol{\beta}^*(K)-\hat{\boldsymbol{\beta}}(K))\leqslant \boldsymbol{x})-P(\sqrt{n}\boldsymbol{\Gamma}^{\frac{1}{2}}(\hat{\boldsymbol{\beta}}(K)-\boldsymbol{\beta}(K))\leqslant \boldsymbol{x})\mid\to 0$$

依概率收敛。

4.4 小结

本章对非线性自回归模型的阶的误设问题进行了初步的研究，主要包括以下两方面的内容：

(1) 非线性自回归模型阶的误设问题。讨论模型的拟合阶大于真实的阶和小于真实的阶两种情况对平稳自助估计量的影响，结果表明无论拟合阶比真实的阶大还是小，并不影响平稳自助估计量的渐近正态性，这为实际模型形式的设立提供了极大方便。数值计算结果也说明了这点。

(2) 线性自回归模型阶的误设问题。在文献(Bhansali，1981；Kunitomo et al.，1985)的基础上，讨论了当 $K\to+\infty$ 的时，最小二乘估计的偏差和均方误差的公式以及在误设的模型中第 h 期向前预测的 MSE。

对自回归模型或其他时间序列模型，在统计理论分析、数据模拟及理论结合实际等方面可给予进一步的探讨，如阶的误设对无序自助估计量的影响，怎样将研究成果用于解决社会经济实际问题等。

第 5 章　欧式期权定价的非参数方法

对于欧式期权定价来说，如果知道样本终值 S_T 的分布，那么就可以确定标的资产在 0 时刻的期权定价。在不知终值分布时，如何估计其密度函数，自然地想到用非参数的方法。注意到 Black-Scholes 关于欧式期权定价公式的假设，股票的价格服从几何布朗运动，即$\frac{\mathrm{d}S}{S}=\mu\mathrm{d}t+\sigma\mathrm{d}W$($W$ 为标准 Brown 运动)。

在风险中性市场中等价于 $S_t=S_0\exp\left\{\left(r-\frac{\sigma^2}{2}\right)t+\sigma W_t\right\}$，从而有 $\ln\frac{S_t}{S_0}\sim\Phi\left[\left(\mu-\frac{\sigma^2}{2}\right)t,\sigma\sqrt{t}\right]$或 $\ln S_t\sim\Phi\left[\left(r-\frac{\sigma^2}{2}\right)t+\ln S_0,\sigma\sqrt{t}\right]$，即股票价格是服从对数正态的，或者说股票的对数收益率服从正态分布。但众多的文献表明股票收益率不一定服从正态分布，那么基于收益率不服从正态分布的欧式期权如何定价呢？本章用收益率的核密度估计进行研究。

5.1　核密度估计及其大样本性质

设总体 X 具有未知分布密度 $f(x)$，现从总体中抽取样本 $X_1,X_2,\cdots,X_n$，对密度的估计，如果我们采用直方图估计，即取 $-\infty<a_1<a_2<\cdots<a_k<a_{k+1}<+\infty$，把整个数轴分为 k 个区间$[a_k,a_{k+1})$，$i=1,2,\cdots,k$。计算样本 $X_1,X_2,\cdots,X_n$ 落在第 i 个区间内的频率，则

$$f_n(x)=\frac{1}{n}\sum_{j=1}^{n}\frac{I(a_i\leqslant X_j<a_{i+1})}{a_{i+1}-a_i},\quad x\in[a_i,a_{i+1})$$

为 $f(x)$在区间$[a_i,a_{i+1})$内的估计。由于 $f_n(x)$在区间$[a_i,a_{i+1})$内为一个常数，这与实际不相符，只有在区间的中心处比较准确，而在区间的两端附近有较大的误差。如果区间长度过长，估计的误差更大。许多学者发现核密度估计是密度函数较好的估计，它具有较多良好的性质，因此对股价 S_T 的分布密度的估计，采用核密度估计的方法。

定义 5.1.1　设总体 X 具有分布函数 $F(x)$，$F(x)$未知，$X_1,X_2,\cdots,X_n$ 为取自总体 X 的一个样本，若 $K(y)$是定义在 $\mathbf{R}$ 上的一个分布函数，$h_n>0$ 为常数，则称

$$F_n(x)=\frac{1}{nh_n}\sum_{i=1}^{n}K\left(\frac{x-X_i}{h_n}\right)$$

为 $F(x)$的核分布函数估计，其中，$K(y)$称为核分布函数，h_n 称为窗宽，使用时应注意窗宽的选择，一般地，窗宽 $h_n=cn^{-\frac{1}{5}}$（c 为常数）。

核密度估计具有许多良好的大样本性质，这为我们利用这些大样本性质对股票价格密度估计提供了理论基础。

引理 5.1.1 设 $k(u)$和 $g(x)$都是定义在 $\mathbf{R}$ 上的 Borel 可测函数，满足条件

(1) $k(u)$在 $\mathbf{R}$ 上有界；

(2) $\int_{-\infty}^{+\infty} |k(u)| \mathrm{d}u<+\infty$；

(3) $\lim\limits_{|u|\to+\infty} u|k(u)|=0$ 或者 $g(x)$在 $\mathbf{R}$ 上有界；

(4) $\int_{-\infty}^{+\infty} |g(x)| \mathrm{d}x<+\infty$。

令 $g_n(x)=\dfrac{1}{h_n}\int_{-\infty}^{+\infty} k\left(\dfrac{u}{h_n}\right)g(x-u)\mathrm{d}u$，其中，$h_n\to0$，则当 x 是 $g(x)$的连续点时，有 $\lim\limits_{n\to\infty}g_n(x)=g(x)\int_{-\infty}^{+\infty} k(u)\mathrm{d}u$。若 $g(x)$在 $\mathbf{R}$ 上有界且一致连续，则 $\lim\limits_{n\to+\infty}\left\{\sup\limits_{x\in\mathbf{R}}\left|g_n(x)-g(x)\int_{-\infty}^{+\infty}k(u)\mathrm{d}u\right|\right\}=0$。

定理 5.1.1 设核函数 $k(u)$和密度函数 $f(x)$满足

(1) $k(u)$在 $\mathbf{R}$ 上有界，$\int_{-\infty}^{+\infty} |k(u)| \mathrm{d}u<+\infty$，$\int_{-\infty}^{+\infty}k(u)\mathrm{d}u=1$；

(2) $\lim\limits_{|u|\to+\infty} u|k(u)|=0$ 或者 $f(x)$在 $\mathbf{R}$ 上有界。

如果 $h_n\to0$，则对 $f(x)$的任意一个连续点 x 有 $\lim\limits_{n\to+\infty}Ef_n(x)=f(x)$。

定理 5.1.1 说明核密度估计 $f_n(x)$是密度函数 $f(x)$的逐点渐近无偏估计。

定理 5.1.2 在定理 5.1.1 的条件下，如果 $h_n\to0$ 且 $nh_n\to+\infty$，则对 $f(x)$的任一个连续点 x 有 $\lim\limits_{n\to+\infty}E[f_n(x)-f(x)]^2=0$。

定理 5.1.2 说明当样本容量 n 充分大时，用核密度估计 $f_n(x)$估计密度函数 $f(x)$，其均方差能充分小。但均方误差与窗宽的选择有关，可在一定条件下适当选择窗宽，使均方误差达到最小。

定理 5.1.3 设二阶导数 $f''(x)$在 $\mathbf{R}$ 上有界且连续，核函数 $k(u)$为概率密度函数，满足 $k_1=\int_{-\infty}^{+\infty}uK(u)\mathrm{d}u=0$，$k_2=\int_{-\infty}^{+\infty}u^2K(u)\mathrm{d}u<+\infty$，则对 $f(x)\neq0$ 且 $f''(x)\neq0$ 的 x，当 $h_n=n^{-\frac{1}{5}}\left[(k_2f''(x))^2f(x)\int_{-\infty}^{+\infty}k^2(u)\mathrm{d}u\right]^{\frac{1}{5}}$ 时，$f_n(x)$ 的均方差达到最小，其最小值为

$$\mathrm{MSE}=\frac{5}{4}n^{-\frac{4}{5}}\left[k_2f''(x)\left(f(x)\int_{-\infty}^{+\infty}k^2(u)\mathrm{d}u\right)\right]^{\frac{2}{5}}+o(n^{-\frac{4}{5}})$$

5.2　核密度估计在期权定价上的应用

取核密度函数 $k(y)=\frac{1}{\sqrt{2\pi}}\mathrm{e}^{-\frac{y^2}{2}}$，$-\infty<y<+\infty$，则 $k\left(\frac{x-x_i}{h}\right)=\frac{1}{\sqrt{2\pi}}\mathrm{e}^{-\frac{(x-x_i)^2}{2h^2}}$，$-\infty<x<+\infty$。于是函数的核密度估计为

$$f_n(x)=\frac{1}{nh}\sum_{i=1}^{n}\varphi\left(\frac{x-x_i}{h}\right) \tag{5.2.1}$$

其中，$\varphi(\cdot)$为标准正态密度函数。

定理 5.2.1　若总体 X 的分布密度 $f(x)$未知，现从总体中抽取样本 X_1，X_2，…，X_n，则

$$P(a<X<b)\approx\frac{1}{n}\sum_{i=1}^{n}\left[\Phi\left(\frac{b-x_i}{h}\right)-\Phi\left(\frac{a-x_i}{h}\right)\right]$$

其中，$\Phi(\cdot)$为标准正态分布函数，$a,b\in\mathbf{R}$，h 为窗宽。

证明　$P(a<X<b)\approx\int_a^b f_n(x)\mathrm{d}x=\int_a^b\frac{1}{nh}\sum_{i=1}^{n}\varphi\left(\frac{x-x_i}{h}\right)\mathrm{d}x$

令 $y=\frac{x-x_i}{h}$，则 $x=hy+x_i$，$\mathrm{d}x=h\mathrm{d}y$，则有

$$\begin{aligned}P(a<X<b)&\approx\frac{1}{nh}\sum_{i=1}^{n}\int_a^b\varphi\left(\frac{x-x_i}{h}\right)\mathrm{d}x\\&=\frac{1}{nh}\sum_{i=1}^{n}\int_a^b\frac{1}{\sqrt{2\pi}}\exp\left\{-\frac{(x-x_i)^2}{2h^2}\right\}\mathrm{d}x\\&=\frac{1}{n}\sum_{i=1}^{n}\int_{\frac{a-x_i}{h}}^{\frac{b-x_i}{h}}\frac{1}{\sqrt{2\pi}}\exp\left\{-\frac{y^2}{2}\right\}\mathrm{d}y\\&=\frac{1}{n}\sum_{i=1}^{n}\left[\Phi\left(\frac{b-x_i}{h}\right)-\Phi\left(\frac{a-x_i}{h}\right)\right]\end{aligned}$$

□

由定理 5.2.1 可知 $P(X<b)\approx\frac{1}{n}\sum_{i=1}^{n}\Phi\left(\frac{b-x_i}{h}\right)$，$P(X>a)\approx\frac{1}{n}\sum_{i=1}^{n}\left[1-\Phi\left(\frac{a-x_i}{h}\right)\right]$。

定理 5.2.2　若股票价格 S_t 在终点的价格 S_T 的分布未知，T 为期满日，在时段$[0,T]$内没有分红，$x_1,x_2,\cdots,x_n$ 为 S_T 的一组样本值，则该股票在 0 时刻欧式看涨期权估值为

$$\hat{V}_0=\max\left\{\frac{\mathrm{e}^{-rT}}{n}\sum_{i=1}^{n}\left[h\varphi\left(\frac{K-x_i}{h}\right)+(x_i-K)\Phi\left(\frac{x_i-K}{h}\right)\right],S_0-K\mathrm{e}^{-r(T-t)}\right\}$$

证明 设股票价格 S_t 在 0 时刻的价格为 S_0，在终点时刻的价格为 S_T，x_1，x_2，…，x_n 为 S_T 的一组样本值，则 S_T 的核密度估计为

$$f_n(x)=\frac{1}{nh}\sum_{i=1}^{n}k\left(\frac{x-x_i}{h}\right)$$

由于关于该股票的欧式期权定价为 $V=\mathrm{e}^{-rT}E(S_T-K)^+$，所以该期权的非参数估计为

$$\begin{aligned}\hat{V}&=\mathrm{e}^{-rT}\int_K^{+\infty}(x-K)f_n(x)\mathrm{d}x\\&=\mathrm{e}^{-rT}\int_K^{+\infty}xf_n(x)\mathrm{d}x-\mathrm{e}^{-rT}K\int_K^{+\infty}f_n(x)\mathrm{d}x\\&=\frac{\mathrm{e}^{-rT}}{nh}\left[\sum_{i=1}^{n}\int_K^{+\infty}xk\left(\frac{x-x_i}{h}\right)\mathrm{d}x-K\sum_{i=1}^{n}\int_K^{+\infty}k\left(\frac{x-x_i}{h}\right)\mathrm{d}x\right]\\&=\frac{\mathrm{e}^{-rT}}{nh}\sum_{i=1}^{n}\left[\int_K^{+\infty}xk\left(\frac{x-x_i}{h}\right)\mathrm{d}x-K\int_K^{+\infty}k\left(\frac{x-x_i}{h}\right)\mathrm{d}x\right]\end{aligned}\tag{5.2.2}$$

取高斯核函数 $k(y)=\frac{1}{\sqrt{2\pi}}\mathrm{e}^{-\frac{y^2}{2}}$，$-\infty<y<+\infty$，于是 $k\left(\frac{x-x_i}{h}\right)=\frac{1}{\sqrt{2\pi}}\mathrm{e}^{-\frac{(x-x_i)^2}{2h^2}}$，$-\infty<x<+\infty$。令 $y=\frac{x-x_i}{h}$，则 $x=hy+x_i$，$\mathrm{d}x=h\mathrm{d}y$，于是

$$\begin{aligned}\int_K^{+\infty}xk\left(\frac{x-x_i}{h}\right)\mathrm{d}x&=\int_K^{+\infty}\frac{x}{\sqrt{2\pi}}\mathrm{e}^{-\frac{(x-x_i)^2}{2h^2}}\mathrm{d}x=\frac{1}{\sqrt{2\pi}}\int_{\frac{K-x_i}{h}}^{+\infty}(hy+x_i)\mathrm{e}^{-\frac{y^2}{2}}h\mathrm{d}y\\&=\frac{h^2}{\sqrt{2\pi}}\int_{\frac{K-x_i}{h}}^{+\infty}y\mathrm{e}^{-\frac{y^2}{2}}\mathrm{d}y+\frac{hx_i}{\sqrt{2\pi}}\int_{\frac{K-x_i}{h}}^{+\infty}\mathrm{e}^{-\frac{y^2}{2}}\mathrm{d}y\\&=\frac{h^2}{\sqrt{2\pi}}\int_{\frac{K-x_i}{h}}^{+\infty}y\mathrm{e}^{-\frac{y^2}{2}}\mathrm{d}y+hx_i\Phi\left(\frac{x_i-K}{h}\right)\\&=\frac{h^2}{\sqrt{2\pi}}\exp\left\{-\frac{(K-x_i)^2}{2h^2}\right\}+hx_i\Phi\left(\frac{x_i-K}{h}\right)\\&=h^2\varphi\left(\frac{K-x_i}{h}\right)+hx_i\Phi\left(\frac{x_i-K}{h}\right)\end{aligned}$$

而 $\int_K^{+\infty}k\left(\frac{x-x_i}{h}\right)\mathrm{d}x=\int_K^{+\infty}\frac{1}{\sqrt{2\pi}}\exp\left\{-\frac{(x-x_i)^2}{2h^2}\right\}\mathrm{d}x=\frac{h}{\sqrt{2\pi}}\int_{\frac{K-x_i}{h}}^{+\infty}\mathrm{e}^{-\frac{y^2}{2}}\mathrm{d}y=h\Phi\left(\frac{x_i-K}{h}\right)$，由式(5.2.2)得

$$\begin{aligned}\hat{V}&=\frac{\mathrm{e}^{-rT}}{nh}\sum_{i=1}^{n}\left[\int_K^{+\infty}xk\left(\frac{x-x_i}{h}\right)\mathrm{d}x-K\int_K^{+\infty}K\left(\frac{x-x_i}{h}\right)\mathrm{d}x\right]\\&=\frac{\mathrm{e}^{-rT}}{nh}\sum_{i=1}^{n}\left[h^2\varphi\left(\frac{K-x_i}{h}\right)+hx_i\Phi\left(\frac{x_i-K}{h}\right)-Kh\Phi\left(\frac{x_i-K}{h}\right)\right]\end{aligned}$$

$$= \frac{e^{-rT}}{n}\sum_{i=1}^{n}\left[h\varphi\left(\frac{K-x_i}{h}\right)+(x_i-K)\Phi\left(\frac{x_i-K}{h}\right)\right]$$

综合考虑欧式看涨期权定价的下界，因此欧式看涨期权的定价为

$$\hat{V}_0 = \max\left\{\frac{e^{-rT}}{n}\sum_{i=1}^{n}\left[h\varphi\left(\frac{K-x_i}{h}\right)+(x_i-K)\Phi\left(\frac{x_i-K}{h}\right)\right], S_0 - Ke^{-r(T-t)}\right\}$$

□

5.3　数值模拟

由于大多数股票的走势与上海证券交易所股票价格综合指数(上证指数)的走势相类似，上证指数的历史数据较多，所以以下选择上证指数作为研究对象，研究 1996 年 1 月 2 日至 2005 年 12 月 30 日年收益率的核密度估计，最后再实证研究欧式期权非参数估计。

1. 年收益率的统计特征与正态性检验

从 www.stock2000.com 收集 1996 年 1 月 2 日至 2005 年 12 月 30 日上证指数的日收盘价数据(共 2407 个)，计算出十年来的年收益率，给出年收益率的直方图(图 5.1)。年收益率的统计特征如表 5.1 所示。

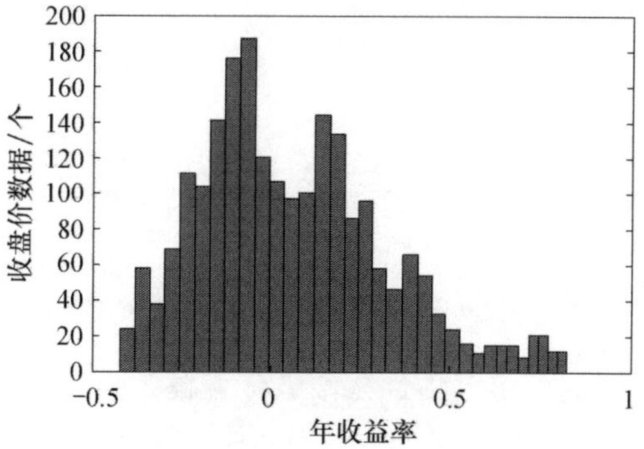

图 5.1　1996～2005 年年收益率

表 5.1　年收益率的统计特征

	最大值	最小值	均值	方差	标准差
年收益率	0.8087	−0.4195	0.0487	0.0626	0.2503

作假设检验，原假设($H0$)年收益率服从正态分布。用 Matlab 软件中的 Jbtest()命令进行正态性检验，结果为

$$H = 1,\quad P = 0,\quad \text{Jbstat} = 136.4196,\quad \text{CV} = 5.9915$$

结果说明，$H=1$ 说明拒绝原假设，即年收益率不服从正态分布；接受原假设的概率 $P=0$，因此我们可以拒绝原假设；测试值 Jbstat＝136.4196≫临界值 CV＝5.9915，因此原假设不成立。除此以外，还可以用柯尔莫哥洛夫检验、偏峰态检验和概率图检验。检验结果都表明年收益率不服从正态分布，因此对相关的欧式期权定价问题用非参数方法。

2. 年收益率的大样本性质

取窗宽 $h=0.05$，由式(5.2.1)知年收益率的核密度估计为

$$f_n(x) = \frac{20}{2167}\sum_{i=1}^{2167}\varphi(20(x-x_i))$$

年收益率的核密度估计如图 5.2 所示。

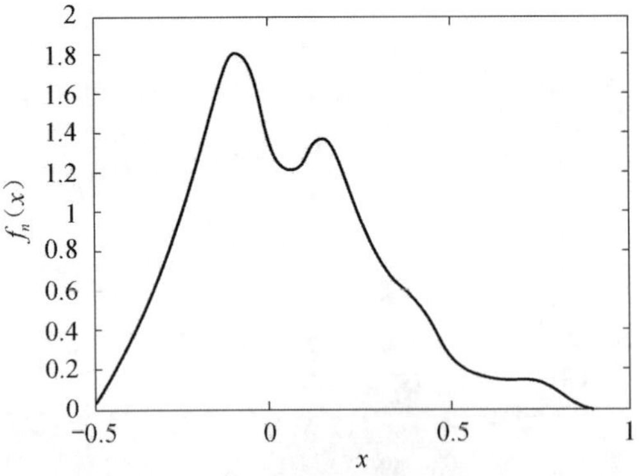

图 5.2　1996～2005 年年收益率核密度估计

(1) 年收益率密度的核密度估计是渐近无偏的。

设年收益率序列$\{X_i\}$($i=1,2,\cdots,n,\cdots$)独立同分布，密度函数为 $f(x)$，则

$$Ef_n(x) = \frac{20}{2167}\sum_{i=1}^{2167}E\varphi(20(x-X_i)) = 20E\varphi(20(x-X_i))$$
$$= 20\int_{-\infty}^{+\infty}\varphi(20(x-y))f(y)\mathrm{d}y$$

令 $u=x-y$，则 $Ef_n(x)=20\int_{-\infty}^{+\infty}\varphi(20u)f(x-u)\mathrm{d}u$，由于 $\varphi(u)=\frac{1}{\sqrt{2\pi}}\mathrm{e}^{-\frac{u^2}{2}}$，易知

$\varphi(u)$满足定理 5.1.1 的条件，因此有

$$\lim_{n\to+\infty} Ef_n(x) = f(x)\int_{-\infty}^{+\infty}\varphi(u)\mathrm{d}u = f(x)$$

由此可知年收益率的核估计 $f_n(x)$具有渐近无偏性。

(2) 年收益率密度的核密度估计的均方差可以任意小。

由于核函数 $k(y)=\dfrac{1}{\sqrt{2\pi}}\mathrm{e}^{-\frac{y^2}{2}}(-\infty<y<+\infty)$，显然 $k(y)$在 $\mathbf{R}$ 上有界，并且有 $\int_{-\infty}^{+\infty}|k(y)|\mathrm{d}y<+\infty$，$\int_{-\infty}^{+\infty}k(y)\mathrm{d}y=1$，$\lim\limits_{|y|\to+\infty}y|k(y)|=0$。于是由定理 5.2.2 只需选取适当的窗宽 h_n，使 $h_n\to 0$ 且 $nh_n\to+\infty$，则核密度估计的均方差可以任意小。

3. 欧式期权价值评估的非参数估计方法

第一步，根据历年数据做出年收益率的核密度估计 $f_n(x)$以及统计特征。

第二步，根据年收益率的统计特征，把年收益率的变化范围分成若干个小部分。

第三步，对年收益率分区间抽样决定股票在到期日的价格。

设期权的期满日为 T，收益率序列$\{X_i\}(i=1,2,\cdots,n,\cdots)$独立同分布，核密度估计为 $f_n(x)$，则在期满日时股票的价格 $S_T=S_0\mathrm{e}^{X_i}$。对收益率 X_i 采用分区间随机抽样，设每个小区间的概率为 p_i，从总体中抽取 n 个样本，则每个小区间应抽取 np_i 个样本。

第四步，利用定理 5.2.2 计算欧式期权价值。

4. 应用实例

由于大多数股票的走势与上证指数的走势相类似，有些股票的历史数据不足，如上市不久的股票，而上证指数的历史数据较多，所以可借鉴上证指数的走势。当然，如果股票的历史数据较多，应该用股票的数据对年收益率作出核密度估计。设某股票的年收益率分布与上证指数一样，期初价格为 50 元，敲定价为 50 元，期满时间为 1 年，无风险利率为 10%，在有效期内不分红。求出该股票的欧式看涨期权。

根据年收益率的统计特征，把年收益率的变化范围分成以下几个部分：
$[-0.42,-0.30)$，$[-0.30,-0.20)$，$[-0.20,-0.1)$，$[-0.1,0)$，$[0,0.10)$，$[0.1,0.2)$，$[0.2,0.3)$，$[0.3,0.4)$，$[0.4,0.5)$，$[0.5,0.6)$，$[0.6,0.7)$，$[0.7,0.81)$。

根据定理 5.2.1,用 Matlab 软件设计程序计算出每个小区间上的概率:$P(-0.42<x<-0.3)=0.0549$,$P(-0.3\leqslant x<-0.2)=0.0992$,$P(-0.2\leqslant x<-0.1)=0.1580$,$P(-0.1\leqslant x<0)=0.1629$,$P(0\leqslant x<0.1)=0.1248$,$P(0.1\leqslant x<0.2)=0.1331$,$P(0.2\leqslant x<0.3)=0.0975$,$P(0.3\leqslant x<0.4)=0.0659$,$P(0.4\leqslant x<0.5)=0.0429$,$P(0.5\leqslant x<0.6)=0.0209$,$P(0.6\leqslant x<0.7)=0.0152$,$P(0.7\leqslant x<0.81)=0.0150$。

现从总体中抽取 3000 个样本,按比例对每个小区间抽样,于是在期满日时股票的价格 $S_T=50e^{X_i}$。利用定理 5.2.2 可计算欧式期权,整个计算过程可用 Matlab 软件编制程序完成。

计算结果为模拟 2500 次,期权值为 7.0736,标准差 0.1998。若取年波动率 $\sigma=0.25$,则用 B-S 公式定价为 7.4879。用 Monte Carlo 模拟 2500 次,期权值为 7.7386,标准差为 0.2287。

结果说明,非参数方法定价结果与 B-S 公式定价结果有所区别,至于哪个更切合实际有待在实践中检验。两者不同的原因是明显的。第一,非参数方法对年收益率所服从的分布密度为核密度估计 $f_n(x)$,模拟计算时基于 $f_n(x)$ 随机抽样。B-S 公式定价方法与 Monte Carlo 模拟定价方法都假设年收益率服从正态分布 $\ln\dfrac{S_t}{S_0}\sim\Phi\left[\left(\mu-\dfrac{\sigma^2}{2}\right)t,\sigma\sqrt{t}\right]$。第二,若年波动率 $\sigma=0.226$,则用 B-S 公式定价为 7.0740,这个结果与非参数方法得到的结果几乎一致。关于波动率,可从历史数据中估计出来。年波动率=日波动率$\times\sqrt{T}$,日波动率$=\sqrt{\dfrac{1}{n-1}\sum_{i=1}^{n}(u_i-\bar{u})^2}$,其中,$u_i=\ln\dfrac{S_i}{S_{i-1}}$ 为日收益率,T 为一年中实际交易的天数。一般地,期权从业者不使用这样的波动率,因为它反映过去的而不是将来的。实际上,他们通常使用隐含波动率,隐含波动率是指在市场中观察到的期权价格所隐含的波动率,这是从 B-S 公式中求解出来的波动率,隐含波动率反映了交易者对股票波动将来的预测。在以上的期权计算对比中,采用的年波动率是从历史数据中估计的波动率,而不是隐含波动率。基于这两方面原因,因此非参数估计评估期权值与 B-S 公式以及 Monte Carlo 模拟结果实际上不好对比。

从定理 5.2.2 来看,非参数方法定价主要与股票在期满日时的股价有关,与窗宽有关。由于通过对年收益率的抽样决定股价,年收益率的分布影响到期权的定价,所以以下研究窗宽对期权定价的影响。

5. 窗宽对期权定价的影响

由定理 5.1.3 知,选择适当的窗宽可以使核密度估计 $f_n(x)$ 的均方差达到最小，表 5.2 从数值模拟方面观察窗宽的选择对期权定价的影响。

表 5.2　模拟计算结果

$S_0=50, r=0.1, \sigma=0.25, T=1, n=3000$			
敲定价 $K=50$		敲定价 $K=52.5$	
窗宽 h	非参数定价 c	窗宽 h	非参数定价 c
0.005	7.0296(0.1991)	0.005	5.9699(0.1887)
0.01	7.0503(0.1988)	0.01	5.9268(0.1873)
0.02	7.0376(0.2006)	0.02	5.9922(0.1881)
0.05	7.0713(0.2008)	0.05	5.9362(0.1861)
0.08	7.0680(0.1995)	0.08	5.9293(0.1862)
0.10	7.0636(0.1992)	0.10	5.9314(0.1856)
0.15	7.0483(0.1990)	0.15	5.9751(0.1870)
0.40	7.0766(0.1999)	0.40	5.9758(0.1879)
1.00	7.0380(0.1981)	1.00	5.9543(0.1867)
2.00	7.0764(0.1990)	2.00	6.0085(0.1872)

结果说明，当窗宽的选择在合适范围内时，窗宽几乎对期权价值无影响。

6. 年收益率分布对期权定价的影响

(1) 不同的分布对期权定价的影响。

以下根据 1997 年 1 月 3 日至 2005 年 12 月 30 日的收盘价对年收益率进行统计，取窗宽 $h=0.05$，由式(5.2.1)可得年收益率的核密度估计为

$$f_n(x)=\frac{20}{1919}\sum_{i=1}^{1919}\varphi(20(x-x_i))$$

用 Matlab 软件设计程序可得该核密度估计如图 5.3 所示。

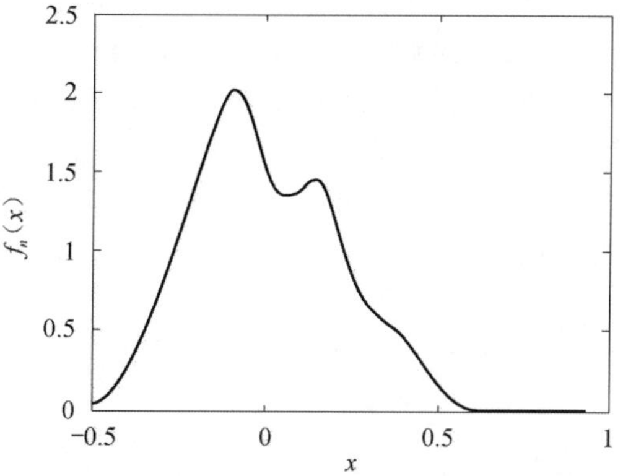

图 5.3　1997～2005 年年收益率核密度估计

用 Matlab 软件设计程序可得统计特征如表 5.3 所示。

表 5.3　年收益率的统计特征

	最大值	最小值	均值	方差	标准差
年收益率	0.5433	−0.4195	−0.0021	0.0420	0.2049

用 Matlab 软件中的 Jbtest()命令进行正态性检验，结果为

$$H = 1,\quad P = 7.0377\text{e-}013,\quad \text{Jbstat} = 55.9647,\quad \text{CV} = 5.9915。$$

结果表明不服从正态分布。从核密度估计表达式以及统计特征来看，1997～2005 年年收益率分布明显不同。

根据年收益率的统计特征，把年收益率的变化范围分成以下几个部分，用 Matlab 软件设计程序，取窗宽 $h=0.05$，根据定理 5.2.1 计算出每个小区间的概率如表 5.4 所示。

表 5.4　每个小区间的概率

序　号	区　间	概　率	序　号	区　间	概　率
1	$-0.42<x<-0.3$	0.0620	6	$0.1<x<0.2$	0.1385
2	$-0.3<x<-0.2$	0.1120	7	$0.2<x<0.3$	0.0889
3	$-0.2<x<-0.1$	0.1775	8	$0.3<x<0.4$	0.0566
4	$-0.1<x<0$	0.1811	9	$0.4<x<0.5$	0.0314
5	$0<x<0.1$	0.1380	10	$0.5<x<0.55$	0.0047

用 Matlab 软件设计程序，取窗宽 $h=0.05$，模拟 2000 次可算得看涨期权价值为 4.5486，标准差为 0.1583，考虑到欧式看涨期权的下界期权值应为 4.7581。

从结果来看分布不同得到的期权价值明显不同。我们发现 1997～2005 年年收益率的统计特征与 1996～2005 年年收益率的统计特征有明显的区别，1997～2005 年最大年收益率小于 1996～2005 年最大年收益率，平均年收益率小于 1996～2005 年平均年收益率，甚至年收益率为负收益率，标准差也小于 1996～2005 年的标准差。2004～2005 年平均年收益率为负值更加明显，因此相应的看涨期权也必须比较便宜。从实际情况来看，2001 年 1 月 2 日至 2005 年 12 月 30 日股指走势为下跌趋势，其统计特征如表 5.5 所示。

表 5.5　年收益率的统计特征

	最大值	最小值	均值	方差	标准差
年收益率	0.1864	−0.4195	−0.1320	0.0184	0.1355

从表 5.5 知最近几年年收益率均值为－13.2%，在此背景下，欧式看涨期权价值不会太高。

(2) 区间个数对非参数期权定价的影响。

用 Matlab 软件设计程序，取窗宽 $h=0.05$，根据定理 5.2.1 计算出每个小区间上的概率如表 5.6 所示。

表 5.6　每个小区间上的概率

序　号	区　间	概　率	序　号	区　间	概　率
1	$-0.42<x<-0.35$	0.0277	11	$0.1\leqslant x<0.15$	0.0719
2	$-0.35\leqslant x<-0.3$	0.0343	12	$0.15\leqslant x<0.2$	0.0666
3	$-0.3\leqslant x<-0.25$	0.0482	13	$0.2\leqslant x<0.25$	0.0513
4	$-0.25\leqslant x<-0.2$	0.0638	14	$0.25\leqslant x<0.3$	0.0376
5	$-0.2\leqslant x<-0.15$	0.0806	15	$0.3\leqslant x<0.35$	0.0301
6	$-0.15\leqslant x<-0.1$	0.0969	16	$0.35\leqslant x<0.4$	0.0266
7	$-0.1\leqslant x<-0.05$	0.0979	17	$0.4\leqslant x<0.45$	0.0201
8	$-0.05\leqslant x<0$	0.0832	18	$0.45\leqslant x<0.5$	0.0112
9	$0\leqslant x<0.05$	0.0701	19	$0.5\leqslant x<0.55$	0.0047
10	$0.05\leqslant x<0.1$	0.0679			

用 Matlab 软件设计程序，取窗宽 $h=0.05$，模拟 2000 次可算得期权值为 4.4870，标准差为 0.1560，考虑到欧式看涨期权的下界，期权值应为 4.7581。

从表 5.6 知，在区间个数增加一倍的情况下，模拟结果变化不大。

5.4　不同期满日的期权定价

对于不同期满日的期权定价，如 3 个月、4 个月、6 个月的期权定价，与期满日为一年的定价方法一样，要做出期满日时的收益率分布。

以下根据 1996 年 1 月 2 日至 2005 年 12 月 30 日的收盘价对半年收益率进行统计，取窗宽 $h=0.05$，由式(5.2.1)可得半年收益率的核密度估计为

$$f_n(x)=\frac{20}{2287}\sum_{i=1}^{2287}\varphi(20(x-x_i))$$

用 Matlab 软件设计程序可得该核密度估计如图 5.4 所示。

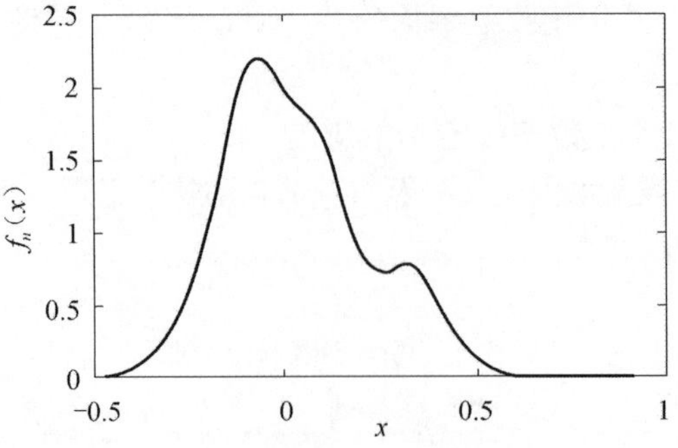

图 5.4　1996～2005 年半年收益率核函数估计

半年收益率的统计特征见表 5.7 所示。

表 5.7　半年收益率的统计特征

	最大值	最小值	均值	方差	标准差
半年收益率	0.5355	−0.4352	0.0319	0.0325	0.11803

用 Matlab 软件中的 Jbtest()命令进行正态性检验，结果为

$$H=1,\quad P=0,\quad \text{Jbstat}=85.6285,\quad \text{CV}=5.9915$$

结果表明不服从正态分布。根据收益率的统计特征，把半年收益率的变化范围分成以下几个部分，用 Matlab 软件设计程序，取窗宽 $h=0.05$，根据定理 5.2.1 计算出每个小区间上的概率如表 5.8 所示。

表 5.8　每个小区间上的概率

序　号	区　间	概　率	序　号	区　间	概　率
1	$-0.44<x<-0.35$	0.0064	11	$0.1\leqslant x<0.15$	0.0769
2	$-0.35\leqslant x<-0.3$	0.0123	12	$0.15\leqslant x<0.2$	0.0548
3	$-0.3\leqslant x<-0.25$	0.0256	13	$0.2\leqslant x<0.25$	0.0409
4	$-0.25\leqslant x<-0.2$	0.0433	14	$0.25\leqslant x<0.3$	0.0397
5	$-0.2\leqslant x<-0.15$	0.0682	15	$0.3\leqslant x<0.35$	0.0411
6	$-0.15\leqslant x<-0.1$	0.0986	16	$0.35\leqslant x<0.4$	0.0335
7	$-0.1\leqslant x<-0.05$	0.1152	17	$0.4\leqslant x<0.45$	0.0201
8	$-0.05\leqslant x<0$	0.1108	18	$0.45\leqslant x<0.5$	0.0099
9	$0\leqslant x<0.05$	0.1019	19	$0.5\leqslant x<0.55$	0.0044
10	$0.05\leqslant x<0.1$	0.0937			

用 Matlab 软件设计程序，取窗宽 $h=0.05$，模拟 2000 次可算得看涨期权价值为 4.9686，标准差为 0.1665。

5.5 小结

从上述可知,非参数方法定价关键是期满日时收益率的分布。在定价时可以认为未来收益率的分布会重演历史,因此从历史数据中估计出收益率的分布,并把它看成是将来的收益率分布,然后决定股票价格的分布,最后根据定理 5.2.2 给出定价。由于收益率的分布是从历史数据中得到的,而这些历史数据基于不完全市场,所以这种非参数定价方法是基于不完全市场的定价方法。用这种定价方法得到的定价结果从严格意义上来说与 B-S 公式定价结果不好比较,只能通过实证进行检验,但我国目前还未有股票期权,金融体系比较发达的国家有丰富的股票期权资源,但不易找到,因此本章仅是在价值评估方法上对不完全市场上期权定价的探讨。

第 6 章　美式期权定价非线性方法

6.1　问题的提出

本章在最优停时理论中，利用动态规划原则，得到了关于美式（看涨或看跌）期权定价的一个非线性 Black-Scholes 型偏微分方程，利用黏性解的概念证明了该偏微分方程的解的存在性和唯一性，由此得到了美式期权定价的一个新方法。同时给出基于最小二乘法的美式期权定价的最优停时的数值算法。首先通过构造一个函数的有限集替代动态规划中的条件期望；其次使用蒙特卡罗模拟和最小二乘法计算第一步中的值函数，并在一般意义下，证明该算法的收敛性；最后对于上述的蒙特卡罗过程，进一步讨论了其有关序列的胎紧性，给出并证明与收敛速率相关的中心极限定理。

6.2　美式期权价值的非线性偏微分方程

与欧式期权定价存在解析表达式相反，美式期权定价没有显式解，由文献（Bensoussan，1984；Karatza，1988）知，美式期权的无套利定价是最优停时问题的解。简单地说，最优停时问题的解可以通过两个主要的方法确定。一是基于拟变分不等式公式（Bensoussan et al.，1982；Bensoussan，1984；Jaillet et al.，1990）；二是基于自由边界问题公式（jr McKean，1965；Crandall et al.，1992）。这两种方法都必须使用数值算法来确定美式期权价格，其优点和不足见文献（Myneni，1992）。

本章提出了关于美式期权定价问题的一个微分公式，在这个新的公式中，将要寻找一个函数 $v=v(t,x)$ 满足 $v(T,x)=g(x)$ 和下面 Black-Scholes 类的非线性偏微分方程

$$\partial_t v+(r-d)x\partial_x v+\frac{1}{2}\sigma^2 x^2\partial_x v-rv=-q(x,v) \tag{6.2.1}$$

其中，$x\geqslant 0$，$t\in[0,T)$；r,d,σ 为给定的常数；并且非线性项 q 是如下的形式

$$q(x,v)=\begin{cases}0, & g(x)-v<0,\\ c(x), & g(x)-v\geqslant 0\end{cases} \tag{6.2.2}$$

其中，“现金流”函数 $c(x)$ 按下式定义

$$c(x)=\begin{cases}(dx-rK)^{+}, & \text{看涨期权},\\(rK-dx)^{+}, & \text{看跌期权}\end{cases}\tag{6.2.3}$$

6.2.1 美式期权定价理论有关知识的简要回顾

假设股息支付股票的价格动态 $X(s)=X^{t,x}(s)$ 是由几何布朗运动(在等价鞅测度 Q 下)决定,即它按照下列随机微分方程发展变化

$$\mathrm{d}X(s)=(r-d)X(s)\mathrm{d}s+\sigma X(s)\mathrm{d}W(s),\quad s\in(t,T]\tag{6.2.4}$$

其中,$d\geqslant0$ 是股票的确定股息,$r\geqslant0$ 是无风险利率,$\sigma>0$ 是波动率,$\{W(s)\mid s\in[0,T]\}$ 是一个标准布朗运动,T 是期权合约的执行时间,具有初始条件 $X(t)=x$,因此,一个美式期权的无套利定价是

$$V(t,x)=\sup_{t\leqslant\tau\leqslant T}E^{t,x}[\mathrm{e}^{-r(\tau-t)}g(X(\tau))]\tag{6.2.5}$$

其中,上确界是对所有的 F_t 停时 $\tau\in[t,T]$ 而言,$E^{t,x}$ 表示在等价鞅测度 Q 条件 $X(t)=x$ 下的期望。本章将讨论由式(6.2.6)给出的支付函数 $g:\mathbf{R}\to\mathbf{R}$

$$g(x)=\begin{cases}(x-K)^{+}, & \text{看涨期权},\\(K-x)^{+}, & \text{看跌期权}\end{cases}\tag{6.2.6}$$

其中,$K>0$ 是合约的执行价。

称式(6.2.5)所定义的 $V(t,x)$ 是最优停时问题的值函数。任意 $\varepsilon\geqslant0$,下列动态规划原则成立(Shiryayev,1978)

$$\tau_\varepsilon=\tau_\varepsilon^{t,x}=\inf\{s\in[t,T]\mid V(s,X^{t,x}(s))\leqslant g(X^{t,x}(s))+\varepsilon\}\tag{6.2.7}$$

则 τ_ε 将是一个 ε-最优停时,对任意停时 $t\leqslant\theta\leqslant\tau_\varepsilon$

$$V(t,x)=E^{t,x}[\mathrm{e}^{-r(\theta-t)}V(\theta,X(\theta))]\tag{6.2.8}$$

若选择 $\varepsilon=0$,则 τ_0 是一个最优停时,且过程

$$M(s)=\mathrm{e}^{-r(s-t)}V(s,X^{t,x}(s)),t\leqslant s\leqslant\tau_0\tag{6.2.9}$$

是一个鞅。由式(6.2.8)可以推出下列关于最优停时问题的动态规划原则(Krylov,1980),对任意停时 $\theta\in[t,T]$,有

$$V(t,x)=\sup_{t\leqslant\tau\leqslant T}E^{t,x}[I_{\{\tau<\theta\}}\mathrm{e}^{-r(\tau-t)}g(X(\tau))+I_{\{\tau\geqslant\theta\}}\mathrm{e}^{-r(\theta-t)}V(\theta,X(\theta))]\tag{6.2.10}$$

其中,$I_{\{\cdot\}}$ 是示性函数,表示当{ · }中条件成立时取值为 1,否则取值为 0。选择 $\tau=T$,对任意停时 $\theta\in[t,T]$ 有

$$V(t,x)\geqslant E^{t,x}[\mathrm{e}^{-r(\theta-t)}V(\theta,X(\theta))]\tag{6.2.11}$$

若选择 $\tau=t$，则有 $V(t,x)\geqslant g(x)$（称为早期执行合约）。

式(6.2.5)定义的价值函数 V（美式期权定价）正如 6.1 节所提到的可通过两种方法得到，为节省篇幅，可参看文献(Bensoussan et al.，1982；Bensoussan，1984；jr McKean，1965；Myneni，1994；Van Moerbeke，1976)。在此为了以后讨论方便，给出值函数 V 具有的一个重要性质。

性质 6.2.1　式(6.2.5)定义的值函数 V 属于 $C(\bar{Q}_T)$ 且满足

$$0\leqslant V(t,x)\leqslant\begin{cases}K, & \text{看涨期权,}\\ x, & \text{看跌期权,}\end{cases}\quad (t,x)\in\bar{Q}_T$$

证明　从文献(Karatzas et al.，1998)知 V 是连续的，V 的上界和下界可以利用 $0\leqslant g(x)\leqslant K$（对于看涨期权）和 $0\leqslant g(x)\leqslant x$（对于看跌期权）导出。

6.2.2　非线性 Black-Scholes 型偏微分方程的推导

由式(6.2.5)知在 $\bar{Q}_T$ 上早期执行合约是成立的，即

$$V\geqslant g \tag{6.2.12}$$

其中，g 如式(6.2.6)所定义，对过程 $Y(s)=\mathrm{e}^{-r(s-t)}V(s,X^{t,x}(s))\ (s\in[t,T])$ 应用 Itô 公式，得

$$\mathrm{d}Y(s)=\mathrm{e}^{-r(s-t)}(L_{\mathrm{BS}}-r)V(s,X^{t,x}(s))\mathrm{d}s+\mathrm{e}^{-r(s-t)}\partial_x V(s,X^{t,x}(s))\mathrm{d}W(s)$$

其中，L_{BS} 表示通常的线性 Black-Scholes 微分算子

$$L_{\mathrm{BS}}=\partial_t+(r-d)x\partial_x+\frac{1}{2}\sigma^2x^2\partial_x^2$$

利用式(6.2.11)对所有的 $(t,x)\in Q_T$，得到 $L_{\mathrm{BS}}V(t,x)-rV(t,x)\leqslant 0$。此外，若 $s\in[t,\tau_0]$，τ_0 是按式(6.2.7) $\varepsilon=0$ 的情形所定义，则 $Y(s)=M(s)$，因此 $Y(s)$ 是一个鞅。由此可得在连续的区域内 $L_{\mathrm{BS}}V(t,x)-rV(t,x)=0$。总之，关于美式期权的定价一定成立下面的关系式

$$V\geqslant g,\quad L_{\mathrm{BS}}V-rV\leqslant 0,\quad (V-g)(L_{\mathrm{BS}}V-rV)=0$$

由此得到

$$L_{\mathrm{BS}}V(t,x)-rV(t,x)=0,\quad V(t,x)>g(x)\quad\text{（连续区域）} \tag{6.2.13}$$

$$L_{\mathrm{BS}}V(t,x)-rV(t,x)\leqslant 0,\quad V(t,x)=g(x)\quad\text{（执行区域）} \tag{6.2.14}$$

在执行区域内 $L_{\mathrm{BS}}V-rV$ 是非负的，然而，正像下面将要讨论的，在该区域内，可以导出 $L_{\mathrm{BS}}V-rV$ 的一个下界。为此，在执行区域内固定一点 (t,x)，若 $V\in C^{1,2}$，$V(t,x)=g(x)$，且处处都有 $V\geqslant g$，则称在 (t,x) 上 V 达到 g，(t,x) 是 g-V 的一个局部最大点。由于在 $x=K$ 处支付函数有一个结点，所以本章只考虑 $x<K$ 或

$x>K$ 的情形。下面考虑式(6.2.6)的看涨期权，如果 $x<K$，则有

$$\partial_t V(t,x)=0,\quad \partial_x V(t,x)=0,\quad \partial_x^2 V(t,x)\geqslant 0$$

代入方程(6.2.1)，得到 $L_{\mathrm{BS}}V(t,x)-rV(t,x)\geqslant 0$，再根据式(6.2.14)有

$$L_{\mathrm{BS}}V(t,x)-rV(t,x)=0,\quad \text{当 } V(t,x)=g(x) \text{ 且 } x<K \tag{6.2.15}$$

当 $x>K$ 时，有 $\partial_t V(t,x)=0$，$\partial_x V(t,x)=1$ 和 $\partial_x^2 V(t,x)\geqslant 0$，代入方程(6.2.15)，发现$L_{\mathrm{BS}}V(t,x)-rV(t,x)\geqslant -(dx-rK)$。但是，由式(6.2.14)知$(dx-rK)$不会是负的，所以能确定

$$L_{\mathrm{BS}}V(t,x)-rV(t,x)\geqslant -(dx-rK)^+,\quad \text{当 } V(t,x)=g(x) \text{ 且 } x>K$$

总之，在执行区域内得到美式看涨期权应该满足下列不等式

$$-(dx-rK)^+\leqslant L_{\mathrm{BS}}V(t,x)-rV(t,x)\leqslant 0,\quad \text{当 } V(t,x)=g(x) \tag{6.2.16}$$

同理，在执行区域内，美式看跌期权应该满足

$$-(rK-dx)^+\leqslant L_{\mathrm{BS}}V(t,x)-rV(t,x)\leqslant 0,\quad \text{当 } V(t,x)=g(x) \tag{6.2.17}$$

利用式(6.2.3)定义的“现金流”函数，可以将式(6.2.16)和式(6.2.17)改写为

$$-c(x)\leqslant L_{\mathrm{BS}}V(t,x)-rV(t,x)\leqslant 0,\quad \text{当 } V(t,x)=g(x) \tag{6.2.18}$$

$$L_{\mathrm{BS}}V(t,x)-rV(t,x)=-(dx-rK),\quad \text{当 } V(t,x)=g(x) \tag{6.2.19}$$

由于美式期权定价 V 满足式(6.2.13)和式(6.2.18)，下面引入美式期权定价问题的经典下解和上解的概念而同样问题的解则是经典下解和上解的联立解。

称函数 $v\in C^{1,2}(Q_T)\cap C(\bar{Q}_T)$ 是美式期权定价问题的一个经典下解，如果 $v|_{l=t}\leqslant g(x)$，$x\in[0,+\infty)$，并且下列不等式在 Q_T 上成立

$$\begin{cases} L_{\mathrm{BS}}V(t,x)-rV(t,x)\geqslant 0, & \text{当 } V(t,x)>g(x), \\ L_{\mathrm{BS}}V(t,x)-rV(t,x)\geqslant -c(x), & \text{当 } V(t,x)=g(x), \\ L_{\mathrm{BS}}V(t,x)-rV(t,x)\geqslant -c(x), & \text{当 } V(t,x)<g(x) \end{cases} \tag{6.2.20}$$

由于式(6.2.5)满足早期执行合约(6.2.12)，所以式(6.2.20)中的不等式是不相关的。

称一个函数 $v\in C^{1,2}(Q_T)\cap C(\bar{Q}_T)$是美式期权定价问题的一个经典上解，如果 $v|_{l=t}\geqslant g(x)$，$x\in[0,+\infty)$，并且下列不等式在 Q_T 上成立

$$\begin{cases} L_{\mathrm{BS}}V(t,x)-rV(t,x)\leqslant 0, & \text{当 } V(t,x)>g(x), \\ L_{\mathrm{BS}}V(t,x)-rV(t,x)\leqslant 0, & \text{当 } V(t,x)=g(x), \\ L_{\mathrm{BS}}V(t,x)-rV(t,x)\leqslant -c(x), & \text{当 } V(t,x)<g(x) \end{cases} \tag{6.2.21}$$

由于式(6.2.12)的成立，所以式(6.2.21)中的不等式也是不相关的。

考虑具有 $N(N\geqslant 1)$个变量的局部边界函数 $f:\mathbf{R}^N\to\mathbf{R}$，它的上、下半连续包络分别表示为 f^* 和 f_*，定义为

$$f^*(x)=\limsup_{y\to x} f(y),\quad f_*(x)=\liminf_{y\to x} f(y) \tag{6.2.22}$$

引入 Heaviside 函数

$$H(\xi)=\begin{cases}0, & \xi<0,\\ 1, & \xi\geqslant 0\end{cases} \tag{6.2.23}$$

观察 $H^*(\xi)=\begin{cases}0, & \xi<0,\\ 1, & \xi\geqslant 0\end{cases}$ 和 $H_*(\xi)=\begin{cases}0, & \xi\leqslant 0,\\ 1, & \xi>0,\end{cases}$ 由于 H 是上半连续的，所以 $H^*\equiv H$。

下面引入如下定义的非线性函数 $q:\mathbf{R}\times\mathbf{R}\to[0,+\infty)$

$$q(x,v)=c(x)H(g(x)-v) \tag{6.2.24}$$

并且观察 $q^*(x,v)=c(x)H^*(g(x)-v)$ 和 $q_*(x,v)=c(x)H_*(g(x)-v)$，由于 q 是上半连续的，所以 $q^*\equiv q$。利用 q^* 和 q_*，可以将式(6.2.20)和式(6.2.21)分别写成式(6.2.25)和式(6.2.26)的形式：

$$L_{\mathrm{BS}}V(t,x)-rV(t,x)\geqslant -q^*(x,v(t,x)),\quad (t,x)\in Q_T \tag{6.2.25}$$

$$L_{\mathrm{BS}}V(t,x)-rV(t,x)\leqslant -q_*(x,v(t,x)),\quad (t,x)\in Q_T \tag{6.2.26}$$

本章讨论下列具有终值条件(6.2.28)的非线性 Black-Scholes 方程

$$L_{\mathrm{BS}}V(t,x)-rV(t,x)=-q(x,v(t,x)),\quad (t,x)\in Q_T \tag{6.2.27}$$

$$V(T,x)=g(x),\quad x\in[0,+\infty) \tag{6.2.28}$$

该终端值价问题的解构造了美式期权定价问题的一个新的公式。

定理 6.2.1(美式期权定价问题)　美式(看涨或看跌)期权定价问题等价于寻找一个函数 $v:\bar{Q}_T\to\mathbf{R}$，该函数满足终值条件(6.2.28)和在黏性解的意义上满足非线性 Black-Scholes 方程(6.2.27)。

该定理是 6.2.4 节结果的一个直接推论。

6.2.3　黏性解

本节将引入非线性 Black-Scholes 方程(6.2.27)黏性解的概念。为此需要下列在 $\bar{Q}_T$ 上半连续函数的空间：

$$\mathrm{USC}(\bar{Q}_T)=\{v:\bar{Q}_T\to\mathbf{R}\cup\{-\infty\}\mid v\text{ 是上半连续}\}$$

$$\mathrm{LSC}(\bar{Q}_T)=\{v:\bar{Q}_T\to\mathbf{R}\cup\{-\infty\}\mid v\text{ 是下半连续}\}$$

定义 6.2.1　(1) 一个局部有界函数 $v\in\mathrm{USC}(\bar{Q}_T)$ 是方程(6.2.27)的一个黏性下解当且仅当任意 $\phi\in C^{1,2}(\bar{Q}_T)$ 有

$$\begin{cases}\text{对每一个}(t,x)\in Q_T\text{ 是}(v-\phi)\text{ 的一个局部最大值点}\\ L_{\mathrm{BS}}\phi(t,x)-rv(t,x)+q^*(x,v(t,x))\geqslant 0\end{cases} \tag{6.2.29}$$

另外，在$[0,+\infty)$上，如果$v|_{t=T}\leqslant g$，则v是终值问题(6.2.27)-(6.2.28)的一个黏性下解；

(2) 一个局部有界函数$v\in LSC(\overline{Q}_T)$是方程(6.2.27)的一个黏性上解当且仅当任意$\phi\in C^{1,2}(\overline{Q}_T)$有

$$\begin{cases}\text{对每一个}(t,x)\in Q_T\text{ 是}(v-\phi)\text{ 的一个局部最小值点}\\ L_{BS}\phi(t,x)-rv(t,x)+q_*(x,v(t,x))\leqslant 0\end{cases}\tag{6.2.30}$$

另外，在$[0,+\infty)$上，如果$v|_{t=T}\geqslant g$，则v是终值问题(6.2.27)-(6.2.28)的一个黏性上解；

(3) 一个函数$v\in C(\overline{Q}_T)$是方程(6.2.27)的一个黏性解当且仅当它既是黏性下解又是黏性上解。另外，在$[0,+\infty)$上，如果$v|_{t=T}=g$，则v是终值问题(6.2.27)-(6.2.28)的一个黏性解。

引理 6.2.1　假设$x>0$时，v是方程(6.2.27)的一个下解(上解)，则当$x\geqslant 0$时，v也是方程(6.2.27)的一个下解(上解)。

证明　假设$[\bar{t},0)$是$(v-\phi)$的一个局部最大者，$\phi\in C^{1,2}(\overline{Q}_T)$。可以假设$v(\bar{t},0)-\phi(\bar{t},0)=0$，定义函数$\Psi_\varepsilon(t,x)=v(t,x)-\phi(t,x)-\dfrac{\varepsilon}{x}$。设$(t_\varepsilon,x_\varepsilon)$是$\Psi_\varepsilon$的一个局部最大值点，它的存在是由于$\Psi_\varepsilon$的上半连续性以及$\Psi_\varepsilon(0,0)=-\infty$的事实而确定。显然有$x_\varepsilon>0$，$\Psi_\varepsilon$的局部最大值点序列$(t_\varepsilon,x_\varepsilon)$满足

$$(t_\varepsilon,x_\varepsilon)\to(\bar{t},0),v(t_\varepsilon,x_\varepsilon)\to v(\bar{t},0),\frac{\varepsilon}{x_\varepsilon}\to 0,\text{当 }\varepsilon\to 0\tag{6.2.31}$$

由于

$$q^*(x_\varepsilon,v(t_\varepsilon,x_\varepsilon))\geqslant -L_{BS}\phi(t_\varepsilon,x_\varepsilon)+rv(t_\varepsilon,x_\varepsilon)+((r-d)-\sigma^2)\frac{\varepsilon}{x_\varepsilon}\tag{6.2.32}$$

及q^*的上半连续性和式(6.2.31)有

$$q^*(\bar{t},v(\bar{t},0))\geqslant\limsup_{\varepsilon\to 0}q^*(x_\varepsilon,v(t_\varepsilon,x_\varepsilon))\geqslant -L_{BS}\phi(\bar{t},0)+rv(\bar{t},0)$$

由此说明下解性质成立，相似地，在定义Ψ_ε时，用$-\dfrac{\varepsilon}{x_\varepsilon}$替换$\dfrac{\varepsilon}{x_\varepsilon}$即可证明上解性质也成立。

□

为证明黏性解是唯一的，下面引入一个基于半射流的上下解公式。

定义 6.2.2　对于一个函数$v\in USC(\overline{Q}_T)(LSC(\overline{Q}_T))$，在$(t,x)\in Q_T$处，$v$的二阶超射流(子射流)表示成$P^{2,+}v(t,x)(P^{2,-}v(t,x))$，定义为三维集$(a,p,X)\in\mathbf{R}^3$，使得$v(s,y)\leqslant(\geqslant)v(t,x)+a(s-t)+p(y-x)+\dfrac{1}{2}X(y-x)^2+o(|s-t|+$

$(y-x)^2)$，当 $Q_T \ni (s,y) \to (t,x)$，闭包 $\bar{P}^{2,+}v(t,x)$（$\bar{P}^{2,-}v(t,x)$）被定义成集合 $(a,p,X) \in \mathbf{R}^3$，对每一点 (t,x) 都存在一个序列，使得 $(t^k,x^k,v(t^k,x^k),p^k,X^k) \to (t,x,v(t,x),p,X)$，当 $k \to +\infty$ 且对所有的 k，有 $(a^k,p^k,X^k) \in P^{2,+}v(t,x)$ · $(P^{2,-}v(t^k,x^k))$。

回顾 $(a,p,X) \in P^{2,+}v(t,x)$（$P^{2,-}v(t,x)$），$(t,x) \in Q_T$，当且仅当存在 $\phi \in C^{1,2}(\bar{Q}_T)$，使得 $\phi(t,x)=v(t,x)$，$\partial_t\phi(t,x)=a$，$\partial_x\phi(t,x)=p$，$\partial_x^2\phi(t,x)=X$，并且在 (t,x) 处，$v-\phi$ 有一个最大值（最小值）(Fleming et al.，1993)。所以有下面基于半射流的上下解的等价定义。

定义 6.2.3 (1) 一个局部有界函数 $v \in \mathrm{USC}(\bar{Q}_T)$ 是方程(6.2.27)的一个黏性下解当且仅当任意 $(t,x) \in Q_T$ 和任意 $(a,p,X) \in P^{2,+}v(t,x)$ 有

$$a+(r-d)xp+\frac{1}{2}\sigma^2x^2X-rv(t,x)+q^*(x,v(t,x)) \geqslant 0$$

(2) 一个局部有界函数 $v \in \mathrm{LSC}(\bar{Q}_T)$ 是方程(6.2.27)的一个黏性上解，当且仅当任意 $(t,x) \in Q_T$ 和任意 $(a,p,X) \in P^{2,-}v(t,x)$ 有

$$a+(r-d)xp+\frac{1}{2}\sigma^2x^2X-rv(t,x)+q_*(x,v(t,x)) \leqslant 0$$

由于 q^* 的上半连续性和 q_* 的下半连续性，当半射流 $P^{2,+}$ 和 $P^{2,-}$ 被替换成相应的闭包 $\bar{P}^{2,+}$ 和 $\bar{P}^{2,-}$ 时，定义 6.2.3 中的上下解不等式依然成立。

为证明黏性解唯一性的需要，下面直接引入半连续函数的最大值原则。

定理 6.2.2(Crandall et al.，1992) 对于 $t,x,y \in \mathbf{R}$，设 $\underline{v}(t,x)$，$-\bar{v}(t,x)$ 是(局部)上半连续函数并且设 $\phi(t,x,y)$ 是关于 t 的一阶连续可微函数，同时 $\phi(t,x,y)$ 是关于 (x,y) 的二阶连续可微函数。设 (t_ϕ,x_ϕ,y_ϕ) 是函数 $\underline{v}(t,x)-\bar{v}(t,y)-\phi(t,x,y)$ 的一个局部最大值点，假设它已经定义且在 (t_ϕ,x_ϕ,y_ϕ) 邻域是上半连续的，且存在一个 $\rho>0$，使得对每个 $M>0$ 都有一个常数 C 使得

$$a \leqslant C,\text{如果}(a,p,X) \in P^{2,+}\underline{v}(t,x),\ |x-x_\phi|+|t-t_\phi| \leqslant \rho,$$
$$|\underline{v}(t,x)|+|p|+|x| \leqslant M$$
$$b \geqslant C,\text{如果}(b,q,Y) \in P^{2,-}\bar{v}(t,x),\ |x-x_\phi|+|t-t_\phi| \leqslant \rho,$$
$$|\bar{v}(t,x)|+|q|+|y| \leqslant M$$

则任意 $K>0$，存在两个实数 $a_\phi, b_\phi \in \mathbf{R}$ 和两个二阶矩阵 X_ϕ, Y_ϕ 使得

$$(a,D_x\phi(t_\phi,x_\phi,y_\phi),X_\phi) \in P^{2,+}\underline{v}(t,x)$$
$$(b,-D_y\phi(t_\phi,x_\phi,y_\phi),Y_\phi) \in P^{2,-}\bar{v}(t,x)$$
$$-\left(\frac{1}{K}+\|D^2\phi(t_\phi,x_\phi,y_\phi)\|\right) \leqslant \begin{pmatrix} X_\phi & 0 \\ 0 & -Y_\phi \end{pmatrix}$$
$$\leqslant D^2\phi(t_\phi,x_\phi,y_\phi)+K[D^2\phi(t_\phi,x_\phi,y_\phi)]^2$$

并且 $a_\phi-b_\phi=\partial_t\phi(t_\phi,x_\phi,y_\phi)$，对称的二阶矩阵 $\boldsymbol{A}$ 的范数定义为

$$\|\boldsymbol{A}\| = \sup\{|\langle \boldsymbol{A}\xi,\xi\rangle| \mid \xi\in\mathbf{R}^2, |\xi|\leqslant 1\}$$

6.2.4　存在性与唯一性

本节的目的是证明非线性 Black-Scholes 方程(6.2.27)的解的存在性和唯一性。

定理 6.2.3　终值问题(6.2.27)-(6.2.28)至多存在一个黏性解 $v:\bar{Q}_T\to\mathbf{R}$，满足 $0\leqslant v(t,x)\leqslant C_1+C_2x,(t,x)\in\bar{Q}_T$。这里对看涨期权来说 $C_1=0$ 且 $C_2=1$；对看跌期权来说 $C_1=K$ 且 $C_2=0$。该解 v 与美式期权定价 V 相一致。

该定理的证明过程分两步进行，第一步(定理 6.2.4)，证明美式期权定价(6.2.5)是终值问题(6.2.27)-(6.2.28)的一个黏性解，由此提供了存在性的结果。第二步(定理 6.2.5)，证明一个关于上下解的比较原则，它暗示黏性解的唯一性。

引理 6.2.2　式(6.2.6)定义的支付函数 g 是方程(6.2.27)的一个下解。

证明　只考虑看涨期权 $g(x)=(x-K)^+$ 的情形(看跌期权证法类似)。分下列五种情形来考虑。

情形 1　如果 $x>\max\left(K,\dfrac{r}{d}K\right)$，则 $g(x)=x-K$ 且 $q^*(x,g(x))=dx-rK$，将此直接代入 Black-Scholes 算子和方程得到 $L_{BS}g(x)-rg(x)+q^*(x,g(x))=0$。

情形 2　如果 $x<\min\left(K,\dfrac{r}{d}K\right)$，则 $g(x)=0$ 且 $q^*(x,g(x))=0$，将此直接代入 Black-Scholes 算子得到 $L_{BS}g(x)-rg(x)+q^*(x,g(x))=0$。

情形 3　如果 $K<x\leqslant\dfrac{r}{d}K$，当 $d<r$ 时，有 $g(x)=x-K$ 且 $q^*(x,g(x))=0$，得到 $L_{BS}g(x)-rg(x)+q^*(x,g(x))=0$。

情形 4　如果 $\dfrac{r}{d}K\leqslant x<K$，当 $d>r$ 时，有 $g(x)=0$ 且 $q^*(x,g(x))=dx-rK$，得到 $L_{BS}g(x)-rg(x)+q^*(x,g(x))=dx-rK\geqslant 0$。

情形 5　如果 $x=K$，则不需证明。因为当 $x=K$ 时，不能找到一个检验函数 $\phi\in C^{1,2}(\bar{Q}_T)$ 使得 $(x-K)^+-\phi$ 在任意 $(t,x)\in Q_T$ 处有一个局部最大值。

定理 6.2.4　式(6.2.5)定义的价值函数 $V(t,x)$ 是终值问题(6.2.27)-(6.2.28)的一个黏性解。

证明　通过对式(6.2.5)的检验，V 显然满足终值条件(6.2.28)。由此和性质 6.2.1，下面只需证明 V 既是非线性 Black-Scholes 方程(6.2.27)的一个下解也是上解。

首先证明 V 是一个上解。设 $(t,x)\in Q_T$ 是 $V-\phi$ 的最小值点，其中 $\phi\in C^{1,2}(\bar{Q}_T)$，注意到引理 6.2.1，假设 $x>0$，由于在 $\bar{Q}_T$ 上有 $V\geqslant g$，所以 $q^*(x,g(x))=0$，(任意 $(t,x)\in Q_T$)。设 θ 是从一个具有严格正半径和中心在 (t,x) 的球关于过程 $(s,X(s))$ 的出口时间，由式(6.2.11)和 Itô 公式得

$$V(t,x)\geqslant E^{l,x}[\mathrm{e}^{-r(\theta-l)}V(\theta,X(\theta))]\geqslant E^{l,x}[\mathrm{e}^{-r(\theta-l)}\phi(\theta,X(\theta))]$$
$$=\phi(t,x)+E^{l,x}\left[\int_l^\theta \mathrm{e}^{-r(s-l)}(L_{\mathrm{BS}}\phi(s,X(s))-r\phi(s,X(s)))\mathrm{d}s\right]$$

其中，$E^{l,x}\left[\int_l^\theta \mathrm{e}^{-r(s-l)}(L_{\mathrm{BS}}\phi(s,X(s))-r\phi(s,X(s)))\mathrm{d}s\right]\leqslant 0$，除以 $E^{l,x}[\theta]>0$ 且令 $\theta\to t$，即得上解不等式 $L_{\mathrm{BS}}\phi(t,x)-rV(t,x)=L_{\mathrm{BS}}\phi(t,x)-r\phi(t,x)\leqslant 0$。

其次证明下解性质。令 $C=\{(t,x)\in Q_T\mid V(t,x)>g(x)\}$ 是成立(或连续)区域，且 $S=\{(t,x)\in Q_T\mid V(t,x)=g(x)\}$ 是执行(或最优停时)区域。令 $(t,x)\in C$ 是 $V-\phi$ 的一个最大值点，$\phi\in C^{1,2}(\bar{Q}_T)$，观察等式 $q^*(x,V(t,x))=0$(任意 $(t,x)\in C$)，下面的讨论同上，利用式(6.2.8)，即可得到下解不等式 $L_{\mathrm{BS}}\phi(t,x)-rV(t,x)\geqslant 0$。

设 $\phi\in C^{1,2}(\bar{Q}_T)$ 是任意检验函数使得在 $(t,x)\in S$ 处，$V-\phi$ 有一个局部最大值，由于 $V(t,x)=g(x)$ 且 $V\geqslant g$ 在 Q_T 上总成立，所以 $g-\phi$ 在 (t,x) 处有一个局部最大值，由引理 6.2.2 得

$$L_{\mathrm{BS}}\phi(t,x)-rV(t,x)+q^*(x,V(t,x))\geqslant 0$$

□

这就得出下解性质的证明。

定理 6.2.5 假设 $\underline{v}\in \mathrm{USC}(\bar{Q}_T)$ 是式(3.16)的一个下解且 $\bar{v}\in \mathrm{LSC}(\bar{Q}_T)$ 是方程(6.2.27)的一个上解，满足

$$\underline{v}(T,x)\leqslant \bar{v}(T,x),\quad x\in[0,+\infty) \tag{6.2.33}$$

假设存在一个有限常数 C 使得

$$\underline{v}(t,x)-\bar{v}(t,x)\leqslant C(1+x),\quad (t,x)\in \bar{Q}_T \tag{6.2.34}$$

则在 $\bar{Q}_T$ 上有

$$\underline{v}\leqslant \bar{v} \tag{6.2.35}$$

故终值问题(6.2.27)-(6.2.28)至多存在一个黏性解 $v(t,x)$，它是递增的且至多在 x 处是线性的(当 $x\to+\infty$)。

证明 按照 Crandall 等(1992)中的证明假设(6.2.35)成立，设 v_1 和 v_2 是满足式(6.2.33)和式(6.2.34)的两个黏性解，则式(6.2.35)就表示在 $\bar{Q}_T$ 上 $v_1=v_2$，即解是唯一的。

下面证明式(6.2.35)是成立的。令 $\bar{v}^\nu=\bar{v}+\nu(T-t)$，$\nu>0$。利用 $q(x,\cdot)$ 的单调性，易验证 $\bar{v}^\nu$ 是方程 $L_{\mathrm{BS}}v(t,x)-rv(t,x)+q(x,v(t,x))=-\nu((t,x)\in Q_T)$

的上解。

用反证法，假设对某些$(\bar{t},\bar{x})\in\bar{Q}_T$ 和$\delta>0$，有

$$\underline{v}(\bar{t},\bar{x})\geqslant\bar{v}^\nu(\bar{t},\bar{x})+2\delta \tag{6.2.36}$$

为克服 $\underline{v}$ 和 $\bar{v}^\nu$ 的正则性的缺陷，本章借用 Crandall 等(1992)中经典的"双变量"方法，寻找函数 $\Phi(t,x,y)$的一个最大值，其中

$$\Phi(t,x,y)=\underline{v}(t,x)-\bar{v}^\nu(t,y)-\Psi(x,y)$$
$$(t,x,y)\in[0,T]\times[0,+\infty)\times[0,+\infty)$$

$\Phi(t,x,y)$中惩罚函数 $\Psi(x,y)$构造如下，$\Psi(x,y)=\frac{\alpha}{2}|x-y|^2+\frac{\varepsilon}{2}e^{\lambda(T-t)}(x^2+y^2)$，$\alpha$，$\lambda>1$ 且 $\varepsilon\in(0,1)$，令 $M_\alpha=\sup\limits_{[0,T]\times[0,+\infty)\times[0,+\infty)}\Phi(t,x,y)$。由式(6.2.34)及 $\Phi(t,x,y)$的上半连续性，有 $M_\alpha<+\infty$且存在$(t_\alpha,x_\alpha,y_\alpha)\in[0,T]\times[0,+\infty)\times[0,+\infty)$(不考虑依赖于 ε 的情形)，使得 $M_\alpha=\Phi(t_\alpha,x_\alpha,y_\alpha)$，观察 $M_\alpha\geqslant\underline{v}(\bar{t},\bar{x})-\bar{v}^\nu(\bar{t},\bar{x})-\varepsilon e^{\lambda(T-t)}\bar{x}^2\geqslant\delta>0$，对任意足够小的 ε，注意到有

$$\underline{v}(t_\alpha,x_\alpha)\geqslant\bar{v}^\nu(t_\alpha,x_\alpha)+\delta \tag{6.2.37}$$

任意 $\alpha>1$ 和足够小的 ε，利用 $\Phi(T,0,0)\leqslant\Phi(t_\alpha,x_\alpha,y_\alpha)$和式(6.2.34)，则有

$$\frac{\varepsilon}{2}(x_\alpha^2+y_\alpha^2)\leqslant\bar{v}^\nu(T,0)-\underline{v}(T,0)+\underline{v}(t_\alpha,x_\alpha)-\bar{v}^\nu(t_\alpha,y_\alpha)\leqslant K+2C(1+x_\alpha+y_\alpha)$$

这就表示存在一个有限常数 C_ε(依赖于 ε)使得 $x_\alpha,y_\alpha\leqslant C_\varepsilon$。由此得到存在一个序列，仍记为$(t_\alpha,x_\alpha,y_\alpha)$，它收敛于$(t_\varepsilon,x_\varepsilon,y_\varepsilon)\in[0,T]\times[0,+\infty)\times[0,+\infty)$，当 $\alpha\to+\infty$(对每个固定的 ε)，由 Crandall 等(1992)得到最大值点$(t_\alpha,x_\alpha,y_\alpha)$满足

$$\begin{cases}x_\alpha-y_\alpha\to0, & \text{当 }\alpha\to+\infty\text{(对每个固定的 }\varepsilon\text{)}\\ \alpha\mid x_\alpha-y_\alpha\mid^2\to0, & \text{当 }\alpha\to+\infty\text{(对每个固定的 }\varepsilon\text{)}\end{cases}$$

考虑一种特殊的情形 $t_\varepsilon=T$，注意到下式

$$\underline{v}(\bar{t},\bar{x})-\bar{v}^\nu(\bar{t},\bar{x})-\varepsilon e^{\lambda(T-t)}\bar{x}^2\leqslant M_\alpha\leqslant\underline{v}(t_\alpha,x_\alpha)-\bar{v}^\nu(t_\alpha,y_\alpha)$$

根据 $\underline{v}$ 和 $\bar{v}^\nu$ 的上半连续性及在$[0,+\infty)$上有 $\underline{v}|_{t=T}\leqslant\bar{v}_\nu|_{t=T}$在上述不等式中先令 $\alpha\to+\infty$，再让 $\varepsilon\to0$ 得到 $\underline{v}(\bar{t},\bar{x})-\bar{v}^\nu(\bar{t},\bar{x})\leqslant0$，与式(6.2.36)矛盾，所以 $t_\varepsilon<T$。则当 $t_\varepsilon<T$ 时，对足够大的 α，有 $t_\alpha<T$。根据定理 6.2.2，存在数 $a_\alpha,b_\alpha,X_\alpha,Y_\alpha$(不考虑依赖于 ε)，使得

$$(a_\alpha,\alpha(x_\alpha-y_\alpha)+\varepsilon e^{\lambda(T-t_\alpha)}x_\alpha,X_\alpha)\in\bar{P}^{2,+}\underline{v}(t_\alpha,x_\alpha)$$
$$(b_\alpha,\alpha(x_\alpha-y_\alpha)-\varepsilon e^{\lambda(T-t_\alpha)}y_\alpha,Y_\alpha)\in\bar{P}^{2,-}\bar{v}^\nu(t_\alpha,x_\alpha)$$

其中，$a_\alpha-b_\alpha=-\frac{\varepsilon}{2}\lambda e^{\lambda(T-t_\alpha)}(x_\alpha^2+y_\alpha^2)$与二阶对称矩阵$\begin{pmatrix}X_\alpha & 0\\ 0 & Y_\alpha\end{pmatrix}$满足(在定理

6.2.2 中选择 $K=\frac{1}{\alpha}$)矩阵不等式

$$\begin{pmatrix} X_\alpha & 0 \\ 0 & Y_\alpha \end{pmatrix} \leqslant (3\alpha + 2\varepsilon e^{\lambda(T-t_\alpha)})\begin{pmatrix} 1 & -1 \\ -1 & 1 \end{pmatrix} + \left(\varepsilon e^{\lambda(T-t_\alpha)} + \frac{\varepsilon^2 e^{2\lambda(T-t_\alpha)}}{\alpha}\right)\begin{pmatrix} 1 & 0 \\ 0 & 1 \end{pmatrix} \tag{6.2.38}$$

根据黏性上下解的定义

$$\begin{aligned} & a_\alpha + (r-d)x_\alpha[\alpha(x_\alpha - y_\alpha) + \varepsilon e^{\lambda(T-t_\alpha)}x_\alpha] \\ & + \frac{1}{2}\sigma^2 x_\alpha^2 X_\alpha - r\underline{v}(t_\alpha, x_\alpha) + q^*(x_\alpha, \underline{v}(t_\alpha, x_\alpha)) \geqslant 0 \\ & b_\alpha + (r-d)y_\alpha[\alpha(x_\alpha - y_\alpha) + \varepsilon e^{\lambda(T-t_\alpha)}y_\alpha] \\ & + \frac{1}{2}\sigma^2 y_\alpha^2 Y_\alpha - r\overline{v}^\nu(t_\alpha, x_\alpha) + q_*(y_\alpha, \overline{v}^\nu(t_\alpha, x_\alpha)) \leqslant -\nu \end{aligned}$$

由上面两个不等式(也可使用式(6.2.37)),得到

$$\begin{aligned} v \leqslant -r\delta & \underbrace{- \frac{\varepsilon}{2}\lambda e^{\lambda(T-t_\alpha)}(x_\alpha^2 + y_\alpha^2)}_{E_1(\alpha)} + \underbrace{(r-d)[\alpha(x_\alpha - y_\alpha)^2 + \varepsilon e^{\lambda(T-t_\alpha)}(x_\alpha^2 + y_\alpha^2)]}_{E_2(\alpha)} \\ & + \underbrace{\frac{1}{2}\sigma^2 x_\alpha^2 X_\alpha - \frac{1}{2}\sigma^2 y_\alpha^2 Y_\alpha}_{E_3(\alpha)} + \underbrace{q^*(x_\alpha, \underline{v}(t_\alpha, x_\alpha)) - q_*(y_\alpha, \overline{v}^\nu)(t_\alpha, y_\alpha)}_{E_4(\alpha)} \end{aligned} \tag{6.2.39}$$

其中,$\lim\limits_{\beta\to+\infty}\sup E_1(\alpha) = -\varepsilon\lambda e^{\lambda(T-t_\varepsilon)}x_\varepsilon^2$,$\lim\limits_{\beta\to+\infty}\sup E_2(\alpha) = (r-d)\varepsilon e^{\lambda(T-t_\varepsilon)}2x_\varepsilon^2$。

更进一步,在文献(Crandall et al.,1992)中使用式(6.2.38)便有

$$\begin{aligned} & \lim_{\alpha\to+\infty}\sup E_3(\alpha) = \lim_{\alpha\to+\infty}\sup\left[\begin{pmatrix} X_\alpha & 0 \\ 0 & Y_\alpha \end{pmatrix}\begin{pmatrix} x_\alpha \\ y_\alpha \end{pmatrix}\begin{pmatrix} x_\alpha \\ y_\alpha \end{pmatrix}\right]\frac{1}{2}\sigma^2 \\ & \leqslant \lim_{\alpha\to+\infty}\sup\left[(3\alpha + 2\varepsilon e^{\lambda(T-t_\alpha)})(x_\alpha - y_\alpha)^2 + \left(\varepsilon e^{\lambda(T-t_\alpha)} + \frac{\varepsilon^2 e^{2\lambda(T-t_\alpha)}}{\alpha}\right)(x_\alpha^2 + y_\alpha^2)\right]\frac{1}{2}\sigma^2 \\ & = \varepsilon e^{\lambda(T-t_\varepsilon)}x_\varepsilon^2\sigma^2 \end{aligned}$$

剩下的估计“非标准”项 $E_4(\alpha)$,选择足够大的 α 使 $|x_\alpha + y_\alpha| \leqslant \frac{\delta}{2}$,由此及式(6.2.37),得到

$$\begin{aligned} g(y_\alpha) - \overline{v}^\nu(t_\alpha, y_\alpha) &= g(x_\alpha) - \overline{v}^\nu(t_\alpha, y_\alpha) + (g(y_\alpha) - g(x_\alpha)) \\ &\geqslant g(x_\alpha) - \overline{v}^\nu(t_\alpha, y_\alpha) - \frac{\delta}{2} \geqslant g(x_\alpha) - \underline{v}(t_\alpha, y_\alpha) + \frac{\delta}{2} \end{aligned}$$

根据 H^* 和 H_* 可能值的检验,可看出 $-C(y_\alpha) \leqslant E_4(\alpha) \leqslant \max(0, C(x_\alpha) - C(y_\alpha))$。由 $C(\cdot)$ 的连续性得到 $\lim\limits_{\alpha\to+\infty}\sup E_4(\alpha) \leqslant 0$。所以,由式(6.2.39)和此结果,得

$$v \leqslant -r\delta + (r-d)\varepsilon e^{\lambda(T-t_\varepsilon)} 2x_\varepsilon^2 + \varepsilon e^{\lambda(T-t_\varepsilon)} x_\varepsilon^2 \sigma^2 - \varepsilon\lambda e^{\lambda(T-t_\varepsilon)} x_\varepsilon^2 \leqslant 0$$

如果 λ 选择足够大,上述不等式总是成立,与式(6.2.36)矛盾,故定理成立。

6.3　基于最小二乘法的美式期权定价的最优停时分析

与欧式期权定价相比,美式期权定价显得更为复杂,因此,美式期权定价问题在国内外的研究相对于欧式期权而言还显得较少。因为美式期权定价涉及最优停时问题,当涉及几个标的资产时,其计算十分困难。在经典扩散模型中,这个问题与变分不等式相联系,而变分不等式在维数较高时,经典的偏微分方程显得无能为力。本节从离散时间的角度研究美式期权的最优停时,将离散最优停时问题转化为一种可有效实施的动态规划。为了克服动态规划中条件期望的蒙特卡罗法迭代所引起的困难,将取自一个适当基的有限函数集上的最小二乘回归作为条件期望的一个近似(以下称近似(一)),然后利用蒙特卡罗模拟和最小二乘回归估计上述近似中的值函数(以下称近似(二))。通过对基函数数目的选择来实现蒙特卡罗过程。本章还将证明当函数的数目趋于无穷大时,近似(一)中的值函数将以概率 1 接近于最初的最优化停时问题的值函数。并且还证明了对于给定的有限函数集近似(一)中的值函数的蒙特卡罗过程殆必收敛。

6.3.1　算法的精确描述及若干记号的说明

设$(\Omega,\mathscr{F},P)$为概率空间,$(\mathscr{F}_j)_{j=0,1,2,\cdots,L}$为满足通常条件的 σ 代数流,其中,正整数 L 表示离散时间水平。给定一个支付过程$(Z_j)_{j=0,1,2,\cdots,L}$,$Z_0,Z_1,Z_2,\cdots,Z_L$ 是平方可积的随机变量序列。若令 $T_{j,L}$表示值在$\{j,\cdots,L\}$中的停时集,则所需关心的是计算 $\sup\limits_{\tau\in T_{0,L}} EZ_\tau$ 根据经典最优停时原理,引入支付过程$(Z_j)_{j=0,1,2,\cdots,L}$的 Snell 包$(U_j)_{j=0,1,2,\cdots,L}$,定义如下

$$U_j = \operatorname{ess}\sup_{\tau\in T_{j,L}} E(Z_\tau \mathscr{F}_j),\quad j=0,1,2,\cdots,L$$

相应的动态规划模型可写成如下形式

$$\begin{cases} U_L = Z_L \\ U_j = \max(Z_j, E(U_{j+1}\mathscr{F}_j)), 0\leqslant j\leqslant L-1 \end{cases}$$

由于 $\tau_j=\min\{k\geqslant j, U_k=Z_k\}$,于是得

$$U_j = E(Z_{\tau_j}\mathscr{F}_j)$$

特别地,$EU_0=\sup\limits_{\tau\in T_{j,L}} EZ_\tau=EZ_{\tau_0}$。

为便于使用最小二乘回归法，按照最优停时 τ_j，可以将上述动态规划模型改写成如下形式

$$\begin{cases} T_L = L, \\ \tau_j = jI_{\{Z_j \geqslant E(Z_{j+1}\mathscr{F}_j)\}} + \tau_{j+1} I_{\{Z_j < E(Z_{j+1}\mathscr{F}_j)\}}, 0 \leqslant j \leqslant L-1 \end{cases}$$

同时还假定基本模型是马尔可夫链，因此设有一个具有状态空间(E,ε)的马尔可夫链$(X_j)_{j=0,1,2,\cdots,L}$，这样，当 $j=0,1,2,\cdots,L$ 时，$Z_j=f(j,X_j)$表示某个布尔函数 $f(j,\cdot)$，于是有 $U_j=V(j,X_j)$表示某个函数 $V(j,\cdot)$及 $E(Z_{\tau_{j+1}}\mathscr{F}_j)=E(Z_{\tau_{j+1}}X_j)$，同时假定初始状态 $X_0=x$ 是确定的，故 U_0 也是确定的。

近似(一)用 X_j 的有限个函数生成的空间上的正交投影来近似条件期望。下面考虑一个定义在 E 上的可测实值函数列且满足下列条件

A_1：$(e_k(X_j))_{k\geqslant 1}\in L^2(\sigma(X_j))$，$0\leqslant j\leqslant L-1$；

A_2：当 $j=1,2,\cdots,L-1$ 及 $m\geqslant 1$ 时，如果 $\sum\limits_{k=1}^{m}\lambda_k e_k(X_j)=0$，那么 $\lambda_k=0$，$k=1,2,\cdots,m$。

当 $j=1,2,\cdots,L-1$ 时，我们用 P_j^m 表示从 $L^2(\Omega)$到由$\{e_1(X_j),e_2(X_j),\cdots,e_m(X_j)\}$生成的向量空间上的正交投影，并且引入停止时间 $\tau_j^{[m]}$：

$$\begin{cases} T_L^{[m]} = L, \\ \tau_j^{[m]} = jI_{\{Z_j \geqslant P_j^m(Z_{\tau_{j+1}}^{[m]})\}} + \tau_{j+1}^{[m]} I_{\{Z_j < P_j^m(Z_{\tau_{j+1}}^{[m]})\}}, 0 \leqslant j \leqslant L-1 \end{cases}$$

根据这些停时，获得了值函数的一个近似

$$U_0^m = \max(Z_0, EZ_{\tau_1^{[m]}}) \tag{6.3.1}$$

据前面所述 $Z_0=f(0,x)$是确定的。那么近似(二)就可通过蒙特卡洛过程对 $EZ_{\tau_1^{[m]}}$ 进行数值估计。假定能够模拟马尔可夫链(X_j)中的 n 条独立路径$(X_j^{(1)},X_j^{(2)},\cdots,X_j^{(n)},\cdots,X_j^{(N)})$，用 $Z_j^{(n)}(Z_j^{(n)}=f(j,X_j^{(n)}))$表示相伴支付，$j=0,1,2,\cdots,L$；$n=1,2,\cdots,N$。对于每一条路径 n，用

$$\begin{cases} T_L^{n,m,N} = L, \\ \tau_j^{n,m,N} = jI_{\{Z_j^{(n)} \geqslant \alpha_j^{(m,N)} e^m(X_j^{(n)})\}} + \tau_{j+1}^{[m]} I_{\{Z_j < \alpha_j^{(m,N)} e^m(X_j^{(n)})\}}, 0 \leqslant j \leqslant L-1 \end{cases}$$

对停时 $\tau_j^{[m]}$ 进行递归估计。这里，$x\cdot y$ 表示 $\mathbf{R}^m$ 的普通内积，$\boldsymbol{e}^m$ 是向量值函数$(e_1,e_2,\cdots,e_m)$，而 $\alpha_j^{(m,N)}$ 是最小二乘估计

$$\alpha_j^{(m,N)} = \arg\min_{\alpha\in\mathbf{R}^m}\sum_{n=1}^{N}(Z_{\tau_{j+1}^{n,m,N}}^{(n)} - \alpha\boldsymbol{e}^m(X_j^{(n)}))^2$$

注意到 $j=1,2,\cdots,L-1$ 时，$\alpha_j^{(m,N)}\in\mathbf{R}^m$，最后，从变量 $\tau_j^{n,m,N}$ 中得到 U_0^m 的如下近似

$$U_0^{m,N}=\max\left(Z_0,\frac{1}{N}\sum_{n=1}^{N}Z_{\tau_{j+1}^{n,m,N}}^{(n)}\right) \tag{6.3.2}$$

下面将证明对于某个确定的 m，当 N 趋于无穷大时，$U^{m,N}$ 殆必收敛于 U_0^m。在陈述这些结果之前，先对本章中所用到的符号作一些必要的说明。

用 $\|\boldsymbol{x}\|$ 表示 $\mathbf{R}^d$ 中的一个向量 $\boldsymbol{x}$ 的欧几里得范数，当 $m\geqslant 1$ 时用 $\boldsymbol{e}^m(x)$ 表示向量 $(e_1(x),e_2(x),\cdots,e_m(x))$ 且当 $j=1,2,\cdots,L-1$ 时定义 α_j^m：

$$P_j^m(Z_{\tau_{j+1}^{[m]}})=\alpha_j^m\boldsymbol{e}^m(X_j) \tag{6.3.3}$$

注意到，在 A_2 条件下，m 维参数 α_j^m 可显式表达为

$$\alpha_j^m=(\boldsymbol{A}_j^m)^{-1}E(Z_{\tau_{j+1}^{[m]}}\boldsymbol{e}^m(X_j)) \tag{6.3.4}$$

对于 $j=1,2,\cdots,L-1$，$\boldsymbol{A}_j^m$ 是一个 $m\times m$ 阶矩阵，系数由式(6.3.5)给出。

$$(\boldsymbol{A}_j^m)_{1\leqslant k,l\leqslant m}=E(e_k(x)e_l(x)) \tag{6.3.5}$$

类似地，估计

$$\alpha_j^{(m,N)}=(\boldsymbol{A}_j^{(m,N)})^{-1}\frac{1}{N}\sum_{n=1}^{N}(Z_{\tau_{j+1}^{n,m,N}}^{(n)}\boldsymbol{e}^m(X_j^{(n)})) \tag{6.3.6}$$

对于 $j=1,2,\cdots,L-1$，$\boldsymbol{A}_j^{(m,N)}$ 是一个 $m\times m$ 阶矩阵，系数由式(6.3.7)给出。

$$(\boldsymbol{A}_j^m)_{1\leqslant k,l\leqslant m}=\frac{1}{N}\sum_{n=1}^{N}(e_k(X_j^{(n)})e_l(X_j^{(n)})) \tag{6.3.7}$$

注意到，当 $N\to+\infty$ 时，$\boldsymbol{A}_j^{(m,N)}$ 殆必收敛于 $\boldsymbol{A}_j^m$。因此，在条件 A_2 下，对于足够大的 N，矩阵 $\boldsymbol{A}_j^{(m,N)}$ 是可逆的。此外，还定义 $\alpha^m=(\alpha_1^m,\alpha_2^m,\cdots,\alpha_{L-1}^m)$ 及 $\alpha^{(m,N)}=(\alpha_1^{(m,N)},\alpha_2^{(m,N)},\cdots,\alpha_{L-1}^{(m,N)})$。

给定一个 $\mathbf{R}^m\times\mathbf{R}^m\times\cdots\times\mathbf{R}^m$ 中的参数 $a_r^m=(a_1^m,a_2^m,\cdots,a_{L-1}^m)$ 及确定性向量 $\boldsymbol{Z}=(Z_1,Z_2,\cdots,Z_L)\in\mathbf{R}^L$ 与 $\boldsymbol{X}=(X_1,X_2,\cdots,X_L)\in E^L$，定义一个向量场

$$F_L(a^m,\boldsymbol{Z},\boldsymbol{X})=Z_L$$

$$F_j(a^m,\boldsymbol{Z},\boldsymbol{X})=Z_jI_{\{Z_j\geqslant\alpha_j^m\boldsymbol{e}^m(X_j)\}}+F_{j+1}(a^m,\boldsymbol{Z},\boldsymbol{X})I_{\{Z_j<\alpha_j^m\boldsymbol{e}^m(X_j)\}},\ j=1,2,\cdots,L-1$$

有

$$F_j(a^m,\boldsymbol{Z},\boldsymbol{X})=Z_jI_{B_j^0}+\sum_{i=j+1}^{L-1}Z_iI_{B_j\cdots B_{i-1}B_i^0}+Z_LI_{B_j\cdots B_{L-1}}$$

其中，$B_j=\{Z_j<\alpha_j^m\boldsymbol{e}^m(X_j)\}$ 且 $F_j(a^m,\boldsymbol{Z},\boldsymbol{X})$ 不依赖于 $(a_1^m,a_2^m,\cdots,a_{j-1}^m)$，则有

$$F_j(a^m,\boldsymbol{Z},\boldsymbol{X})=Z_{\tau_j^{[m]}}$$

$$F_j(a^{(m,N)},\boldsymbol{Z}^{(n)},\boldsymbol{X}^{(n)})=Z_{\tau_j^{n,m,N}}^{(n)}$$

对于 $j=1,2,\cdots,L-1$，用 G_j 表示向量值函数 $G_j(a^m,\boldsymbol{Z},\boldsymbol{X})=F_j(a^m,\boldsymbol{Z},\boldsymbol{X})\boldsymbol{e}^m(x_{j-1})$，下面定义函数 U_j 和 W_j：

$$U_j(a^m) = EF_j(a^m, \boldsymbol{Z}, \boldsymbol{X}) \tag{6.3.8}$$

$$W_j(a^m) = EG_j(a^m, \boldsymbol{Z}, \boldsymbol{X}) \tag{6.3.9}$$

利用上述记号,有

$$\alpha_j^m = (\boldsymbol{A}_j^m)^{-1} W_{j+1}(a^m) \tag{6.3.10}$$

类似地,对于 $j=1,2,\cdots,L-1$ 有

$$\alpha_j^{(m,N)} = (\boldsymbol{A}_j^{(m,N)})^{-1} \frac{1}{N}\sum_{n=1}^{N} G_{j+1}(\alpha^{(m,N)}, \boldsymbol{Z}^{(n)}, \boldsymbol{X}^{(n)}) \tag{6.3.11}$$

以上回归局限于 $Z_j^{(n)}>0$,只是为了数字上计算方便,为了更具适应性,可将上面描述的运算法则作如下修正,利用

$$\hat{\tau}_j^{[m]} = jI_{\{Z_j \geqslant \hat{\alpha}_j^m e(X_j)\}\cap\{Z_j>0\}} + \hat{\tau}_{j+1}^{[m]} I_{\{Z_j<\hat{\alpha}_j^m e(X_j)\}\cup\{Z_j=0\}}$$

代替 $\hat{\tau}_j^{[m]}$,其中,$j\leqslant L-1$,而 $\hat{\alpha}_j^m = \arg\min\limits_{\alpha\in\mathbf{R}^m} EI_{\{Z_j>0\}}(Z_{\hat{\tau}_{j+1}^m} - \alpha e(X_j))^2$,类似地定义 $\hat{\tau}_j^{n,m,N}$,$\hat{\alpha}_j^{(m,N)}$,$\hat{F}_j$ 及 $\hat{G}_j$。如果将条件修改为

$\widetilde{A}_1$:$(e_k(X_j))_{k\geqslant 1} \in L^2(\sigma(X_j), I_{\{Z_j>0\}}dP)$,$j=1,2,\cdots,L-1$;

$\widetilde{A}_2$:当 $j=1,2,\cdots,L-1$ 及 $m\geqslant 1$ 时,如果 $I_{\{Z_j>0\}}\sum\limits_{k=1}^{m}\lambda_k e_k(X_j) = 0$,那么 $\lambda_k=0$,$1\leqslant k\leqslant m$ 则对于上述修正过的算法,有类似的收敛性成立,且证明也是类似的。

6.3.2 算法的收敛性

U_0^m 收敛于 U_0 是下述定理的一个直接推论。

定理 6.3.1 假定条件 A_1 满足,那么对 $j=1,2,\cdots,L$,在 L^2 上有

$$\lim_{m\to+\infty} E(Z_{\tau_j^{[m]}}\mathscr{F}_j) = E(Z_{\tau_j}\mathscr{F}_j)$$

证明 对 j 进行归纳证明。

$j=L$ 时结论成立,下面证明如果对 $j+1$ 结论成立,那么对 $j(j\leqslant L-1)$结论也成立,因为 $Z_{\tau_j^{[m]}} = Z_j I_{\{Z_j\geqslant \alpha_j^m e^m(x_j)\}} + Z_{\tau_{j+1}^{[m]}} I_{\{Z_j<\alpha_j^m e^m(x_j)\}}$,当 $j\leqslant L-1$ 时有

$$\begin{aligned} E(Z_{\tau_j^{[m]}} - Z_{\tau_j}\mathscr{F}_j) =& (Z_j - E(Z_{\tau_{j+1}}\mathscr{F}_j))(I_{\{Z_j\geqslant \alpha_j^m e^m(x_j)\}} - I_{\{Z_j\geqslant Z_{\tau_{j+1}}\mathscr{F}_j\}}) \\ &+ E(Z_{\tau_{j+1}^{[m]}} - Z_{\tau_{j+1}}\mathscr{F}_j) I_{\{Z_j<\alpha_j^m e^m(x_j)\}} \end{aligned}$$

根据假定,等式右边的第二项收敛于 0,只需证明下面定义的 B_j^m 在 L^2 中收敛于 0,其中

$$B_j^m = (Z_j - E(Z_{\tau_{j+1}}\mathscr{F}_j))(I_{\{Z_j\geqslant \alpha_j^m e^m(x_j)\}} - I_{\{Z_j\geqslant Z_{\tau_{j+1}}\mathscr{F}_j\}})$$

注意到

$$
\begin{aligned}
B_j^m &= | Z_j - E(Z_{\tau_{j+1}} \mathscr{F}_j) | \, | I_{\{E(Z_{\tau_{j+1}} \mathscr{F}_j) > Z_j \geqslant \alpha_j^m e^m(x_j)\}} - I_{\{\alpha_j^m e^m(x_j) > Z_j \geqslant E(Z_{\tau_{j+1}} \mathscr{F}_j)\}} | \\
&\leqslant | Z_j - E(Z_{\tau_{j+1}} \mathscr{F}_j) | \, | I_{\{Z_j - E(Z_{\tau_{j+1}} \mathscr{F}_j) \leqslant \alpha_j^m e^m(x_j) - E(Z_{\tau_{j+1}} \mathscr{F}_j)\}} | \\
&\leqslant | \alpha_j^m \boldsymbol{e}^m(x_j) - E(Z_{\tau_{j+1}} \mathscr{F}_j) | \\
&\leqslant | \alpha_j^m \boldsymbol{e}^m(x_j) - P_j^m(E(Z_{\tau_{j+1}} \mathscr{F}_j)) | + | P_j^m(E(Z_{\tau_{j+1}} \mathscr{F}_j)) - E(Z_{\tau_{j+1}} \mathscr{F}_j) |
\end{aligned}
$$

但是

$$
\alpha_j^m \boldsymbol{e}^m(x_j) = P_j^m(Z_{\tau_{j+1}^{[m]}}) = P_j^m(E(Z_{\tau_{j+1}^{[m]}} \mathscr{F}_j))
$$

因为 P_j^m 是 F_j-可测的随机变量空间的子空间上的正交投影，所以有

$$
\begin{aligned}
\| B_j^m \|_2 \leqslant & \| E(Z_{\tau_{j+1}^{[m]}} \mathscr{F}_j) - E(Z_{\tau_{j+1}} \mathscr{F}_j) \|_2 \\
& + \| P_j^m(E(Z_{\tau_{j+1}^{[m]}} \mathscr{F}_j)) - E(Z_{\tau_{j+1}} \mathscr{F}_j) \|_2
\end{aligned}
$$

不等式右边的第一项通过归纳假设趋于 0，第二部分利用条件 A_1 可证趋于 0。

下面固定 m 的值，研究当蒙特卡罗模拟数字 N 趋于无穷时 $U_0^{m,N}$ 的性质。为了记号简单起见，在下文中省略上标 m。

定理 6.3.2　假设对 $j=1,2,\cdots,L-1$，$P(\alpha_j e(X_j)=Z_j)=0$，那么当 N 趋于无穷时，$U_0^{m,N}$ 殆必收敛于 U_0^m，且当 N 趋于无穷大时，$\frac{1}{N}\sum_{n=1}^{N} Z_{\tau_j^{n,m,N}}^{(n)}$ 殆必收敛于 $EZ_{\tau_j^{[m]}}$，$j=1,2,\cdots,L$。

用前面的记号，必须证明

$$
\lim_N \frac{1}{N}\sum_{n=1}^{N} F_j(\alpha^{(N)}, \boldsymbol{Z}^{(n)}, \boldsymbol{X}^{(n)}) = U_j(A), \quad 1 \leqslant j \leqslant L \tag{6.3.12}
$$

证明过程基于下面的引理。

引理 6.3.1　对于 $j=1,2,\cdots,L-1$ 有

$$
F_j(a, \boldsymbol{Z}, \boldsymbol{X}) - F_j(b, \boldsymbol{Z}, \boldsymbol{X}) \leqslant \left(\sum_{i=j}^{L} Z_i\right)\left(\sum_{i=j}^{L-1} I_{\{Z_i - b_i e(X_i) \leqslant a_i - b_i e(X_i)\}}\right)
$$

证明　令 $B_j=\{Z_j<a_j e(X_i)\}$ 和 $\widetilde{B}_j=\{Z_j<b_j e(X_i)\}$，有

$$
\begin{aligned}
& F_j(a, \boldsymbol{Z}, \boldsymbol{X}) - F_j(b, \boldsymbol{Z}, \boldsymbol{X}) \\
= & Z_j(I_{B_j} - I_{\widetilde{B}_j}) + \sum_{i=j+1}^{L-1} Z_j(I_{B_j \cdots B_{i-1} B_i^0} - I_{\widetilde{B}_j \cdots \widetilde{B}_{i-1} \widetilde{B}_i^0}) + Z_L(I_{B_j^0 \cdots B_{L-1}^0} - I_{\widetilde{B}_j^0 \cdots \widetilde{B}_{L-1}^0})
\end{aligned}
$$

但是 $I_{B_j} - I_{\widetilde{B}_j} = I_{\{a_j e(X_j) \leqslant Z_j \leqslant b_j \cdot e(X_j)\}} + I_{\{b_j \cdot e(X_j) \leqslant Z_j < a_j \cdot e(X_j)\}} \leqslant I_{\{Z_j - b_j e(X_j) \leqslant a_j - b_j e(X_j)\}}$

于是 $I_{B_j \cdots B_{i-1} B_i^0} - I_{\widetilde{B}_j \cdots \widetilde{B}_{i-1} \widetilde{B}_i^0} \leqslant \sum_{k=j}^{i-1}(I_{\widetilde{B}_k} - I_{\widetilde{B}_k} + I_{B_i^0} - I_{\widetilde{B}_i^0}) = \sum_{k=j}^{i}(I_{B_k} - I_{\widetilde{B}_k})$

则有

$$F_j(a,\boldsymbol{Z},\boldsymbol{X})-F_j(b,\boldsymbol{Z},\boldsymbol{X})\leqslant\sum_{i=j}^{L}Z_i\sum_{i=j}^{L-1}I_{B_i}-I_{\tilde{B}_i}$$

结合这些不等式,可得到引理 6.3.1 的结论。

引理 6.3.2　假定当 $j=1,2,\cdots,L-1$ 时,$P(\alpha_j e(X_j)=Z_j)=0$,那么 $\alpha_j^{(N)}$ 殆必收敛于 α_j。

证明　对 j 使用数学归纳法进行证明。

当 $j=L-1$ 时,该结论是大数定律的一个直接推论,现假设当 $i=j,\cdots,L-1$ 时结论成立,下面只要证明对于 $j-1$ 结论也成立。因为有

$$\alpha_{j-1}^{(N)}=(\boldsymbol{A}_{j-1}^{(N)})^{-1}\frac{1}{N}\sum_{n=1}^{N}G_j(\alpha^{(N)},\boldsymbol{Z}^{(n)},\boldsymbol{X}^{(n)})$$

根据大数定律,有 $\boldsymbol{A}_{j-1}^{(N)}$ 殆必收敛于 $\boldsymbol{A}_{j-1}$,还需证明$\frac{1}{N}\sum_{n=1}^{N}G_j(\alpha^{(N)},\boldsymbol{Z}^{(n)},\boldsymbol{X}^{(n)})$ 收敛于 $W_j(\alpha)$。由大数定律知$\frac{1}{N}\sum_{n=1}^{N}G_j(\alpha^{(N)},\boldsymbol{Z}^{(n)},\boldsymbol{X}^{(n)})$ 收敛于 $W_j(\alpha)$,只要证明下式即可。

$$\lim_{N\to+\infty}\frac{1}{N}\sum_{n=1}^{N}(G_j(\alpha^{(N)},\boldsymbol{Z}^{(n)},\boldsymbol{X}^{(n)})-G_j(\alpha,\boldsymbol{Z}^{(n)},\boldsymbol{X}^{(n)}))=0$$

记

$$G_N=\frac{1}{N}\sum_{n=1}^{N}(G_j(\alpha^{(N)},\boldsymbol{Z}^{(n)},\boldsymbol{X}^{(n)})-G_j(\alpha,\boldsymbol{Z}^{(n)},\boldsymbol{X}^{(n)})$$

$$\begin{aligned}G_N&=\frac{1}{N}\sum_{n=1}^{N}e(X_{j-1}^{(n)})F_j(\alpha^{(N)},\boldsymbol{Z}^{(n)},\boldsymbol{X}^{(n)})-F_j(\alpha,\boldsymbol{Z}^{(n)},\boldsymbol{X}^{(n)})\\&\leqslant\frac{1}{N}\sum_{n=1}^{N}e(X_{j-1}^{(n)})\sum_{i=j}^{L}Z_i^{(n)}\sum_{i=j}^{L-1}I_{\{Z_i^{(n)}-\alpha_ie(X_i^{(n)})\leqslant\alpha_i^{(N)}-\alpha_ie(X_i^{(n)})\}}\end{aligned}$$

因为对 $i=j,\cdots,L-1$,$\alpha_i^{(N)}$ 殆必收敛于 α_i,所以对每一个 $\varepsilon>0$,

$$\begin{aligned}\limsup G_N&\leqslant\limsup\frac{1}{N}\sum_{n=1}^{N}e(X_{j-1}^{(n)})\sum_{i=j}^{L}Z_i^{(n)}\sum_{i=j}^{L-1}I_{\{Z_i^{(n)}-\alpha_ie(X_i^{(n)})\leqslant\varepsilon e(X_L^{(n)})\}}\\&=Ee(X_{j-1})\sum_{i=j}^{L}Z_i\sum_{i=j}^{L-1}I_{\{Z_i-\alpha_ie(X_i)\leqslant\varepsilon e(X_i)\}}\end{aligned}$$

其中最后一个等式根据大数定律得到。令 ε 趋于 0,由于 $j=1,2,\cdots,L-1$ 时,$P(\alpha_n e(X_i)=Z_j)=0$,于是得到 G_N 收敛于 0。

□

定理 6.3.2 的证明类似于引理 6.3.2 的证明,此处不再重复。

6.4　美式期权定价中一类蒙特卡罗过程的收敛速率

6.3 节讨论了一种基于最小二乘法的美式期权定价的最优停时的数值算法。首先通过构造一个函数的有限集替代动态规划中的条件期望；其次使用蒙特卡罗模拟和最小二乘法计算第一步中的值函数；最后在一般意义下，证明了该算法的收敛性，克服了美式期权定价中涉及多个标的资产时所遇到的计算上的困难。但没有讨论其中蒙特卡罗过程的收敛速率问题，本节将在 6.3 节的基础上对收敛速率作进一步的研究。为此，首先证明有关序列的胎紧性；然后在此基础上，给出与收敛速率相关的中心极限定理并进行证明。

6.4.1　胎紧性

定理 6.3.2 讨论了 $\frac{1}{N}\sum_{n=1}^{N} Z_{\tau_j^{n,m,N}}^{(n)}$ 的收敛性，本节讨论当 $j = 1,2,\cdots,L$ 时，有关 $\frac{1}{N}\sum_{n=1}^{N} Z_{\tau_j^{n,m,N}}^{(n)}$ 的收敛速率问题。为此，首先讨论相关序列的胎紧性。由于 m 是确定的，且 $Z_j(1\leqslant j\leqslant L)$ 和 $e(X_j)(1\leqslant j\leqslant L-1)$ 是平方可积的随机变量。现在假定 $(H1)$ 任意 $j=1,2,\cdots,L-1$，$\limsup\limits_{\varepsilon\to 0}\frac{E\bar{Y}I_{\{|Z_j-\alpha_j e(X_j)|\leqslant\varepsilon|e(X_j)|\}}}{\varepsilon}<+\infty$，

其中

$$\bar{Y}=\left(1+\sum_{i=1}^{L}|z_i|+\sum_{i=1}^{L-1}|e(X_i)|\right)\left(1+\sum_{i=1}^{L-1}|e(X_i)|\right)\tag{6.4.1}$$

而 $(H1)$ 暗含有 $P(Z_j=\alpha_j e(X_j))=0$，不难发现，如果随机变量 $(Z_j=\alpha_j e(X_j))$ 有一个接近于 0 的有界密度，并且变量 Z_j 和 $e(X_j)$ 有界，那么 $(H1)$ 满足。由 6.3 节知当 $(H1)$ 满足时，$\frac{1}{N}\sum_{n=1}^{N}(F_j(\alpha^{(N)},\boldsymbol{Z}^{(N)},\boldsymbol{X}^{(N)}))$ 殆必收敛于 $U_j(\alpha)$。

不难证得以下引理及定理。

引理 6.4.1　设 $(U^{(n)},V^{(n)},U^{(n)})$ 是取值于 $[0,+\infty)\times[0,+\infty)\times[0,+\infty)$ 的一个同分布的随机变量序列，$\limsup\limits_{\varepsilon\to 0}\frac{E(W^{(1)}I_{\{U^{(1)}\leqslant\varepsilon V^{(1)}\}})}{\varepsilon}<+\infty$，而 (θ_N) 是一个正的随机变量序列，$(\sqrt{N}\theta_N)$ 是胎紧的，则序列 $\left(\frac{1}{\sqrt{N}}\sum_{n=1}^{N}W^{(n)}I_{\{U^{(n)}\leqslant\theta_N V^{(n)}\}}\right)_{N\geqslant 1}$ 是胎紧的。

定理 6.4.1　在满足 $(H1)$ 的条件下，序列 $\Big(\frac{1}{\sqrt{N}}\sum_{n=1}^{N}(F_j(\alpha^{(N)},\boldsymbol{Z}^{(n)},\boldsymbol{X}^{(n)})-$

$U_j(\alpha))\Big)_{N\geqslant 1}$ $(j=1,2,\cdots,L)$和$(\sqrt{N}(\alpha_j^{(N)}-\alpha_j))_{N\geqslant 1}$ $(j=1,2,\cdots,L-1)$是胎紧的。

证明 根据经典的中心极限定理,序列$\frac{1}{\sqrt{N}}\sum_{n=1}^{N}(F_j(\alpha,\boldsymbol{Z}^{(n)},\boldsymbol{X}^{(n)})-U_j(\alpha))$是胎紧的,而当$j=1,2,\cdots,L$时,$\frac{1}{\sqrt{N}}\sum_{n=1}^{N}(F_j(\alpha^{(N)},\boldsymbol{Z}^{(n)},\boldsymbol{X}^{(n)})-F_j(\alpha,\boldsymbol{Z}^{(n)},\boldsymbol{X}^{(n)}))$的胎紧性尚待证明。类似地,要证明当$j=1,2,\cdots,L-1$时$(\sqrt{N}(\alpha_j^{(N)}-\alpha_j))_{N\geqslant 1}$的胎紧性,必须证明$\frac{1}{\sqrt{N}}\sum_{n=1}^{N}(G_j(\alpha^{(N)},\boldsymbol{Z}^{(n)},\boldsymbol{X}^{(n)})-G_j(\alpha,\boldsymbol{Z}^{(n)},\boldsymbol{X}^{(n)}))$的胎紧性。通过对$j$进行归纳证明。$\frac{1}{\sqrt{N}}\sum_{n=1}^{N}(F_L(\alpha^{(N)},\boldsymbol{Z}^{(n)},\boldsymbol{X}^{(n)})-F_L(\alpha,\boldsymbol{Z}^{(n)},\boldsymbol{X}^{(n)}))$的胎紧性是显然的,而$\sqrt{N}(\alpha_{L-1}^{(N)}-\alpha_{L-1})$的胎紧性来源于对序列$(Z_L^{(n)}e(X_{L-1}^{(n)}))$的中心极限定理和序列$(\boldsymbol{A}_{L-1}^{(N)})_{N\in\mathbf{N}}$的殆必收敛性。

假定当$i=j,\cdots,L$时,$\frac{1}{\sqrt{N}}\sum_{n=1}^{N}(F_i(\alpha^{(N)},\boldsymbol{Z}^{(n)},\boldsymbol{X}^{(n)})-F_i(\alpha,\boldsymbol{Z}^{(n)},\boldsymbol{X}^{(n)}))$和$\sqrt{N}(\alpha_{i-1}^{(N)}-\alpha_{i-1})$是胎紧的,设$\overline{F}_N=\frac{1}{\sqrt{N}}\sum_{n=1}^{N}((F_{j-1}\alpha^{(N)},\boldsymbol{Z}^{(n)},\boldsymbol{X}^{(n)})-F_{j-1}(\alpha,\boldsymbol{Z}^{(n)},\boldsymbol{X}^{(n)}))$,利用引理 6.3.1 有

$$|\overline{F}_N|\leqslant\frac{1}{\sqrt{N}}\sum_{n=1}^{N}\overline{Y}^{(n)}\sum_{i=j-1}^{l-1}I_{\{|z_i^{(n)}-\alpha_i e(X_i^{(n)})|\leqslant|\alpha_i-\alpha_i^N|\cdot|e(x_j)|\}}$$

其中

$$\overline{Y}^{(n)}=\Big(1+\sum_{i=1}^{L}|Z_i^{(n)}|+\sum_{i=1}^{L-1}|e(X_i^{(n)})|\Big)\Big(1+\sum_{i=1}^{L-1}|e(X_i^{(n)})|\Big)\quad(6.4.2)$$

利用引理 6.4.1 和归纳假设,便得到$\overline{F}_N$是胎紧的。同法可证$\sqrt{N}(\alpha_{i-2}^{(N)}-\alpha_{i-2})$是胎紧的。

6.4.2 本节主要结果

本节将给出向量$\Big(\frac{1}{\sqrt{N}}\sum_{n=1}^{N}(Z_{\tau_j^{n,N}}^{(n)}-EZ_{\tau_j^{(m)}})\Big)_{j=1,2,\cdots,L}$弱收敛于一个高斯向量的基本结论。由前述可知

$$\frac{1}{\sqrt{N}}\sum_{n=1}^{N}(Z_{\tau_j^{n,N}}^{(n)}-EZ_{\tau_j^{(m)}})=\frac{1}{\sqrt{N}}\sum_{n=1}^{N}(F_j(\alpha^{(N)},\boldsymbol{Z}^{(n)},\boldsymbol{X}^{(n)})-U_j(\alpha))\quad(6.4.3)$$

用 Y 表示数对 $(\boldsymbol{Z},\boldsymbol{X})$，用 $Y^{(n)}$ 表示数对 $(\boldsymbol{Z}^{(n)},\boldsymbol{X}^{(n)})$，而 $\bar{Y}$ 和 $\bar{Y}^{(n)}$ 按式(6.4.1)及式(6.4.2)所给的定义。此外还假设：

(H^*1) 当 $j=1,2,\cdots,L-1$ 时，存在一个 α_j 的邻域 V_j，$\eta_j>0$ 和 $k_j>0$，对 $\alpha_j\in V_j$ 和 $\varepsilon\in[0,\eta_j]$ 有 $E(\bar{Y}I_{\{|z_j-\alpha_j e(X_j)|\leqslant\varepsilon|e(X_j)|\}})\leqslant\varepsilon k_j$。

$(H2)$ 当 $j=1,2,\cdots,L$ 时，对所有的 $p\in[1,+\infty)$，Z_j 和 $e(X_j)$ 在 L^p 中。

$(H3)$ 当 $j=1,2,\cdots,L-1$ 时，U_j 和 W_j 在 α 的一个邻域中具有一阶连续导数。

下面给出在此假设下本节得到的两个重要定理。

定理 6.4.2　在假设 (H^*1)，$(H2)$，$(H3)$ 下，$j=1,2,\cdots,L-1$ 时，变量

$$\frac{1}{\sqrt{N}}\sum_{n=1}^{N}(F_j(\alpha^{(N)},Y^{(n)})-F_j(\alpha,Y^{(n)})-(U_j(\alpha^{(N)})-U_j(\alpha)))\text{ 和}$$

$$\frac{1}{\sqrt{N}}(G_{j+1}(\alpha^{(N)},Y^{(n)})-G_{j+1}(\alpha,Y^{(n)})-(W_{j+1}(\alpha^{(N)})-W_{j+1}(\alpha)))$$

在 L^2 中收敛于 0。

定理 6.4.3　在假设 (H^*1)，$(H2)$，$(H3)$ 下，当 N 趋于无穷时，向量

$$\left(\frac{1}{\sqrt{N}}\sum_{n=1}^{N}(Z^{(n)}_{\tau_j^{n,N}}-EZ_{\tau_j^{(m)}}),\sqrt{N}(\alpha_j^{(N)}-\alpha_j)\right)_{j=1,2,\cdots,L}$$

依法则收敛于一个高斯向量。

6.4.3　主要结果的证明

1. 定理 6.4.2 的证明

为了证明定理 6.4.2，需要控制 F_j 和 G_{j+1} 的增量，令 $I(Y_i,a_i,\varepsilon)=I_{\{|Z_i-a_i e(X_i)|\leqslant\varepsilon|e(X_i)|\}}$，并有

$$I(Y_i,a_i,\varepsilon)\leqslant I(Y_i,a_i,\varepsilon+|b_i-a_i|)\tag{6.4.4}$$

定理 6.4.2 的证明还需要用到以下四个引理，其中引理 6.4.2 本质上是引理 6.3.1 的改写。

引理 6.4.2　当 $j=1,2,\cdots,L-1$ 及 $a,b\in(\mathbf{R}^m)^{L-1}$ 时，有

$$|F(a,y)-F_j(b,y)|\leqslant\bar{Y}\sum_{i=j}^{L-1}I(Y_i,a_i,|a_i-b_i|)\text{ 和}$$

$$|G_j(a,y)-G_j(b,y)|\leqslant\bar{Y}\sum_{i=j}^{L-1}I(Y_i,a_i,|a_i-b_i|)\text{ 成立。}$$

引理 6.4.3　假定 (H^*1)，$(H2)$ 满足，则当 $j=1,2,\cdots,L-1$ 时，存在 $C_j>0$，

对于所有的 $\delta>0$，有 $P(|\alpha_j^{(N)}-\alpha_j|\geqslant\delta)\leqslant\frac{C_j}{\delta^4N^2}$。

在陈述其他几个引理之前，引入下面的符号。给定 $k\in\{1,2,\cdots,l\}$，$\lambda,\mu\in\mathbf{R}^+$ 利用下列递归关系定义一个随机向量序列 $(u_i^{N-k}(\lambda,\mu),i=1,2,\cdots,L-1)$

$$u_{L-1}^{(N-k)}(\lambda,\mu)=\frac{\lambda}{N}$$

$$u_i^{(N-k)}(\lambda,\mu)=\frac{\lambda}{N}+\frac{\mu}{N}\sum_{n=1}^{N-k}\overline{Y}^{(n)}\sum_{j=i+1}^{L-1}I(Y_j^{(n)},\alpha_j^{(N-k)},u_j^{(N-k)}(\lambda,\mu)),\quad 1\leqslant i\leqslant L-2$$

由以上定义，$u_i^{(N-k)}(\lambda,\mu)$ 显然是 $\sigma(Y^{(1)},Y^{(2)},\cdots,Y^{(N-k)})$ 可测的，此外，因为 $\alpha^{(N-k)}$ 对称的依赖于 $Y^{(1)},Y^{(2)},\cdots,Y^{(N-k)}$，所以 $u_i^{(N-k)}(\lambda,\mu)$ 是关于 $(Y^{(1)},Y^{(2)},\cdots,Y^{(N-k)})$ 的对称函数。引理 6.4.4 建立了 $u^{(N-k)}$ 和 $u^{(N-k-1)}$ 之间的一个有用的关系。

引理 6.4.4　假定 $(H2)$ 满足，存在正常数 C, u, v，对每一个 $N\in\mathbf{N}$，能找到一个满足 $P(\Omega_N^C)\leqslant\frac{C}{N^2}$ 的事件 Ω_N，并且在集 Ω_N 上对 $k\in\{1,2,\cdots,L\}$ 和 $i\in\{1,2,\cdots,L\}$ 有

$$u_i^{(N-k)}(\lambda,\mu)+|\alpha_i^{(N-k)}-\alpha_i^{(N-k-1)}|\leqslant u_i^{(N-k-1)}(\lambda+(L\mu+\mu)\overline{Y}^{(N-k)},v+u)$$

引理 6.4.5　假定 (H^*1) 和 $(H2)$ 满足，任意 $\varepsilon\in(0,1]$ 和任意 $\mu\geqslant0$，存在一个常数 $C_{\varepsilon,\mu}$，使得

任意 $\lambda\geqslant0$，任意 $i\in\{1,2,\cdots,L-1\}$，有 $Eu_i^{(N-k)}(\lambda,\mu)\geqslant\frac{C_{\varepsilon,\mu}(1+\lambda)}{N^{1-\varepsilon}}$

定理 6.4.2 的证明　在 L^2 中证明 $\frac{1}{\sqrt{N}}\sum_{n=1}^{N}(F_j(\alpha^{(N)},Y^{(n)})-F_j(\alpha,Y^{(n)})-(U_j(\alpha^{(N)})-U_j(\alpha)))=0$，该等式的证明与定理中第二项的证明类似，为此引入符号

$$\Delta_j=(a,b,y)=F_j(\alpha,Y)-F_j(b,Y)-(U_j(\alpha)-U_j(b))$$

必须证明 $\lim\limits_{N\to+\infty}\frac{1}{N}E\left(\sum_{n=1}^{N}\Delta_j(\alpha^{(N)},\alpha,Y^{(n)})\right)^2=0$，注意当 $n=1,2,\cdots,N$ 时，数对 $(\alpha^{(N)},Y^{(n)})$ 和 $(\alpha^{(N)},Y^{(1)})$ 有相同的规律，且当 $n\neq m$ 时，$(\alpha^{(N)},Y^{(n)},Y^{(m)})$ 和 $(\alpha^{(N)},Y^{(N)},Y^{(N-1)})$ 有相同的分布。于是得

$$\begin{aligned}&\frac{1}{N}E\left(\sum_{n=1}^{N}\Delta_j(\alpha^{(N)},\alpha,Y^{(n)})\right)^2\\=&E\Delta_j^2(\alpha^{(N)},\alpha,Y^{(1)})+(N-1)E\Delta_j(\alpha^{(N)},\alpha,Y^{(N-1)})\Delta_j(\alpha^{(N)},\alpha,Y^{(N)})\end{aligned}$$

但是 $|\Delta_j(\alpha^{(N)},\alpha,Y^{(1)})|\leqslant2(\overline{Y}^{(1)}+E\overline{Y}^{(1)})$。因为据假定序列 $(\alpha^{(N)})$ 殆必收敛于 α，并且当 $j=1,2,\cdots,L-1$ 时，$P(Z_j=\alpha_je(X_j))=0$，故推出 $\Delta_j(\alpha^{(N)},\alpha,Y^{(1)})$ 殆必收敛于

0，因而 $E\Delta_j^2(\alpha^{(N)},\alpha,Y^{(1)})$趋于 0。

还需证明

$$\lim_{N\to+\infty} NE\Delta_j(\alpha^{(N)},\alpha,Y^{(N-1)})\Delta_j(\alpha^{(N)},\alpha,Y^{(N)})=0 \tag{6.4.5}$$

由于 $E(F_j(\alpha^{(N-2)},Y^{(N)})\mid Y^{(1)},Y^{(2)},\cdots,Y^{(N-1)}\mid)=U_j(\alpha^{(N-2)})$殆必成立，易见 $E(F_j(\alpha^{(N-2)},\alpha,Y^{(N)})\mid Y^{(1)},Y^{(2)},\cdots,Y^{(N-1)}\mid)=0$，于是得 $E(F_j(\alpha^{(N-2)},\alpha,Y^{(N-1)})\Delta_j(\alpha^{(N-2)},\alpha,Y^{(N)}))=0$，并且只需证明

$$\lim_{N\to+\infty} NE(\Delta_j(\alpha^{(N)},\alpha,Y^{(N-1)})\Delta_j(\alpha^{(N)},\alpha,Y^{(N)})$$
$$-\Delta_j(\alpha^{(N-2)},\alpha,Y^{(N-1)})\Delta_j(\alpha^{(N-2)},\alpha,Y^{(N)}))=0$$

由于

$$\Delta_j(\alpha^{(N)},\alpha,Y^{(N-1)})\Delta_j(\alpha^{(N)},\alpha,Y^{(N)})-\Delta_j(\alpha^{(N-2)},\alpha,Y^{(N-1)})\Delta_j(\alpha^{(N-2)},\alpha,Y^{(N)})$$
$$=\Delta_j(\alpha^{(N)},\alpha^{(N-2)},Y^{(N-1)})\Delta_j(\alpha^{(N)},\alpha,Y^{(N)})+\Delta_j(\alpha^{(N-2)},\alpha,Y^{(N-1)})\Delta_j(\alpha^{(N)},\alpha^{(N-2)},Y^{(N)})$$

需证

$$\lim_{N\to+\infty} NE(\Delta_j(\alpha^{(N)},\alpha^{(N-2)},Y^{(N-1)})\Delta_j(\alpha^{(N)},\alpha,Y^{(N)}))=0 \tag{6.4.6}$$

和

$$\lim_{N\to+\infty} NE(\Delta_j(\alpha^{(N-2)},\alpha,Y^{(N-1)})\Delta_j(\alpha^{(N)},\alpha^{(N-2)},Y^{(N)}))=0 \tag{6.4.7}$$

这两个等式能用类似的方法证明，下面给出式(6.4.7) 的详细证明。

首先，任意 $\eta>0$，利用($H2$)和 Hölder 不等式，有

$$E(\Delta_j(\alpha^{(N-2)},\alpha,Y^{(N-1)})\Delta_j(\alpha^{(N)},\alpha^{(N-2)},Y^{(N)}))I_{\{|\alpha^{(N)}-\alpha|\geqslant N^{-\eta}\}}$$
$$\leqslant C_p(P(|\alpha^{(N)}-\alpha|\geqslant N^{-\eta}))^{\frac{1}{p}}$$

对所有的 $p>1$。从引理 6.4.3 中可知 $P(|\alpha^{(N)}-\alpha|\geqslant N^{-\eta})\leqslant\dfrac{C_j}{\delta^4N^2}$，所以如果 $\eta\leqslant\dfrac{1}{4}$，则 $\lim\limits_{N\to+\infty} NE(\Delta_j(\alpha^{(N-2)},\alpha,Y^{(N-1)})\Delta_j(\alpha^{(N)},\alpha^{(N-2)},Y^{(N)}))I_{\{|\alpha^{(N)}-\alpha|\geqslant N^{-\eta}\}}=0$。此外，利用引理 6.4.2，有

$$|\Delta_j(\alpha^{(N)},\alpha^{(N-2)},Y^{(N)})|$$
$$\leqslant\overline{Y}^{(N-1)}\sum_{i=j}^{L-1}I(Y_i^{(N-1)},\alpha_i^{(N-2)},|\alpha_i^{(N)}-\alpha_i^{(N-2)}|)+|U_j(\alpha^{(N)})-U_j(\alpha^{(N-2)})|$$

和 $|\Delta_j(\alpha^{(N)},\alpha,Y^{(N)})|\leqslant\overline{Y}^{(N-1)}\sum\limits_{i=j}^{L-1}I(Y_i^{(N)},\alpha_i,|\alpha_i-\alpha_i^{(N)}|)+|U_j(\alpha)-U_j(\alpha^{(N)})|$ 成立。利用与引理 6.4.4 的证明中相同的推理，存在正常数 C，s 和 t，那么对每一个 $N\in\mathbf{N}$，能找到一个关于 $P(\Omega_N^C)\leqslant\dfrac{C}{N^2}$的事件 Ω_N，并且在集 Ω_N 上有

$$|\alpha_i^{(N)}-\alpha_i^{(N-2)}|\leqslant u_i^{(N-2)}(s(\overline{Y}^{(N-1)}+\overline{Y}^{(N)}),t),\quad i=j,\cdots,L-1$$

利用引理 6.4.3 和($H3$),也可以假定在 Ω_N 上对某个正常数 K 有

$$|U_j(\alpha^{(N)})-U_j(\alpha^{(N-2)})|\leqslant K\sum_{i=j}^{L-1}|\alpha_i^{(N)}-\alpha_i^{(N-2)}|$$

和

$$|U_j(\alpha)-U_j(\alpha^{(N)})|\leqslant K\sum_{i=j}^{L-1}|\alpha_i^{(N)}-\alpha_i|$$

当 $\eta<\dfrac{1}{4}$时,

$$\begin{aligned}&E(\Delta_j(\alpha^{(N)},\alpha^{(N-2)},Y^{(N-1)})\Delta_j(\alpha^{(N)},\alpha,Y^{(N)}))\\&=\sum_{i=j}^{L-1}E\Delta_j(\alpha^{(N)},\alpha^{(N-2)},Y^{(N-1)})(\overline{Y}^{(N)}I(Y_l^{(N)},\alpha_l,N^{-\eta})+KN^{-\eta})+o\left(\frac{1}{N}\right)\end{aligned}$$

为了证明式(6.4.6),只要说明当 $j\leqslant i,l\leqslant L-1$ 时,

$$\lim_{n\to+\infty}NE(\overline{Y}^{(N-1)}I(Y_i^{(N-1)},\alpha_i^{(N-2)},V_i^{(N-2)})+V_i^{(N-2)})(\overline{Y}^{(N)}I(Y_l^{(N)},\alpha_l,N^{-\eta})+N^{-\eta})=0$$

其中,$V_i^{(N-2)}=u_i^{N-2}(s(Y^{(N-1)}+Y^{(N)}),t)$,由于其他项很容易控制,故只要证明

$$\lim_{n\to+\infty}NE\overline{Y}^{(N-1)}I(Y_i^{(N-1)},\alpha_i^{(N-2)},V_i^{(N-2)})\overline{Y}^{(N)}I(Y_l^{(N)},\alpha_l,N^{-\eta})=0$$

对 $m\in\mathbf{N}$,令 $A_m=\{m-1\leqslant Y^{(N-1)}+Y^{(N)}<m\}$,有

$$\begin{aligned}&E(\overline{Y}^{(N-1)}I(Y_i^{(N-1)},\alpha_i^{(N-2)},V_i^{(N-2)})\overline{Y}^{(N)})I(Y_l^{(N)},\alpha_l,N^{-\eta})I_{A_m})\\&\leqslant E(\overline{Y}^{(N-1)}I(Y_i^{(N-1)},\alpha_i^{(N-2)},u_i^{(N-2)}(sm,t))E\overline{Y}^{(N)}I(Y_l^{(N)},\alpha_l,N^{-\eta}))\\&=E\overline{Y}^{(N-1)}I(Y_i^{(N-1)},\alpha_i^{(N-2)},u_i^{(N-2)}(sm,t))E\overline{Y}^{(N)}I(Y_l^{(N)},\alpha_l,N^{-\eta})\end{aligned}$$

在这里,已经利用了 $Y^{(N)}$ 独立于$(Y^{(1)},Y^{(2)},\cdots,Y^{(N-1)})$的事实。再利用($H^*1$)和引理 6.4.5 得

$$E(\overline{Y}^{(N-1)}I(Y_i^{(N-1)},\alpha_i^{(N-2)},V_i^{(N-2)})\overline{Y}^{(N)}I(Y_l^{(N)},\alpha_l,N^{-\eta})I_{A_m})\leqslant C_\varepsilon\frac{1+m}{N^{1-\varepsilon+\eta}}$$

其中,ε 是一个任意的正数,通过取 $\varepsilon<\eta<\dfrac{1}{4}$,加起来的总数超过 m,并且利用 Hölder 不等式即得所要证的结论。

2. 定理 6.4.3 的证明

证明 首先作以下分解

$$\begin{aligned}&\frac{1}{\sqrt{N}}\sum_{n=1}^{N}(F_j(\alpha^N,Y^{(n)})-U_j(\alpha))\\&=\frac{1}{\sqrt{N}}\sum_{n=1}^{N}(F_j(\alpha^N,Y^{(n)})-F_j(\alpha,Y^{(n)})-(U_j(\alpha^{(N)})-U_j(\alpha))\\&\quad+\frac{1}{\sqrt{N}}\sum_{n=1}^{N}(F_j(\alpha,Y^{(n)})-U_j(\alpha))+\sqrt{N}(U_j(\alpha^{(N)})-U_j(\alpha))\end{aligned}\qquad(6.4.8)$$

利用经典的中心极限定理知$\left(\frac{1}{\sqrt{N}}\sum_{n=1}^{N}(F_j(\alpha,Y^{(n)})-U_j(\alpha))\right)_j$依法则收敛于一个高斯向量。进一步,有

$$\begin{aligned}&\sqrt{N}(\alpha_j^{(N)}-\alpha_J)\\&=(A_j^{(N)})^{-1}\frac{1}{\sqrt{N}}\sum_{n=1}^{N}(G_{j+1}(\alpha^N,Y^{(n)})-W_{j+1}(\alpha))\\&\quad-(A_j)^{-1}\sqrt{N}(A_j^{(N)}-A_j)(A_j^{(N)})^{-1}W_{j+1}(\alpha)\end{aligned}$$

其中,$A_j^{(N)}$殆必收敛于A_j且$\sqrt{N}(A_j^{(N)}-A_j)$依法则收敛。再作下面的分解:

$$\begin{aligned}&\frac{1}{\sqrt{N}}\sum_{n=1}^{N}(G_{j+1}(\alpha^N,Y^{(n)})-W_{j+1}(\alpha))\\&=\frac{1}{\sqrt{N}}\sum_{n=1}^{N}(G_{j+1}(\alpha^N,Y^{(n)})-G_{j+1}(\alpha,Y^{(n)})-(W_{j+1}(\alpha^{(N)})-W_{j+1}(\alpha))\\&\quad+\frac{1}{\sqrt{N}}\sum_{n=1}^{N}(G_{j+1}(\alpha,Y^{(n)})-W_{j+1}(\alpha))+\sqrt{N}(W_{j+1}(\alpha^{(N)})-W_{j+1}(\alpha))\end{aligned} \tag{6.4.9}$$

使用这些分解式和定理 6.4.2 及函数U和W的可微性,通过对j进行归纳假设定理 6.4.3 得证。

□

参考文献

贝茨·沃茨. 1997. 非线性回归分析及应用. 韦博成,等,译. 北京:中国统计出版社.

布洛克威尔. 2003. 时间序列的理论与方法. 2 版. 田铮,译. 北京:高等教育出版社.

达雷尔·达菲. 2004. 动态资产定价理论. 3 版. 潘存武,译. 上海:上海财经大学出版社.

范剑青,姚琦伟. 2008. 非线性时间序列——建模、预测及应用. 陈敏,译. 北京:高等教育出版社.

韩茂安,顾圣士. 2001. 非线性系统的理论和方法. 北京:科学出版社.

赫尔. 2006. 期权、期货和衍生证券. 5 版. 张陶伟,译. 北京:清华大学出版社.

胡适耕. 2002. 非线性分析理论与方法. 武汉:华中科技大学.

金治明. 1995. 最优停止理论及应用. 长沙:国防科技大学出版社.

克莱夫·W J 格兰杰,蒂莫·泰雷斯维尔塔. 2006. 非线性经济的建模. 朱保华,等,译. 上海:上海财经大学出版社.

李楚霖. 2002. 金融分析与应用. 北京:首都经济贸易大学出版社.

李时银. 2002. 期权定价与组合选择. 厦门:厦门大学出版社.

李子奈,叶阿忠. 2000. 高等计量经济学. 北京:清华大学出版社.

罗伯特·汤普金斯. 2004. 解读期权. 2 版. 陈宋生,等,译. 北京:经济管理出版社.

茅宁. 2000. 期权分析-理论与应用. 南京:南京大学出版社.

茆诗松,王静龙. 1999. 高等数理统计. 北京:高等教育出版社.

孙山泽. 1997. 非参数统计讲义. 北京:北京大学出版社.

特伦斯·C 米尔斯. 2002. 金融时间序列的经济计量学模型. 俞卓菁,译. 北京:经济科学出版社.

童恒庆. 2005. 理论计量经济学. 北京:科学出版社.

王星. 2005. 非参数统计. 北京:中国人民大学出版社.

吴喜之,王兆军. 1996. 非参数统计方法. 北京:中国人民大学出版社.

叶阿忠. 2003. 非参数计量经济学. 天津:南开大学出版社.

张晓峒. 2000. 计量经济分析. 北京:经济科学出版社.

Altman N S. 1987. Smoothing Data with Correlated Errors. Stanford:Stanford University.

Altman N S. 1990. Kernel smoothing of data with correlated errors. J Amer Statist Asso,85:749-759.

Antoniak C. 1974. Mixtures of dirichlet processes with applications to Bayesian nonparametric problems. Ann Statist,2:1152-1174.

Aït-Sahalia Y. 1993. Nonparametric Functional Estimation with Applications to Financial Models. Boston:MIT.

Bally V,Pagès G. 2003. A quantization algorithm for solving multidimensional optimal stopping problems. Bernoulli,9:1003-1049.

Bensoussan A,Lions J L. 1984. Impulse Control and Quasivariational Inequalities. Montrouge:

Gauthier Villars.

Bensoussan A. 1984. On the theory of option pricing. Acta Appl Math, 2(2): 139-158.

Bensoussan A, Lions J L. 1982. Applications of Variational Inequalities in Stochastic Control. Amsterdam: North-Holland Publishing Co.

Bhansali R J. 1981. Effects of not knowing the order of autoregressive process on the mean squared error of prediction. J Amer Statist Asson, 76: 588-597.

Bhattacharya R N, Denker M. 1990. Asymp Statist. Berlin: Birkhäuser Verlag.

Bhattacharya R N, Ghosh J K. 1978. On the validity of the formal Edgeworth expansions. Ann Statist, 6: 434-451.

Bhattacharya R N, Lee C. 1995a. Ergodicity of nonlinear first order autoregressive models. J Theor Probab, 8: 207-219.

Bhattacharya R N, Lee C. 1995b. On geometric ergodicity of nonlinear autoregressive models. Statist Probab Letters, 22: 311-315. Correction(1999)41: 439-440.

Bhattacharya R N, Rao R. 1976. Normal Approximation and Expansions. New York: Wiley.

Bhattacharya R N. 1987. Some aspects of Edgeworth expansions in statistics and probability// Pari M L, Vilaplana J P, Wertz W. New Perspectives in Theoretical and Applied Statistics. New York: Wiley: 157-171.

Billingsley P. 1999. Conrergence of Probability Measures. 2nd ed. New York: Wiley.

Bollerslev T. 1986. Generalized autoregressive conditional heteroscedasticity. J Eco, 31: 307-327.

Bose A. 1988. Edgeworth correction by bootstrap in autoregressions. Ann Statist, 16: 1709-1722.

Broadie M, Glasserman P. 1997. A Stochastic Mesh Method for Pricinghigh-Dimensional American Options. Manhattan: Columbia University.

Cao R A, Quintela-del-Rió, Vilar-Fernández J M. 1993. Bandwidth selection in nonparametric density estimation under dependence: a simulation study. Computational Statist, 8: 313-332.

Carriere J. 1996. Valuation of early-exercice price of options using simulations and nonparametric regression. Insurance: Math Econ, 19: 19-30.

Chan K S, Tong H. 1985. On the use of the stochastic lyapunov function for the ergodicity of stochastic difference equation. Adv Appl Probab, 17: 666-678.

Clément E, Gouriéroux C, Monfort A. 1993. Prediction of contingent price measures. Discussion Paper, CREST.

Crandall M G, Ishii H, Lions P L. 1992. User's guide to viscosity solutions of second order partial differential equations. Bull Amer Math Soc, 27(1): 1-67.

Craven P, Wahba G. 1979. Smoothing noisy data with spline functions. Numer Math, 31: 377-403.

Doob J L. 1953. Stochastic Processes. New York: Wiley.

Dumas B, Fleming J, Whaley R E. 1995. Implied Volatility Functions: Empirical Tests. Paris: HEC.

Dupacova J, Wets R. 1988. Asympt otic behavior of statistical estimators and of optimal solutions of stochastic optimization problems. Ann Stat, 16(4): 1517-1549.

Efron B. 1979. Bootstrap methods: another look at the jackknife. Ann Statistics, 7: 1-26.

Engle R F. 1982. Autoregressive conditional heteroscedasticity with estimates of the variance of U. K. inflation. Econometrica, 50: 987-1008.

Fleming W H, Soner H M. 1993. Controlled Markov Processes and Viscosity Solutions. Berlin, Heidelberg, New York: Springer.

Franke J, Kreiss J P, Mamman E. 2002. Bootstrap of kernel smoothing in nonlinear time series. Bernoulli, 8: 1-37.

Freedman D A. 1981. Boostrapping regression models. Ann Statistics, 9: 1218-1228.

Freedman D A. 1984. On boostrapping two-stage least squares estimators in stationary linear models. Ann Statist, 12: 827-842.

Ghysel E, Ng S. 1996. A Semiparametic Factor Model of Interest Rates. Montréal: CIRANO.

Gourieroux C, Monfort A, Tenreiro C. 1995. Kernel M-Estimators: Nonparametric Diagnostics and Functional Residual Plots. Paris: CREST-EUSAE.

Gouriéroux C, Monfort A, Tenreiro C. 1994. Kennel M-Estimators: Nonparametric Diagnotics for Strutural Models. Paris: CEPREMAP.

Györfi L, Härdle W, Sarda P, et al. 1989. Nonparametric Curve Estimation from Time Series. Berlin: Springer.

Götze F, Hipp C. 1983. Asymptotic expansions for sums of weakly dependent random vectors. Z Wahrsch Verw Gebiete, 64: 211-239.

Götze F, Hipp C. 1994. Asymptotic distribution of statistics in time series. Ann Statist, 22: 2062-2068.

Hall P. 1991. Edgeworth expansions for nonparametric density estimator with application. Statist, 22: 215-232.

Hall P. 1992a. On boostrap confidence intervals in nonparametric regression. Ann Statist, 20: 695-711.

Hall P. 1992b. The Boostrap and Edgeworth Expansion. New York: Springer.

Hall P, Lahiri S N, Truong Y K. 1995. On bandwidth choice for density estimation with dependent data. Ann Statist, 23: 2241-2263.

Hastie T J, Tibshirani R J. 1990. Generalized Additive Models. London: Chapman & Hall.

Härdel W. 1990. Applied Nonparametric Regression. Cambridge: Cambridge University Press.

Härdle W, Bowman A W. 1988. Boostrapping in nonparametric regressionlocal adaptive smoothing and coinfidence bands. J Amer Statist Assoc, 83: 102-110.

Härdle W, Linton O. 1994. Applied nonparametric methods. R. F. Engle and The Handbook of Econometrics, 4: 2295-2339.

Härdle W, Mammen E. 1993. Comparing nonparametric versus parametric regression fits. Ann Statist, 21: 1926-1947.

Härdle W, Marron J S. 1991. Boostrapping simultaneous error for nonparametric regression. Ann Statist, 19: 778-796.

Härdle W, Vieu P. 1992. Kernel regression smoothing of time series. J Time Ser Anal, 13: 209-232.

Jaillet P, Lamberton D, Lapeyre B. 1990. Variational inequalities and the pricing of American options. Acta Appl Math, 21(3): 263-289.

jr McKean H P. 1965. Appendix: a free boundary problem for the heat equation arising from a problem in mathematical economics. Indust Manage Rev, 6: 32-39.

Karatzas I. 1988. On the pricing of American options. Appl Math Optim, 17(1): 37-60.

Karatzas I, Shreve S E. 1998. Methods of Mathematical Finance. New York: Springer.

Kim T Y, Cox D D. 1996. Bandwidth selection in kernel smoothing of time series. J Time Ser Anal, 17: 49-63.

Krylov N V. 1980. Controlled Diffusion Processes. New York: Springer.

Kunitomo N, Yamamoto T. 1985. Preperties of predictors in misspecified autoregressive time series models. J Amer Statist Assoc, 80: 941-950.

Künsch H R. 1989. The jackknife and the boostrap for general stationary observation. Ann Statist, 17: 1217-1241.

Lahiri S N. 1999. On second-order properties of the stationary bootstrap method for studentized statistics//Ghosh S. Asymptotic, Nonparametric, and Time Series. New York: Marcel Dekker: 683-711.

Lamberton D. 2002. Brownian optimal stopping and random walks. Appl Math Opt, 45: 283-324.

Lavergne L, Vuong Q. 1996. Nonparametric selection of regressors: the nonnested case. Econometric, 64: 207-219.

Liu R Y, Sigh K. 1992. Moving blocks jackknife and bootstrap capture weak dependence. //Lepage R, Billard L. Exploring the Limits of Bootstrap. New York: Wiley: 225-248.

Lu Z, Jiang Z. 2001. L1 geometric ergodicity of a multivariate nonlinear AR model with an ARCH term. Statist Probab Letters, 51: 121-130.

Mammen E. 1992. When Does Bootstrap Work? Asymptotic Results and Simulations. Berlin: Springer-Verlag.

Meyn S P, Tweedle R L. 1993. Markov Chains and Stochastic Stability. London: Springer.

Myneni R. 1992. The pricing of the American option. Ann Appl Probab, 2(1): 1-23.

Nadaraya E A. 1964. On estimating regression. Theroy Probab, 10: 186-190.

Nadaraya E A. 1989. Nonparametrics Estimation of Prabability Densities and Regression Curves. Berlin: Springer.

Neveu J. 1975. Discrete-parameter Martingales. Amsterdam: Elsevier.

Patilea V, Ravoteur, M P, Renault E. 1995. Multivariate Time Series Analysis of Option Prices. Toulouse: Working Paper GREMAQ.

Politis D, Romano J P. 1994. The stationary bootstrap. J Amer Statist Assoc, 89: 1303-1313.

Prakasa Rao B L S. 1983. Nonparametric Functional Estimation. Orlando: Academic Press.

Rosenblatt M. 1956. Remarks on some nonparametric estimates of a density function. Ann Math

Statist,27:832-837.

Rosenblatt M. 1970. Density estimates and Markov sequence//Puri M. Nonparametric Techniques in Statistical Inference. Cambridge:Cambridge University Press:199-210.

Rosenblatt M. 1984. Asymplotic normality, strong mixing and spectral density estimates. Ann Probab,12:1167-1180.

Roussas G. 1969. Nonparametric estimation in Markov processes. Ann Inst Statist Math,21:73-87.

Roussas G. 1990. Nonparametric regression estimation under mixing conditions. Stochastic Process Appl,36:107-116.

Scott D W. 1992. Multivariate Density Estimation: Theory, Practice, and Visualization. New York:John Wiley & Sons Inc.

Shiryayev A N. 1978. Optimal Stopping Rules. New York:Springer.

Silverman B W. 1984. Spline smoothing: the equivalent variable kernel method. Ann Statist, 12: 898-916.

Silverman B W. 1986. Density Estimation for Statistics and Data Analysis. London:Chapman and Hall.

Singh K. 1981. On the asymptotic accuracy of Efron's bootstrap. Ann Statist,9:1187-1195.

Tiao G C, Tsay R S. 1994. Some advances in nonlinear and adaptive modeling in time series. J Forecasting,13:109-131.

Tjstheim D, Auestad B H. 1994a. Nonparametric identification of nonlinear time series: projection. J Amer Statist Assoc,89:1398-1409.

Tjstheim D,Auestad B H. 1994b. Nonparametric identification of nonlinear time series:selecting signification lags. J Amer Statist Assoc,89:1410-1419.

Tong H. 1990. Nonlinear Time Series:A Dynamical Systems Approach. Oxford:Oxford University Press.

Tsitsiklis J N, van Roy B. 2001. Regression methods for pricing complex American- style options. IEEE Transactions on Neural Networks,12:694-703.

van Moerbeke P. 1975-1976. On optimal stopping and free boundary problems. Arch Rational Mech Anal,60(2):101-148.

Wand M P,Jones M C. 1995. Kernel Smoothing. London:Chapman and Hall.

Watson G S. 1964. Smooth regression analysis. Sankaya A,26:359-372.